动漫人物黏土手办进阶教程

星雾之森 2

抱熊氏 著/绘

人民邮电出版社

北京

图书在版编目（CIP）数据

动漫人物黏土手办进阶教程. 星雾之森. 2 / 抱熊氏著、绘. -- 北京 : 人民邮电出版社, 2022.5
ISBN 978-7-115-58284-3

Ⅰ. ①动… Ⅱ. ①抱… Ⅲ. ①粘土－手工艺品－制作－教材 Ⅳ. ①TS973.5

中国版本图书馆CIP数据核字(2021)第259974号

内容提要

你有没有想过把动漫人物或者是绘画书中的拟人形象，做成栩栩如生的手办收藏起来呢？其实一点儿也不难！翻开这本书吧，跟着抱熊氏一起学习如何制作动漫人物黏土手办。

本书秉承了《动漫人物黏土手办入门教程　星雾之森》的细致、翔实的书写理念，是一本能“让你从喜欢欣赏的小白到熟练制作的能手”的黏土手办教程，案例更加可爱，制作手法更加精细，案例效果更加新潮。本书从介绍抱熊氏的“星雾之森”小世界开始，介绍书中涉及人物生活、玩耍的样子，接着介绍星雾之森中有代表性的手办人物设定，让你在学习之初，就能和作者共情，从而掌握书中3位出色星雾之森居民手办的制作方法，成为“黏土手办达人”。读者在欣赏美图的同时，还能学到黏土的种类及特性、黏土的使用技巧、制作手办的工具的选择、黏土的配色技巧、黏土手办的制作技巧等。

本书讲解系统，图例丰富，适合初、中级漫画爱好者制作手办的自学用书，也适合作为相关动漫专业的培训教材或教学参考用书。

◆ 著　/ 绘　抱熊氏
责任编辑　何建国
责任印制　周昇亮
◆ 人民邮电出版社出版发行　　北京市丰台区成寿寺路 11 号
邮编　100164　　电子邮件　315@ptpress.com.cn
网址　https://www.ptpress.com.cn
临西县阅读时光印刷有限公司印刷
◆ 开本：700×1000　1/16
印张：10.5　　2022 年 5 月第 1 版
字数：268 千字　　2022 年 5 月河北第 1 次印刷

定价：79.80 元

读者服务热线：(010)81055296　印装质量热线：(010)81055316
反盗版热线：(010)81055315
广告经营许可证：京东市监广登字 20170147 号

写在前面的话

我是捏黏土的抱熊氏

很开心你可以打开这本书，这是我第二次带你来到“星雾之森”，再次来到这个小小的世界，我们又会遇到哪些新伙伴呢？

我是抱熊氏，一名黏土原型师。开始用黏土来制作手办，是2011年了。我是一个非常喜欢幻想的人，不时就会有一些奇怪的“脑洞”或者故事冒出来，这样的时候我就非常想把这些想法记录下来。当我在一个机缘巧合下遇到黏土这种材料的时候，发现它可以帮助我把奇思妙想全部实体化，可以把我脑子里的角色和故事带到这个世界上。

制作原创的角色，除了黏土的各种技法之外，更多的是对角色的构思和设计。不论是技法还是各种材料的运用；不论是人物外形、服饰、动作，还是搭配的场景地台，都要以衬托人物的个性为中心。在这本书中，我会把自己制作原创角色尤其是拟人角色的方法和心得分享给大家。

不知不觉黏土已经成为我生活中最好的伙伴。希望更多的人了解和喜欢黏土，一起来享受创作的快乐。

抱熊氏本尊

星雾之森

——本书人物设定生活的地方

星雾之森的由来

光之天使、暗之天使是这片大陆的守护者，她们分别在白天和夜晚守护着这片大陆。

但她们只能在日夜交替的瞬间才可以短暂的相见，其他时间都无法在一起，因此，她们总是觉得非常孤单和寂寞。

终于有一天，她们决定共同做一件事情，于是她们在大陆的边缘，建立了一小片森林，为那些同样感到孤单寂寞的生灵提供一些庇护。

光之天使、暗之天使

白天，当暗之天使休息的时候，光之天使就来到这片森林，为白天的森林带来迷蒙的白雾。隐约朦胧的白色雾气飘着，天空被参天的树木割裂成模糊又抽象的拼图，斑驳的阳光洒在薄雾上，配合着若有若无的风，让茂密的植物看起来就好像涌动的绿色海洋。

夜晚，当光之天使休息的时候，暗之天使就来到这片森林，为夜晚的森林带来闪耀的星空。深邃而幽静的森林中，雾气散去，空气中散发着森林特有的清新气味，抬头仰望就可以看到极美的星空。白天的抽象拼图变成了镶满宝石的蓝黑色“丝绒布”，有的星星像蓝宝石，有的像红宝石，而银河就像一片撒上去的钻石碎屑。星光给每一片叶子都镀上了银边，给每一棵树都披上了薄纱。夜色如水，伴着时间在静谧的森林里缓慢流淌。

不断有各种各样的生灵来到这里，慢慢地，这片森林有了自己的名字——星雾之森。

星雾之森的居民

占星师

占星师是离星空最近的人，他可以把星体的轨迹和人类的命运连接起来。

他本是一名宫廷占星师，一次又一次精准的预测，虽然为君主提供了数不清的助益，却也使君主对他能力的忌惮一步步地加深。于是他离开了皇宫，来到与世无争的星雾之森。在这里，他终于可以在每个晴朗的夜晚，不被任何外物所打扰，沉浸在他挚爱的群星之中。

星弦

大多数的花儿都向往着光明和热闹，而有些花儿却更喜欢幽暗和静谧。星雾之森望不穿的雾气，像保护伞一样给了她们安全感。夜之花的结晶——星弦，她隐秘地诞生，又独自盛开在若隐若现的白雾之中，她神秘而魔魅，从花阶走进夜色，她从不与旁人交流，只用权杖与星辰传递心中所想……没有人知道她真正的愿望。

被遗忘的玩具盒

是谁的旧玩具盒，被遗落在了星雾之森的小路上。

那个玩具盒，你还记得吗？

是拥有的第一个，可以放只属于自己的最喜欢的东西的地方。

里面住着漂亮的大眼睛的洋娃娃，给她梳一梳长长的头发，穿上美美的洋装和你一起边吃零食边晒下午的太阳，

旋转发条，音乐响起，

洋娃娃和小熊开始跳舞，

小蝴蝶会围绕在他们的身旁。

小小的玩具盒，小小的“小红帽”，

看起来一点也不凶的大灰狼，

简单的小剧场曾经陪你度过多少独自在家的时光。

那个玩具盒，它还在吗？

那个小小的秘密世界，还好吗？

裂缝中的花

裂开了又怎样，我会从缝隙中开出一朵花。

楔子

冬天到了。

又一个冬天到了，每到这个季节，“疯帽子”总会觉得周围的东西都慢慢开始变得死气沉沉。

在一个平平无奇的午后，他正在喝着无聊的下午茶，突然一个风风火火的身影闯了过来。爱丽丝拍着他的餐桌说：“我看到了一棵奇怪的树！”

疯帽子抬眼看着她，对她这样没头没尾的说话方式早已习以为常，但是爱丽丝拉着他就跑了出去。

“很奇怪吧？”爱丽丝说。

疯帽子点点头，这棵树确实很奇怪。所有的树在这个季节都是光秃秃的，只有它还长着茂密的树叶，还开着绚烂的花朵。

“我们爬上去看看吧？”

疯帽子摇摇头。

“那我自己去！”

疯帽子知道拦不住她，只好无奈地说：“一定要小心。”爱丽丝一边不耐烦地说：“知道啦知道啦！”，一边摩拳擦掌，然后开始爬树。

她的身影渐渐被茂密的树叶遮住，但还可以听到她的裙摆和树叶摩擦，发出沙沙的声音，不过这个声音也越来越小，然后慢慢地消失了。

疯帽子在树下，忍不住又提醒她：“小心一点儿啊！”可是没有收到爱丽丝不耐烦地回应，疯帽子又喊了一声“爱丽丝”，等了很久，还是没有声音，他有些担心，只好也开始爬树。他一边爬一边喊着爱丽丝，但一点儿回音都没有。

树的分支特别多，所以爬起来并不十分困难，但爬了好久，他开始觉得不对劲，因为这棵树虽然很高，但已经爬了这么久，怎么会还没有到树顶？

他仔细看了看四周，发现旁边的一根树枝里好像有什么东西，疯帽子爬过去仔细看了一下，原来是一个黑色的小蝴蝶结，看起来像是爱丽丝裙子上的，于是疯帽子就沿着这一根树枝爬了过去。树枝越来越细，越来越不稳，疯帽子一不小心从树上摔了下去。

爱丽丝迷迷糊糊地醒来，觉得全身都有点儿痛，她努力睁开眼睛，视野中出现了两只毛茸茸的灰色耳朵，她伸出手摸了一下，只听见“啊”的一声，“灰色耳朵”逃掉了。她坐了起来，环顾四周，这是一片飘着白色雾气

的绿色森林……绿色？现在不是冬天吗？

然后她听到一个怯生生的声音：“你……醒啦？”

她抬头，看到一个长着毛茸茸的灰色耳朵的女孩子。

“你是谁？这是哪里？”

“这里是星雾之森，我叫小灰狼。”

爱丽丝想到疯帽子还在树下等她，她问：“那棵树在哪里？”

小灰狼感到莫名其妙，便问：“哪棵树？这里到处都是树啊……”

“就是那棵开着花的大树，我是从那棵树上掉下来的，我必须要回去！”

“可是我发现你的时候你就躺在这里啊，这附近都没有开着花的树呢！”

小灰狼陪着爱丽丝在附近找了很久也没有找到那棵树。天黑了，爱丽丝只能跟着小灰狼回家了。

推开小灰狼的家门，爱丽丝的目光就被一排漂亮的小裙子吸引住了，不由得问：“天哪，你怎么会有这么多漂亮的小裙子啊？”

“其实……这些都是我自己做的。”

爱丽丝眼睛直冒光：“天哪，你太厉害了！”

小灰狼说：“你的裙子正好破了，我帮你补一补吧！”

爱丽丝说：“不不不，这怎么好意思呢！”

小灰狼说：“没关系的，只有这个我比较拿手，别的我也不擅长。明天我带你去找我的一个朋友，她解决过很多奇奇怪怪的事情，也去过星雾之森里好多我没去过的地方，没准她可以帮你找到那棵树。”

疯帽子眼前一花，摔在一簇很大的草丛上，他狼狈地爬起来拍了拍身上的草叶，看了看周围，发现自己到了一个完全陌生的地方，似乎连温度和季节都不太对。视野所及之处都飘着白色雾气，配合着若有若无的风，让茂密的植物看起来就好像涌动的绿色海洋。

爱丽丝呢？爱丽丝去哪儿了？唉，这家伙真的永远都这么不省心。

白色雾气中不知道会不会有危险，疯帽子小声地叫着爱丽丝的名字，走进了陌生的森林。

天黑了，雾气也慢慢散了，空气逐渐透明起来，抬头就可以看到美丽的星空，可是他没有心情去欣赏景色，一天了，他越来越疲惫，但还是没有找到爱丽丝，不知道她是不是遇到了什么危险。前方好像有一片开阔的地方，他穿过树丛，看到一片像镜子一样的湖泊，倒映着满天的星星。他有些口渴，走到湖边想喝点儿水，刚捧起水却突然发现湖水超乎想象的冰冷，他条件反射地松手，手中落下的水溅起了一小片水花，涟漪慢慢扩散，整个湖面上反射的星光都随之支离破碎了起来。

“是谁？”一个冰冷的声音响起。

一个全身冒着淡蓝色荧光的女孩从树林中走出，她的前额上长着一根长长的独角。

“一个人类。”她的语气中带着厌恶的味道，“你为什么会来这里？如果你不想冻成冰棍的话，最好别喝这个湖里的水。”

疯帽子一愣，正不知道怎么回答。这时候，另一个声音响起：“冰霜，你吓到人家啦！”声音的主人是一个戴着尖顶帽的黑衣女孩，她走了过来。

走了一天，好不容易看到两个“人”，疯帽子赶紧问道：“你……你们好，对不起打扰一下，你们有看到一个金色头发的女孩子吗？”

“我没有见到你说的人。”说完这句，前额有独角的女孩转向黑衣女孩说，“看来你又有生意上门了。”然后就转身消失在了蓝白色的光芒中。

“冰霜还是这么不喜欢人类啊！”黑衣女孩叹了口气，然后对疯帽子说，“你好，你是新来的吗？”

“我也不知道为什么会到了这里，请问这里是什么地方？”

“这里是星雾之森，我是一个接受各种委托的普通魔女。你看起来像是在找人？”

疯帽子告诉了她关于那棵树和爱丽丝的事，以及自己曾是星雾之森东南角魔法学院的学徒，魔女听完稍微皱了皱眉头，不过随后她狡黠地一笑，说：“我可以接下这个委托，不过，你要给我什么报酬呢？”

疯帽子苦笑，猝不及防地来到星雾之森，什么都没带，只好局促地说：“我……我……或许我可以帮你干活？不过我除了做帽子之外什么也不会。”

“做帽子？”魔女疑惑地问。

“对，做帽子。我是一个帽匠。”

“那太好了，你就给我做一顶新的魔女帽作为报酬吧！”

“没问题，可是我没有带布料呢。”

“这好办，我有一个朋友特别喜欢做裙子，我们可以找她借！不过我现在还有其他的委托要处理，要天亮才能回来，你可以去前面河边的树屋等我。”魔女给疯帽子指了指大概的方向，就急急忙忙地走了。

疯帽子朝着魔女指的方向走了一小段路，就听到了流水的声音，然后就看到了一条蜿蜒的小河，也看到了河边的树屋，他一边沿着绳梯爬进树屋，一边在想，这次可不要又爬到什么奇怪的地方去了……

不过这回什么事情都没有发生，树屋确实只是一个普普通通的树屋，疯帽子稍微休息了一下。天刚蒙蒙亮，魔女就在树下喊醒了他，他急忙下来。魔女对他说：“我需要稍微休息一下，我先送你去我那个做裙子的朋友那里做帽子可以吗？”

疯帽子心里虽然有些着急，但一想到魔女工作了一夜都没有休息，也不好太催促人家，就跟着魔女去找她的朋友。

爱丽丝在梦中仿佛闻到了食物的香气，肚子发出“咕”的一声，爱丽丝饿醒了。原来是小灰狼在烤面包。爱丽丝觉得有些不好意思，赶紧爬起来，去帮小灰狼一起准备早餐。

正吃着早餐，突然听到门外有人喊：“小灰狼，你在家吗？”

小灰狼打开门，看到门外居然是魔女，她惊讶地说：“你怎么来了？我正打算要去找你帮忙呢！”

魔女说：“说来话长，总之就是这家伙需要找你借点儿布料。”说着，她把身后的疯帽子拉了过来。

爱丽丝正咬着一片面包看着门口，突然看到了疯帽子，一激动也不知道是先把面包咽下去还是吐出来，含糊不清地喊：“疯帽子！我的天！你怎么也来了！”

疯帽子看着鼓着腮帮子的爱丽丝，又高兴又生气，高兴的是她安然无恙，生气的是自己又累又饿地找了她一整天，她竟然在这里若无其事地吃早餐。

魔女靠在门边看着他们，微笑着说：“看来不用我帮忙了？哈哈，我的新帽子也没戏了。”

疯帽子说：“没有你带我过来，我也找不到爱丽丝呀！我会给你和小灰狼各做一顶好看的帽子的！”

“可是，我们还没找到那棵树。”爱丽丝终于咽下去了那口面包，又喝了一口汤，“不过嘛……”她眼睛一转，“我现在不想找它了，我们就留在星雾之森吧！”

疯帽子微笑地看着她兴奋的眼睛，说：“好啊，你在哪里，我就在哪里。”

CONTENTS
目录

第一章

工具介绍

第二章

疯帽子

第三章

爱丽丝

第四章

小提琴手

CHAPTER ONE

第一章

工具介绍

本章向大家介绍一下在制作本书中的黏土手办时会用到的工具和材料。

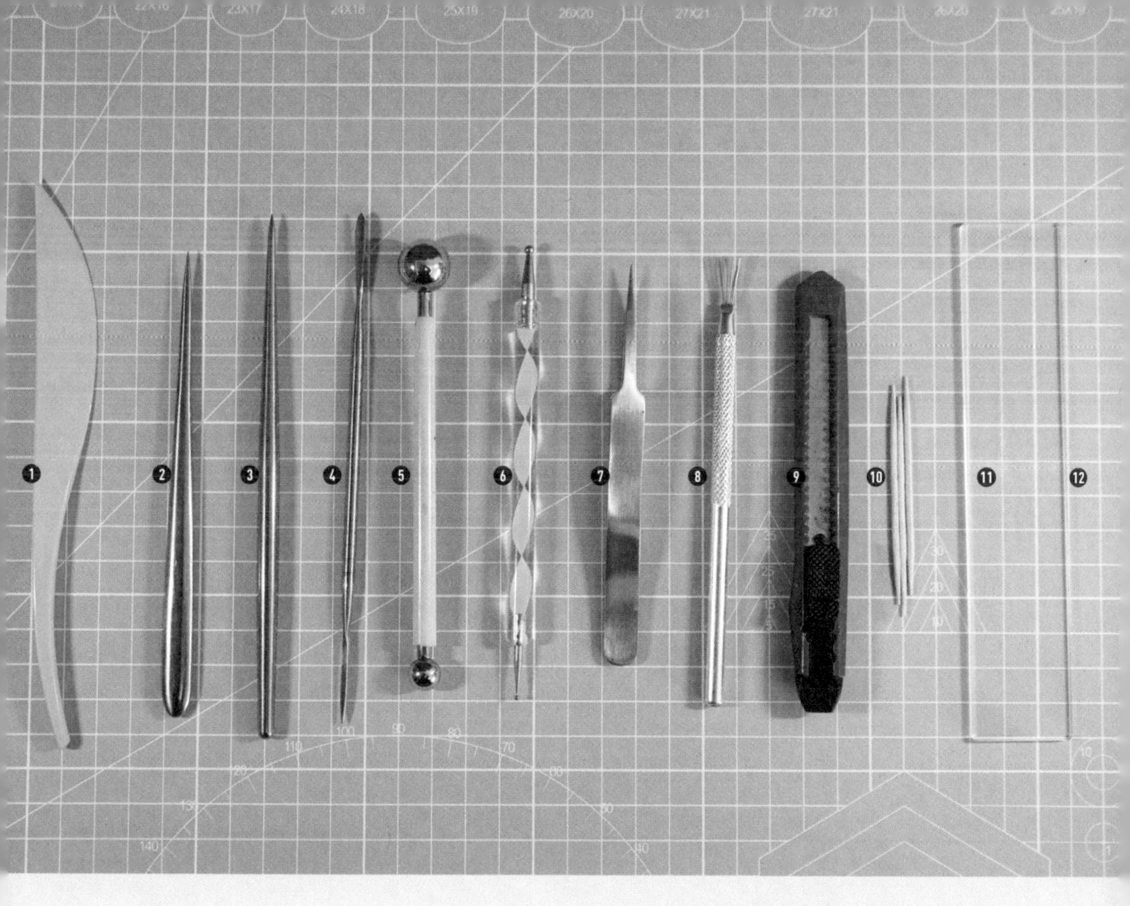

1.1 塑形常用工具

❶ 塑料刀，可以用来压出头发的发绺、衣服的纹理等。

❷ 两用细节针，可以用来处理衣服的褶皱，也可以压出富有变化的纹理线条。

❸ 细节针（也称为棒针），是较为常用的工具，较细的一端可以用来做衣服的褶皱、头发的纹理等；较粗的一端可以用来做小凹坑。

❹ 开眼刀，可以用来处理眼角、手指缝隙等非常细小的部位，或者用来抹平接缝。

❺ 丸棒，两端可以用来戳不同尺寸的凹坑。

❻ 压痕笔，两端可以用来戳不同大小的坑，做蕾丝花边、小花朵等。

❼ 镊子，夹起细小的零部件。

❽ 七本针，可以在黏土上做出毛毛的质感。

❾ 美工刀，一般是切黏土用的。

❿ 牙签，做骨架或者是安放小一点儿的部件。

⓫ 小号压泥板，可以压黏土或者搓条。

⓬ 切割垫，刀切上去的小痕迹会自动愈合，保护桌面，也可以防止黏土粘在桌面上。切割垫上的小格子可以用来估算尺寸。

1.2
常用黏土

❶ 基础黏土，价格比较便宜，颜色丰富，适合新手练手使用，但如果操作速度太慢，比较容易出现小裂纹或褶皱，晾干后会有轻度的膨胀。

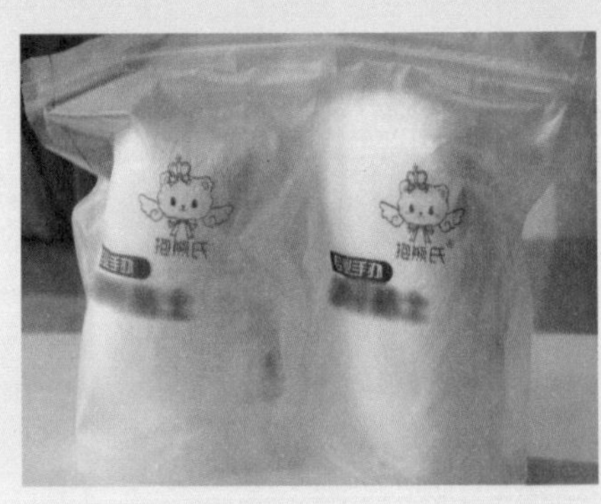

❷ 专业手办黏土，专业版的黏土，表面不易开裂起皱。手感细腻绵密、不出油，干后膨胀率小。成品重量更轻，且可以轻微弯曲不会折断。晾干后表面更偏亚光效果。

❸ 新配方专业手办黏土，这款黏土手感中等偏硬，密度比一般的黏土大。表面较上一版更不易开裂起皱，可操作塑形时间更长，可用抹平水和酒精棉片打磨。手感细腻绵密，干后几乎不膨胀、不缩水。晾干后表面质感更细致光滑。本书中作品使用的黏土都是这一款。

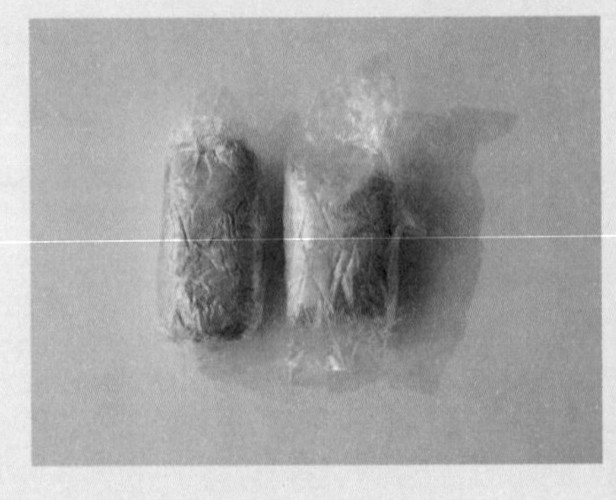

❹ 金属色树脂土，可以用来制作金属质感的零部件，也可以和黏土混合使用，让黏土表面有亮晶晶的效果。

1.3 擀片常用工具

❶ 长刀片，又叫长条切泥刀，主要用来把擀薄的黏土裁成边缘整齐的薄片，可以轻度弯曲使用。

❷ 白棒擀面杖，一种不粘泥的擀面杖。

❸ 帕蒂格擀面杖，功能同上，但因为是空心的，所以比较轻。

❹ 透明文件夹，比切割垫更加不粘泥，擀非常大的薄片时垫在桌上可以防止黏土粘在桌子或切割垫上。

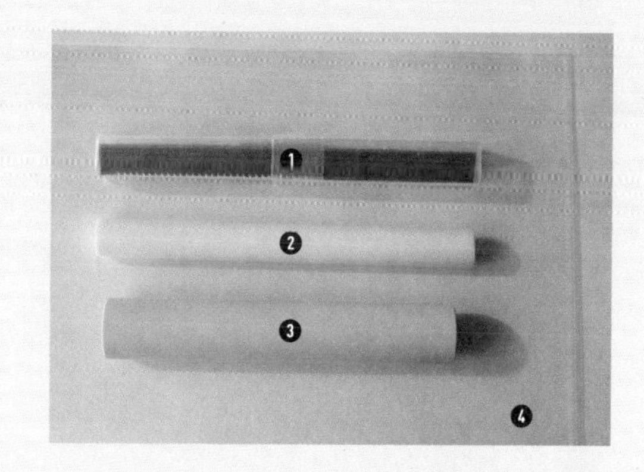

1.4 黏土上色常用颜料

❶ 丙烯，用来画眼部和各种花纹。

❷ 色粉，可以画出淡淡的渐变效果，用来晕染眼影、腮红或体妆。

❸ 金属色丙烯，可以画出金属的质感。

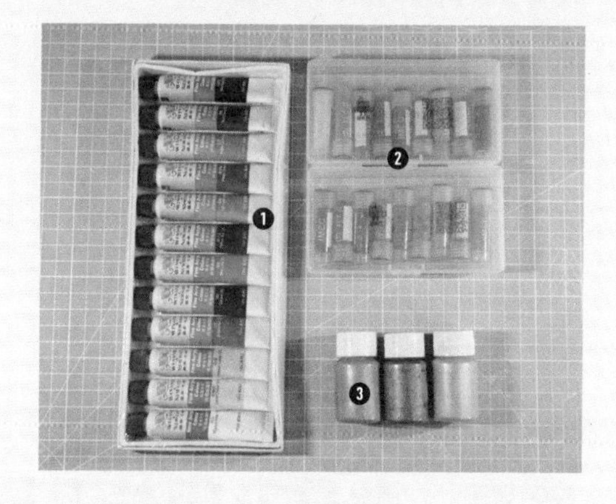

1.5 黏土上色常用工具

❶ 各种面相笔，可以画出非常细的线条，主要用来蘸丙烯颜料画眼部。

❷ 貂毛笔和化妆刷，这两根是画色粉用的，貂毛笔比尼龙笔更加“吃粉”，所以用来做小面积的眼影上色，化妆刷用来扫腮红和体妆。

❸ 勾线笔和排笔，用来大面积上色或者涂亮油。

❹ 铅笔和橡皮，用来给脸部打草稿。

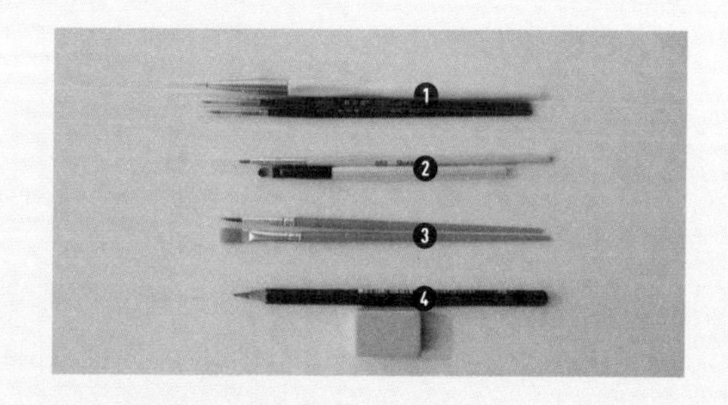

1.6

黏土晾干用品

❶ 泡沫晾干台，可以用牙签把各种小零件插在上面晾干。

❷ 亚克力有孔插板，比泡沫晾干台更稳，所以可以插放更大一些的零件或者底座还未制作完成的人物。

❸ 棉垫晾干台，可以直接让零件躺在上面晾干，比较不容易留痕。

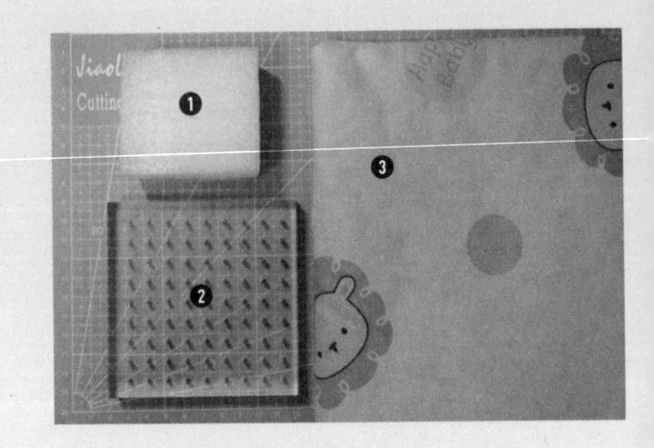

1.7

表面处理用品

❶ 亮油，用来给局部增加光亮效果，通常涂在鞋子、小饰品等部位。

❷ 抹平水，用来抹平黏土的接缝。

❸ 酒精棉片，用来打磨黏土表层。

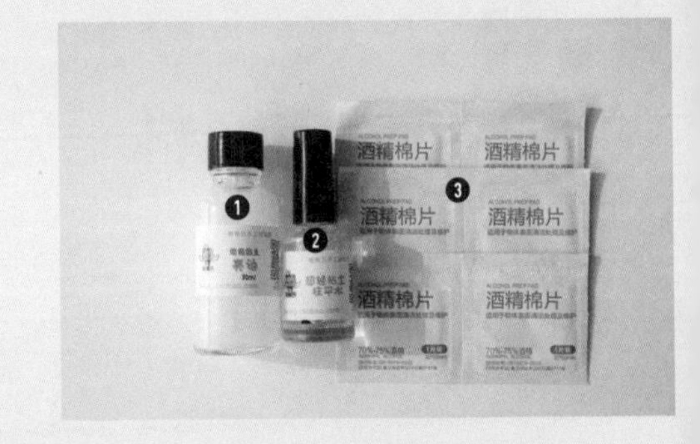

1.8

底座、背景及相关工具

❶ 木质镂空背景框。

❷ 软木塞底座。

❸ 竹签。

❹ 手钻，用来给底座打孔。

❺ 方形木质底座。

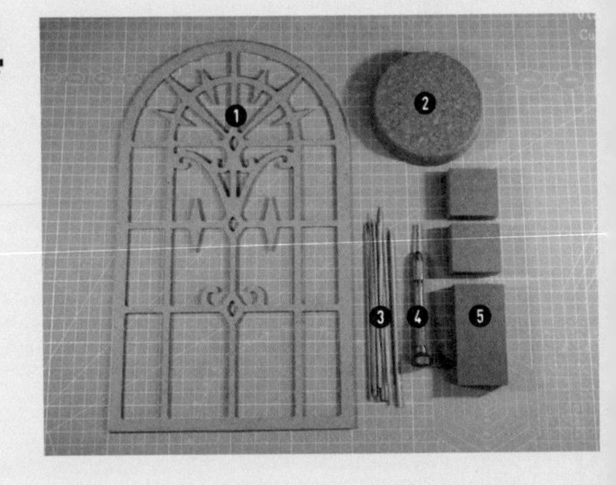

1.9 其他工具

剪钳工具

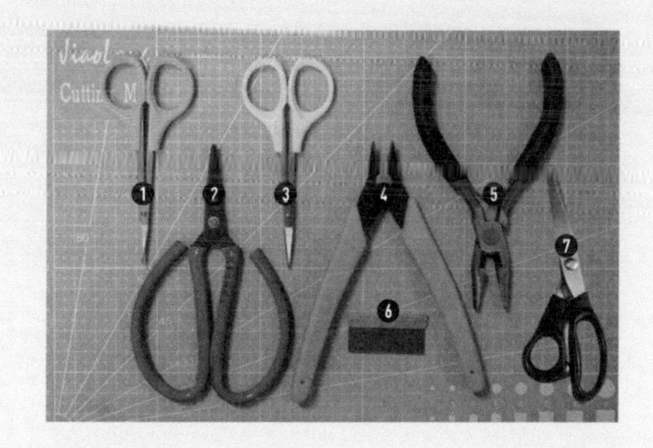

❶ 弯头细节剪。

❷ 剪刀。

❸ 直头细节剪。

❹ 水口钳。

❺ 尖嘴钳。

❻ 小刀片。

❻ 小刀片。

❼ 花边剪。

造型工具

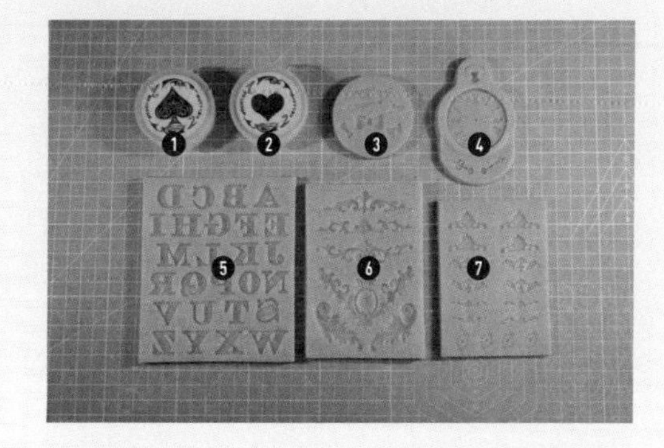

❶ 正比男脸（扑克系列）。

❷ 正比女脸（扑克系列）。

❸ 硅胶领带蝴蝶结模具。

❹ 硅胶钟表模具。

❺ 硅胶大写字母模具。

❻ 硅胶巴洛克模具。

❼ 硅胶迷你巴洛克模具。

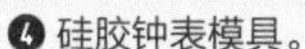

粘合工具

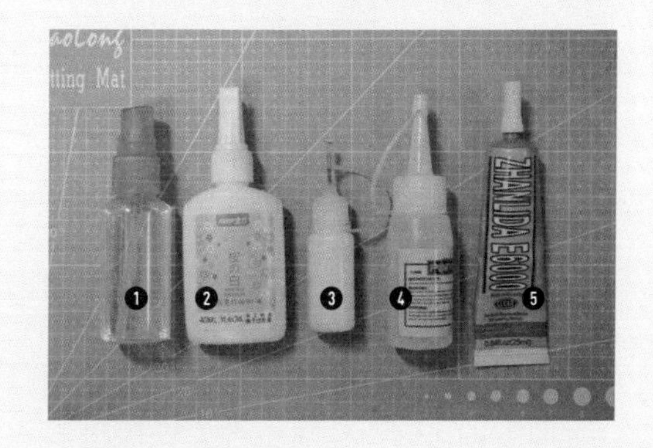

❶ 小喷壶，用来给黏土喷水，防止黏土干掉。

❷ 白乳胶，用来粘合黏土零部件。

❸ 白乳胶分装瓶，用来给较细致的部分涂白乳胶。

❹ 酒精胶，用来粘合底座。

❺ 饰品胶，用来粘合金属、亮片等小饰品。

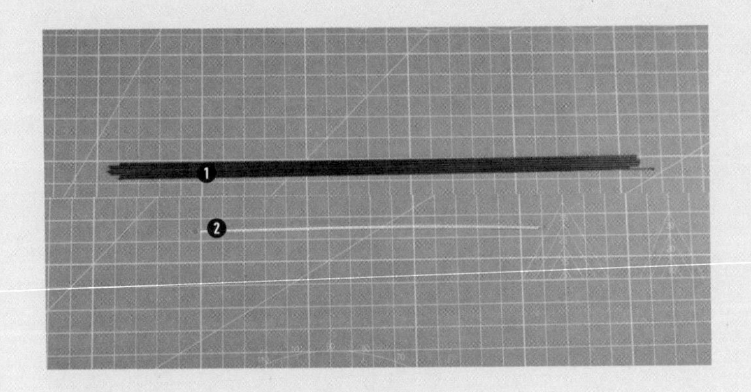

支撑工具

❶ 1mm 铜棒。

❷ 2mm 亚克力棒。

底座工具

❶ 深绿色草粉（底座装饰用）。

❷ 黄绿色草粉（底座装饰用）。

❸ 枯草粉（底座装饰用）。

❹ 不锈钢切圆工具。

❺ 球针。

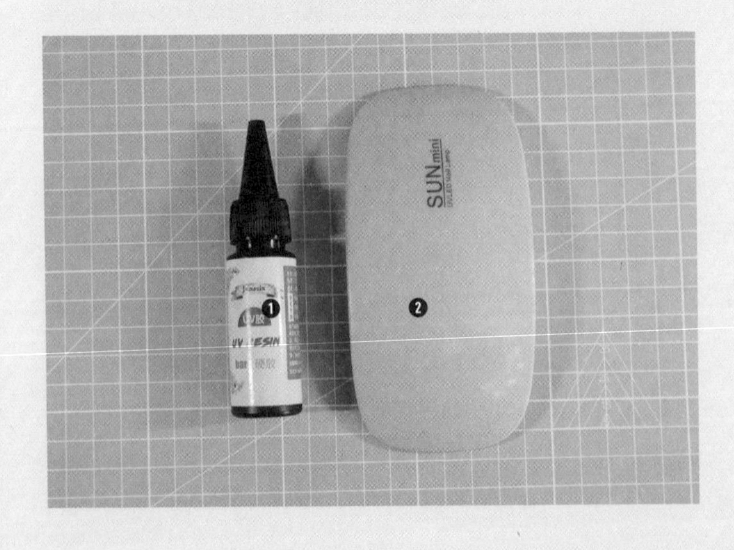

UV 工具

❶ UV 胶，一般用来做一些透明的效果。

❷ 紫外线灯，UV 胶需要紫外线照射才能固化，阴雨天的话需要用紫外线灯照射才能固化。

造型工具

❶ 正比女脸 1（扑克系列）。

❷ 正比女脸 2（扑克系列）。

❸ 正比男脸（扑克系列）。

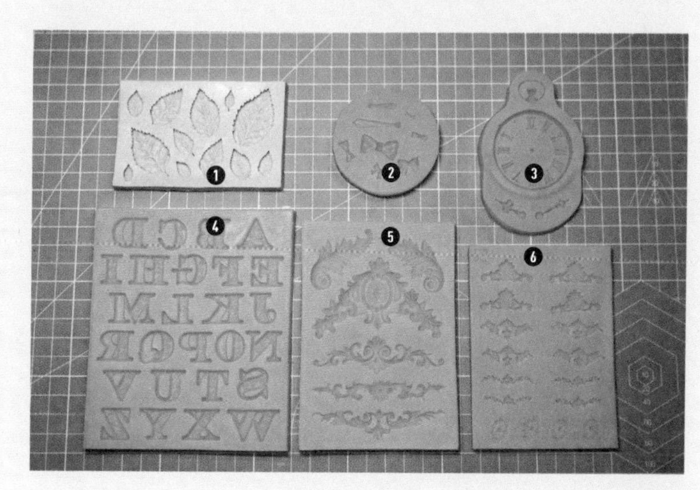

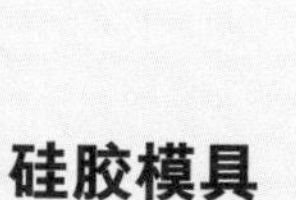

硅胶模具

❶ 硅胶叶子模具。

❷ 硅胶领带蝴蝶结模具。

❸ 硅胶钟表模具。

❹ 硅胶大写字母模具。

❺ 硅胶巴洛克模具。

❻ 硅胶迷你巴洛克模具。

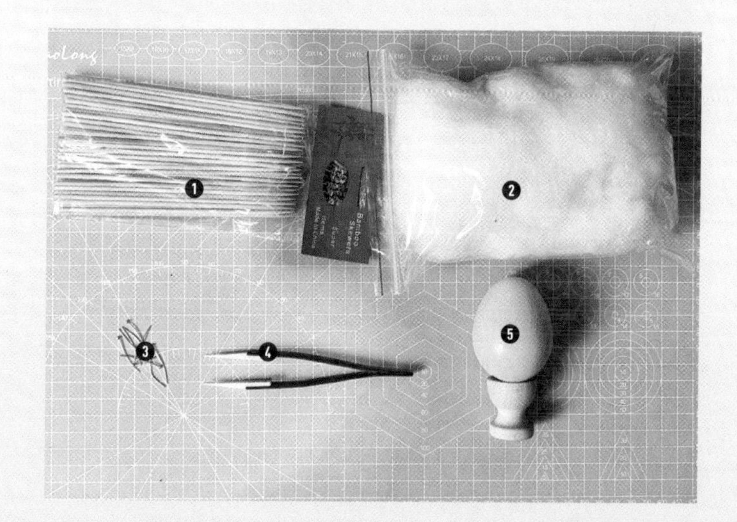

其他工具材料

❶ 竹签。

❷ PP 棉花。

❸ 金色球针。

❹ 陶瓷头镊子。

❺ 蛋形辅助器。

CHAPTER TWO

第二章

疯帽子

他现在只是一个随性而为、偶尔狂热的手艺人，从他手上诞生了数不清的、满是奇思妙想的帽子，看过他作品的人都觉得他是一个艺术家……事实上，他曾经是星雾之森东南角，那所魔法学院里最年轻的咒语课讲师。因为一次意外，他在一个寒冷的冬夜被逐出了魔法学院。这样温柔的人，总是很重视自己珍爱的事物。制作帽子和照顾爱丽丝，成了他生命中最重要的两件事。

平时的他温柔优雅、礼貌随和，但是只要一开始做新帽子，就迸发近乎“癫狂”的创作热情，废寝忘食地沉浸其中，所以他总是脸色苍白，顶着两个红红的眼眶。

人物设计要点

❶ 在他身上同时具有优雅和“癫狂”两种互相矛盾的特质，在设计人物造型的时候要同时考虑这两点，每一处的设计都必须围绕这一特质。

❷ 在配色上以黑色为基底体现优雅，以橙红、玫红、粉红、黄色这些暖色系亮色为点缀体现“癫狂”，再用一点点蓝色、绿色的小装饰来平衡色调。

❸ 在脸部的处理上，可以用平静的表情搭配略显夸张的面饰和红眼眶。但要注意他毕竟是男生，眼妆的处理不可过重，要适度。

❹ 头发整体以基本对称的造型来体现沉稳，但将发尾微卷可以在沉稳中增加俏皮感。

❺ 帽子在河狸帽的基本造型上，装饰以夸张的大蝴蝶结和羽毛，并且点缀了和制帽人这个职业相关的珠针。

❻ 服饰的设计以燕尾服为基本型，增加大量颜色丰富的华丽饰品来体现艺术家的“癫狂”。腰部装饰以制帽人用的缎带来呼应帽子的珠针。

❼ 背景中的帽子贴合他的职业，小幽灵和枯树烘托出夜晚森林的诡谲气氛。

HATT

2.1 绘制面部

关注绘客公众号，
输入 54321，
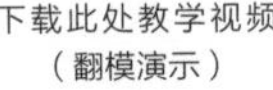
下载此处教学视频
（翻模演示）

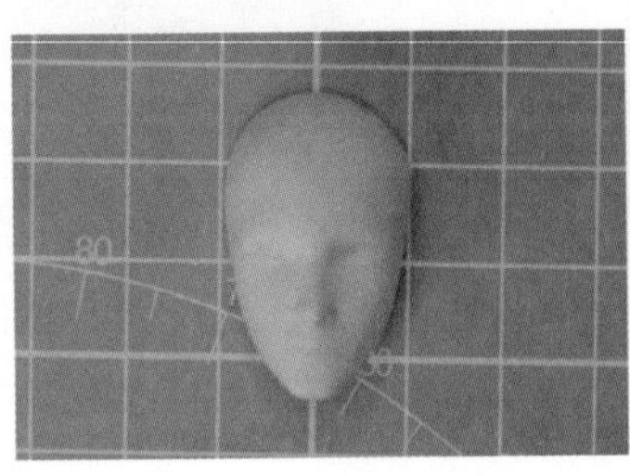

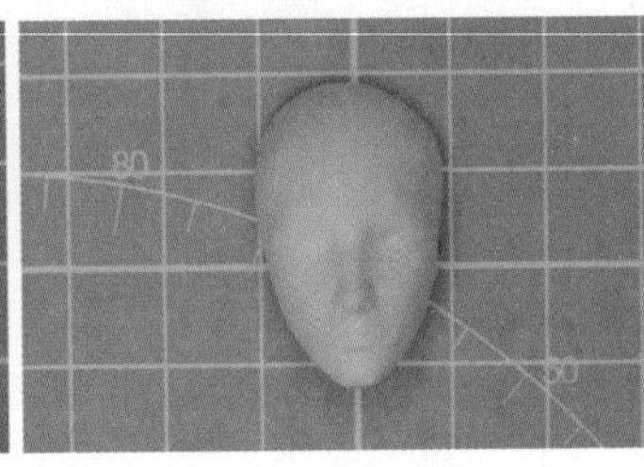

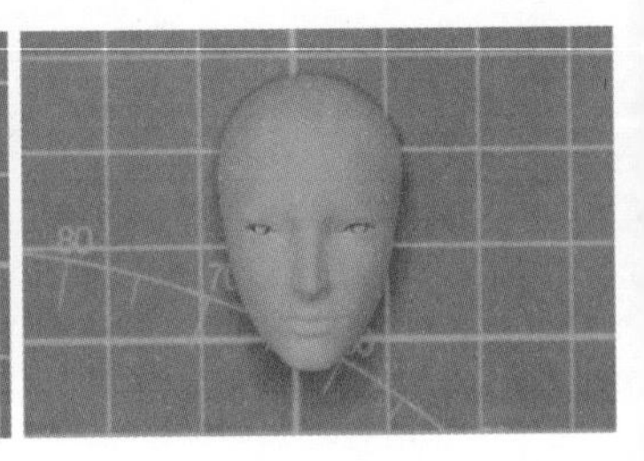

STEP 01 准备一个已经晾干的正比翻模脸（翻模脸教学视频请扫本页右上角二维码），用白色颜料填充眼白部分，用灰色丙烯颜料画出眼白的暗部，勾出瞳孔露出部分的轮廓。

STEP 02 用熟褐色丙烯颜料沿着眼窝上端画出上眼睑，勾出嘴巴的中缝。

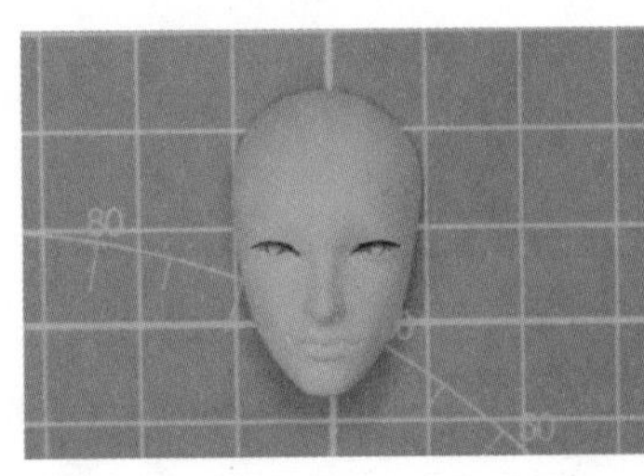

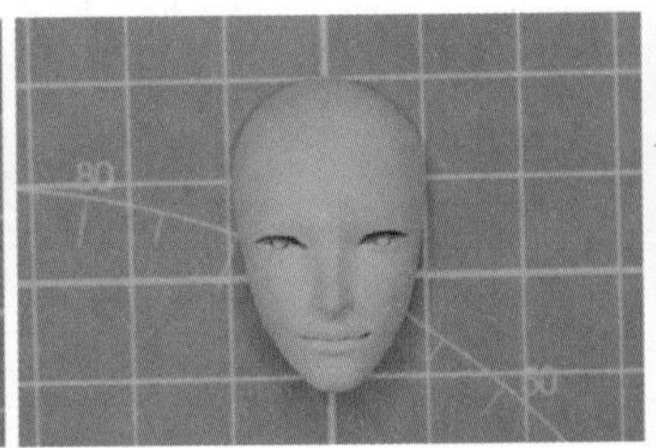

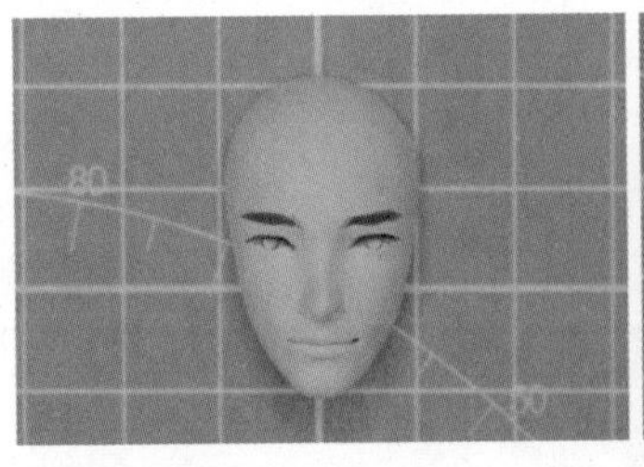

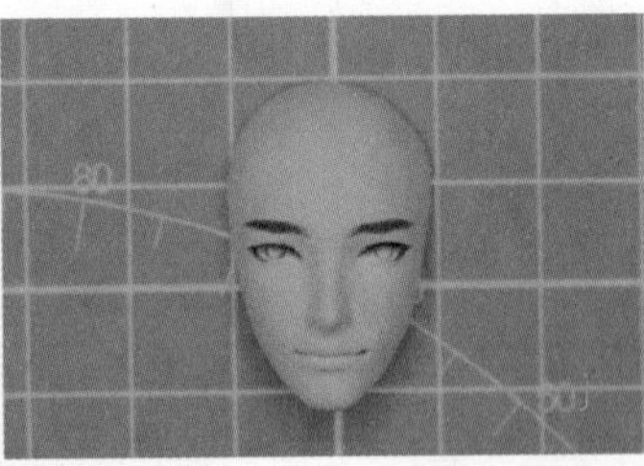

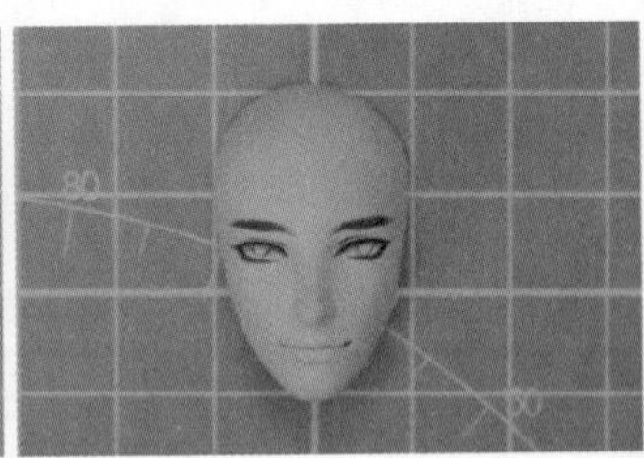

STEP 03 用暗红色（深红色 + 熟褐色）丙烯颜料画出眉毛，勾出眼角和下眼睑，画出双眼皮线。

STEP 04 用绿色丙烯颜料填充瞳孔，用浅绿色（绿色 + 白色）丙烯颜料填充瞳孔下半部分。

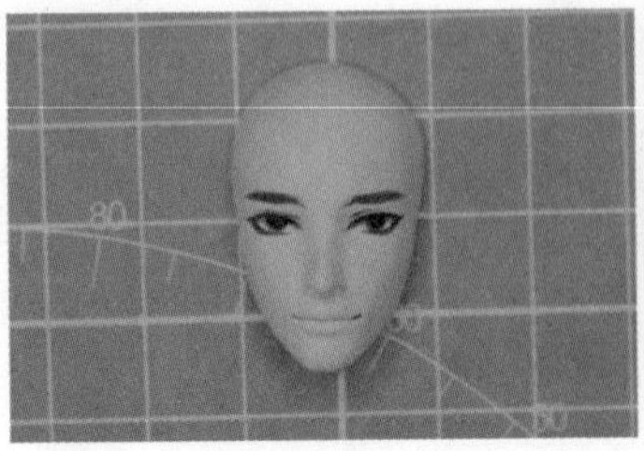

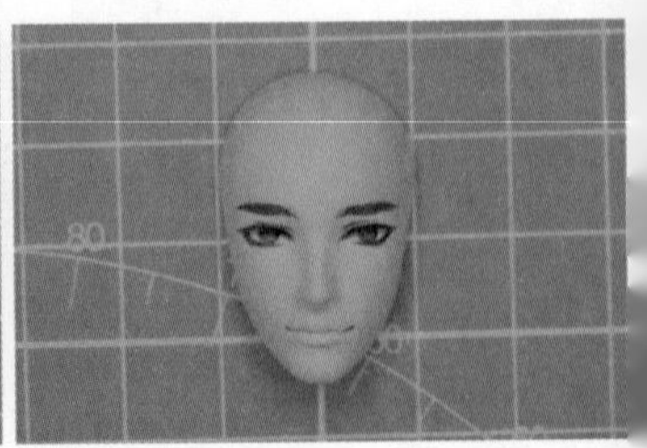

STEP 05 用黑色丙烯颜料加深上眼睑和瞳仁，勾出眉毛的轮廓，再在眉毛里加几条线。

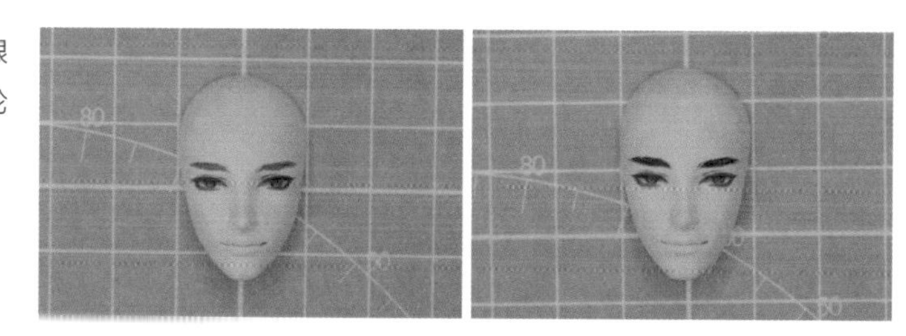

STEP 06 在眼窝和唇下轻轻扫一层浅咖色色粉，以增加面部的立体感。用深咖色色粉（黑色 + 咖啡色）晕染眼周，以增强眼部的立体感

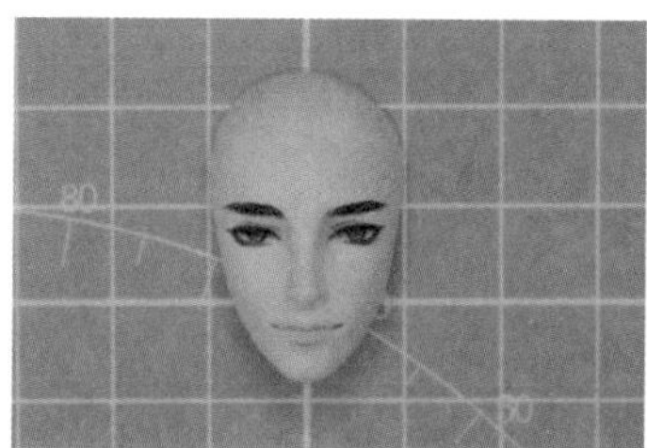

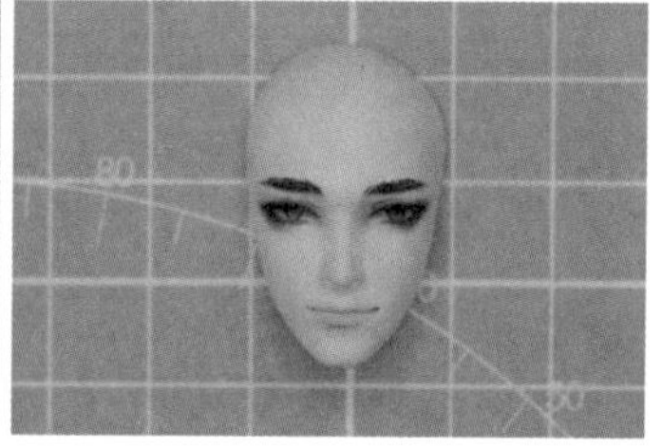

小贴士

上色粉一定要注意“少量多次”，避免一下子涂得太重哦！注意选择合适的笔刷，例如嘴唇和眼周的色粉建议用较细的貂毛笔来画，其他大面积的地方建议用化妆刷来晕染。

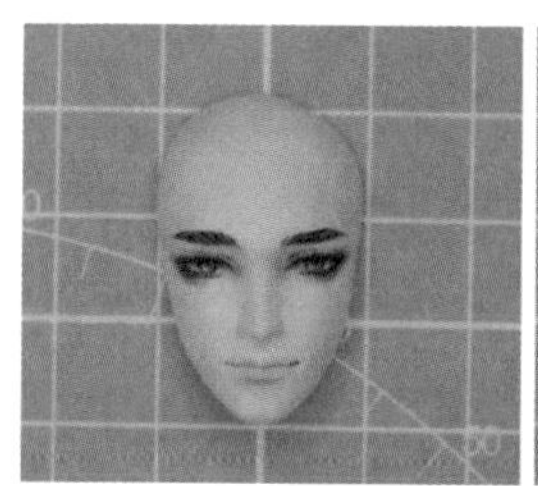

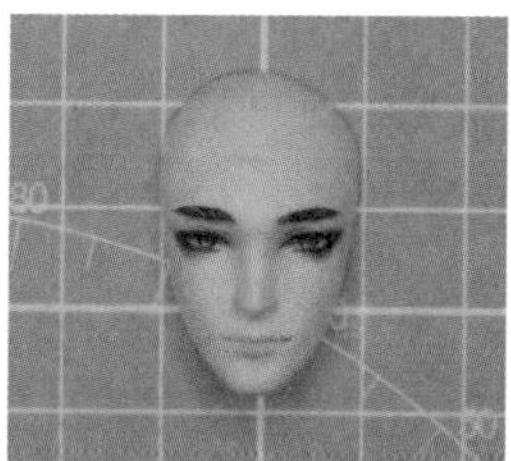

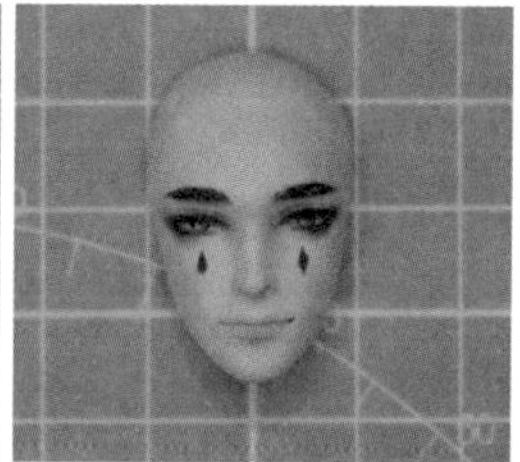

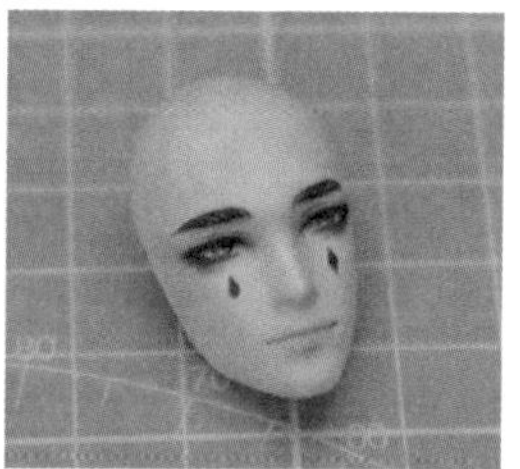

STEP 07 用白色丙烯颜料点出瞳孔的高光，在额头扫一些浅咖色色粉，用暗红色丙烯颜料在眼下分别画出水滴和菱形的小装饰。面部绘制完成。

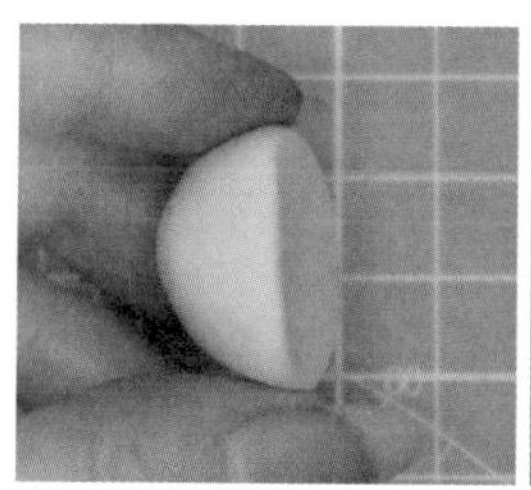

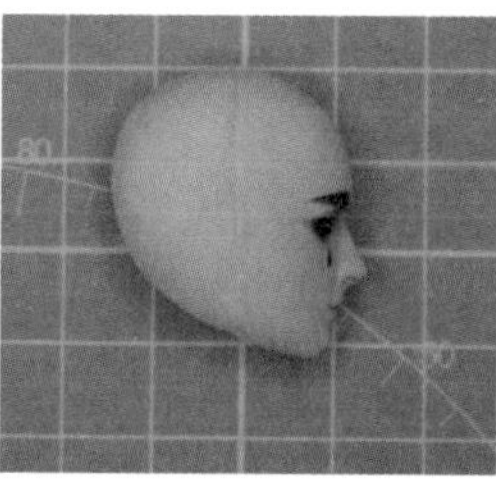

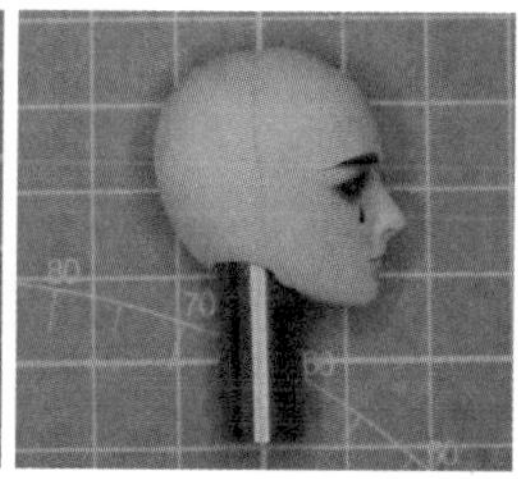

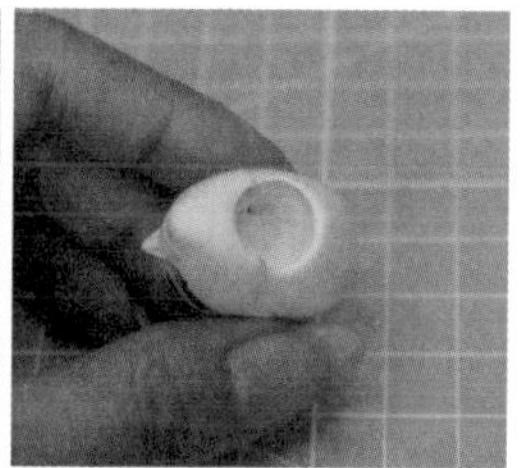

STEP 08 用肤色黏土捏一个半球形贴在脸模的后面作为后脑勺，等晾干后，用打孔器在头部下方打一个孔。

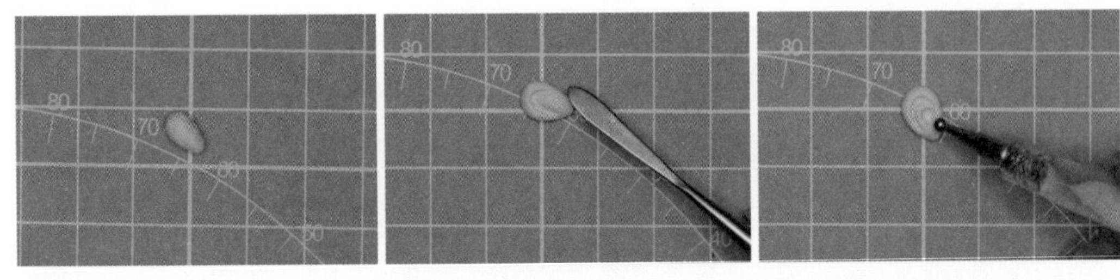

STEP 09 取一小块肤色黏土，搓成米粒的形状，用开眼刀先压出一个半圆的痕迹，再用压痕笔在上面压出一个坑。

STEP 10 用开眼刀在图中箭头所指位置斜着压一下，然后把多余的部分剪掉。一只耳朵制作完成。

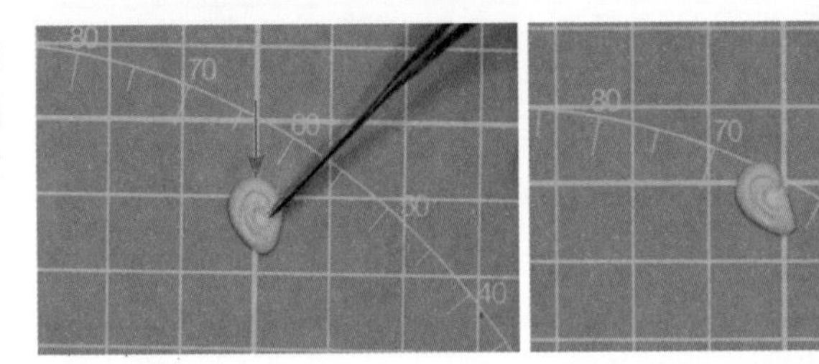

STEP 11 把耳朵贴在头部侧面，然后用压痕笔较细的一端再调整一下细节。

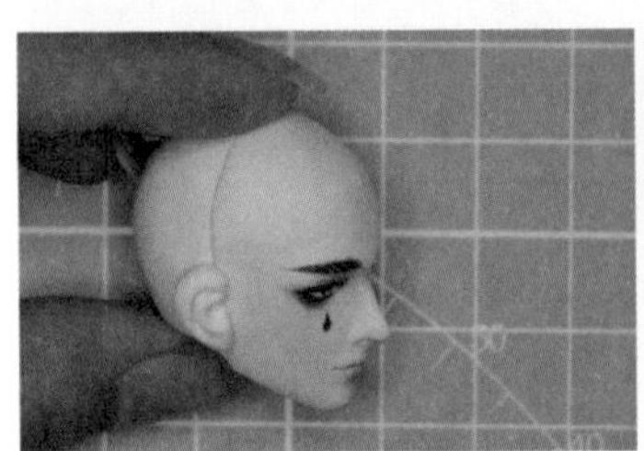

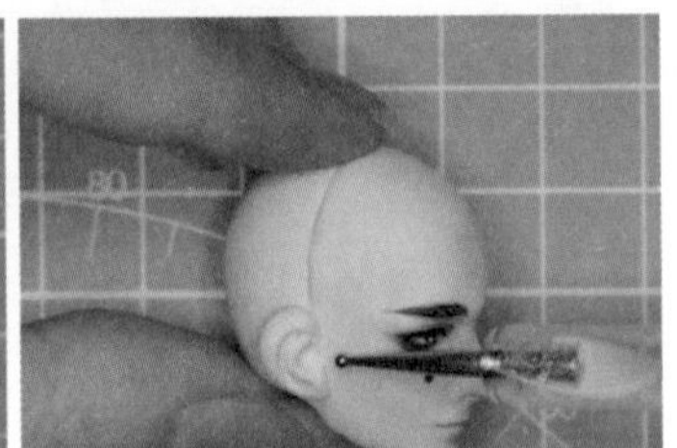

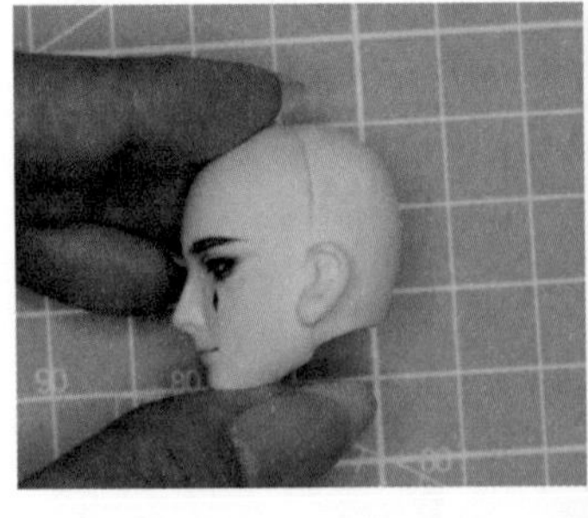

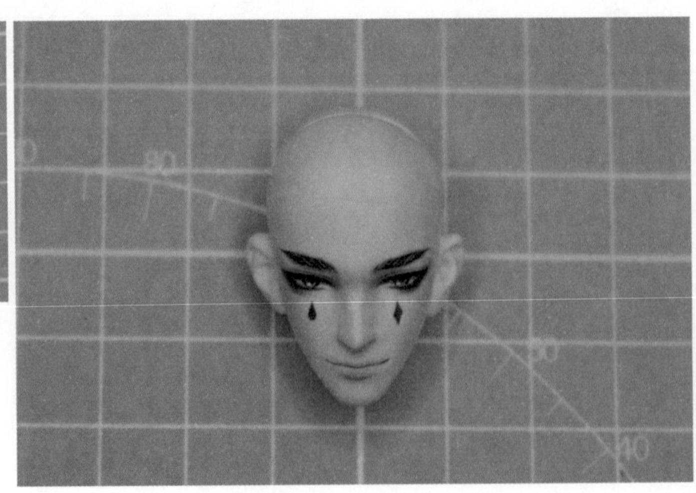

STEP 12 用同样的方法制作并贴好另一只耳朵。

2.2
制作头发

STEP 01 取暗红色（红色 + 咖啡色）黏土搓成一头尖一头粗的形状，然后用压泥板压扁。

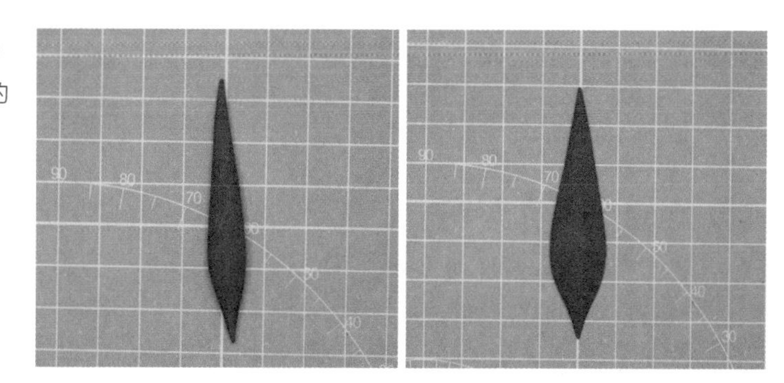

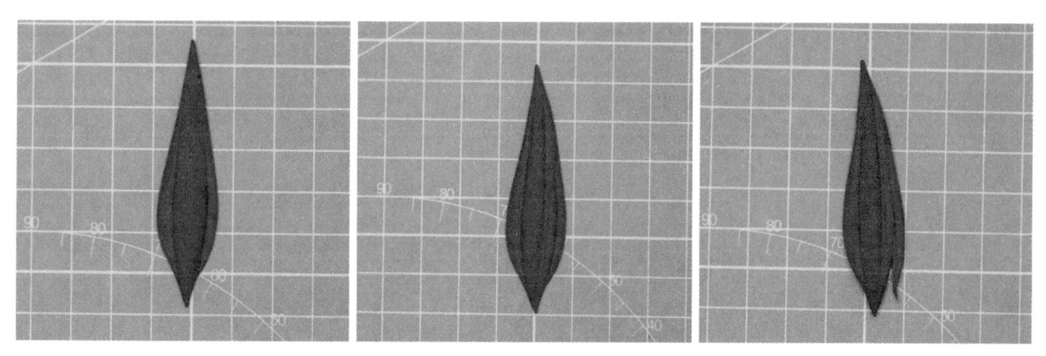

STEP 02 用塑料刀在宽的一头压出纹理，然后用直头细节剪剪出分叉。完成一条头发的初步造型。

STEP 03 把整条头发弯成波浪形，然后用手指把侧面的边缘捏薄。

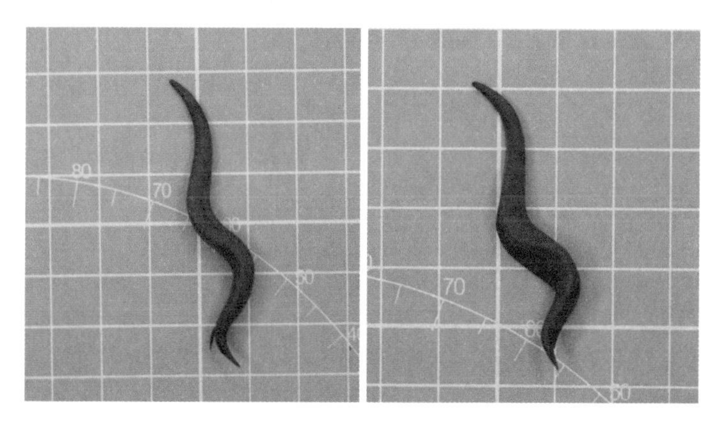

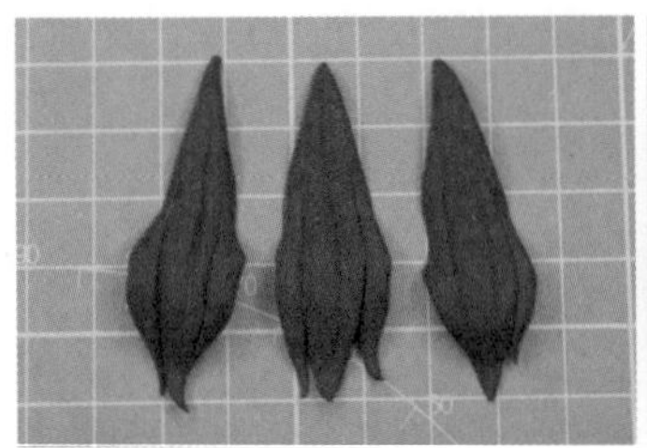
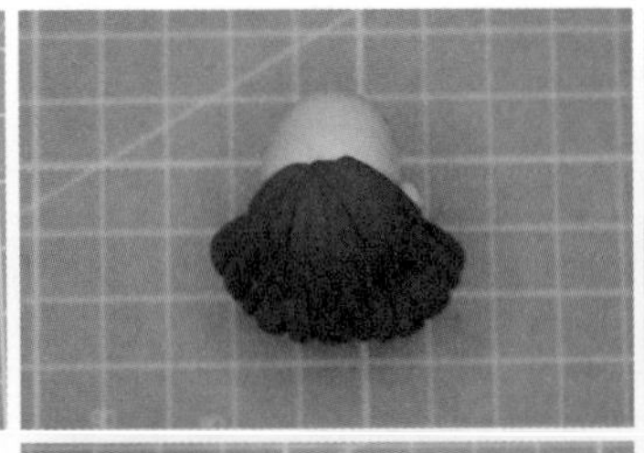
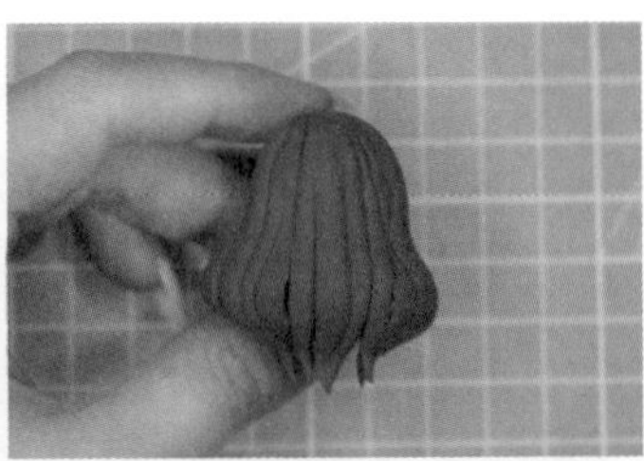

STEP 04 用同样的方法先制作3条头发，然后把它们逐条贴在后脑，注意尖端要并拢在一起，侧面的位置要在耳朵的后方。

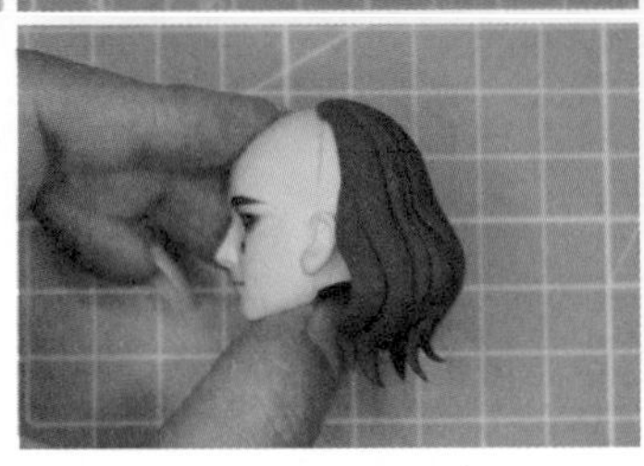
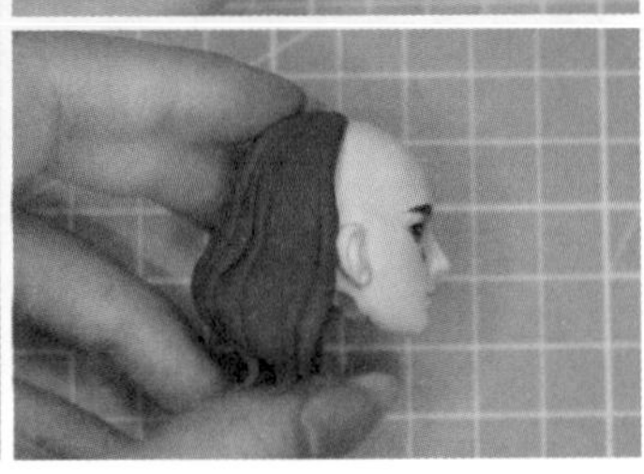

小贴士

疯帽子的头发是卷发，很容易做得很乱，注意要把每条头发的弯曲弧度都做得差不多，这样看起来就不会太乱了。

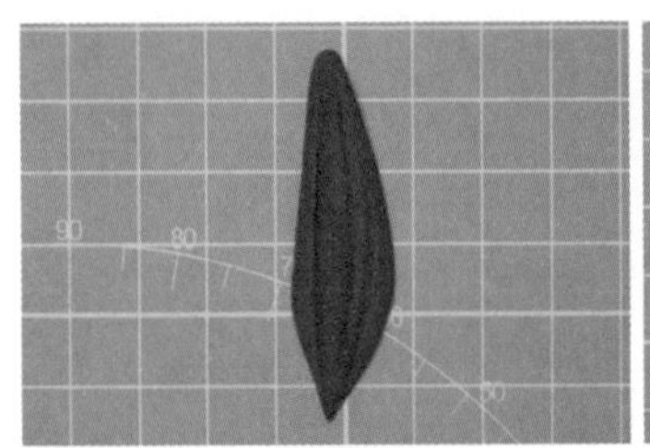
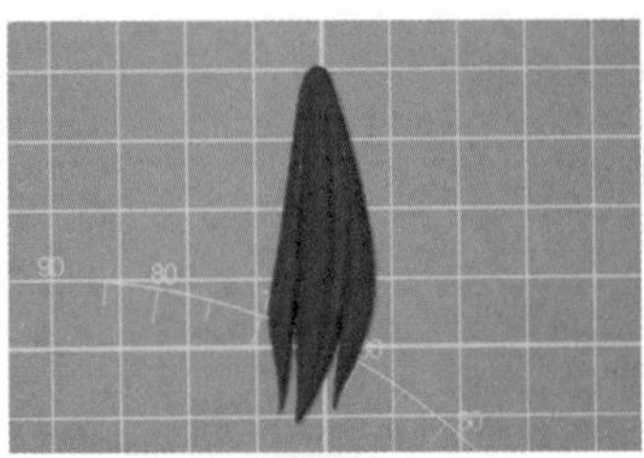
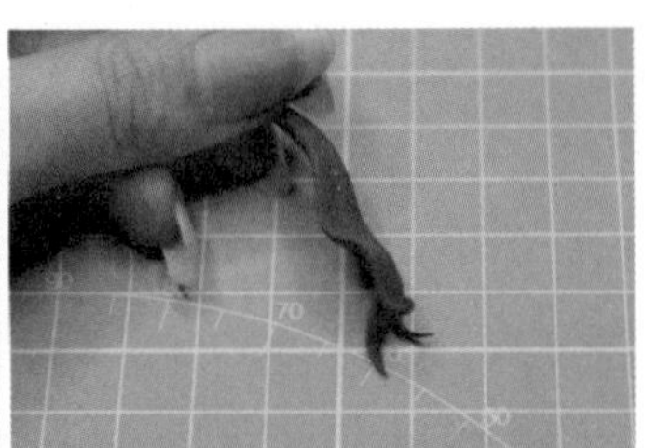

STEP 05 用同样的方法继续制作一条头发，注意其中的一根分叉要把尾端卷起来。

STEP 06 把它贴在脸颊右侧，并盖住一部分耳朵，然后沿着脸模中线把这条头发的上端剪掉。

STEP 07 用同样的方法制作脸颊左侧的头发。

小贴士

把发尾卷起来的时候，黏土容易起皱，如果操作的速度不够快，可以先卷发尾再进行其他的塑形操作。

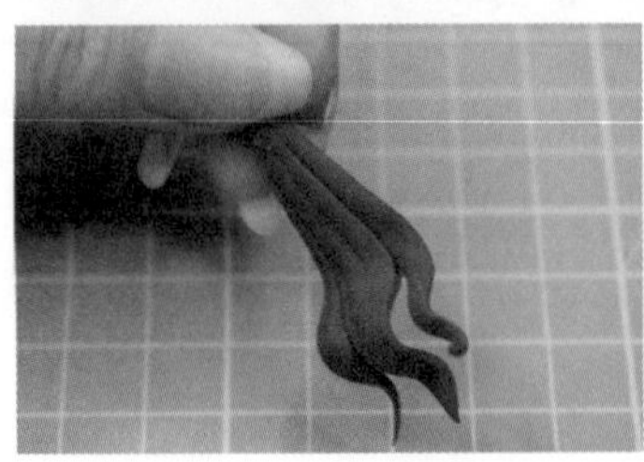

STEP 08 现在开始刘海的制作。在前额贴一块三角形的暗红色（红色 + 咖啡色）黏土，用塑料刀压出纹理。

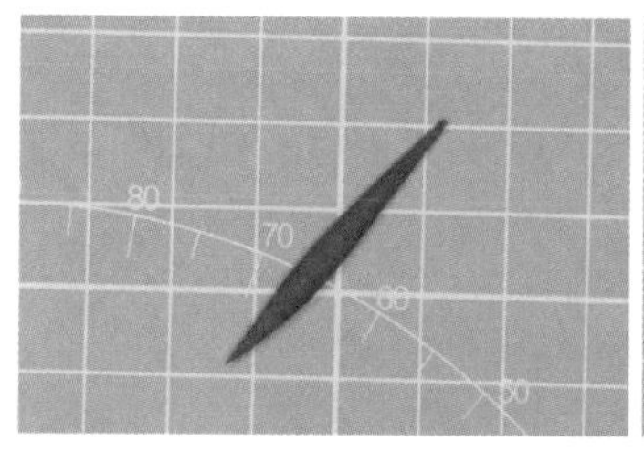
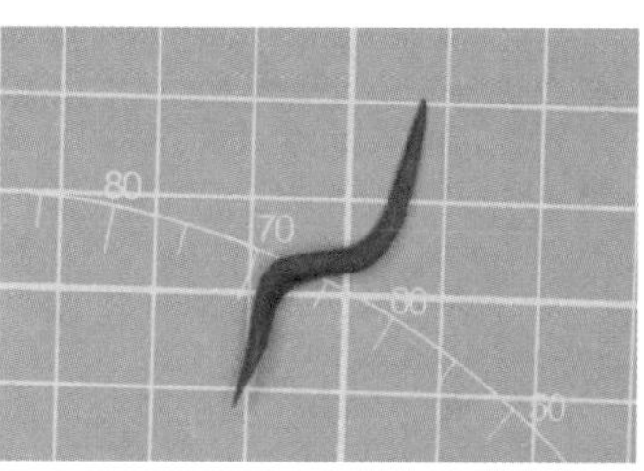
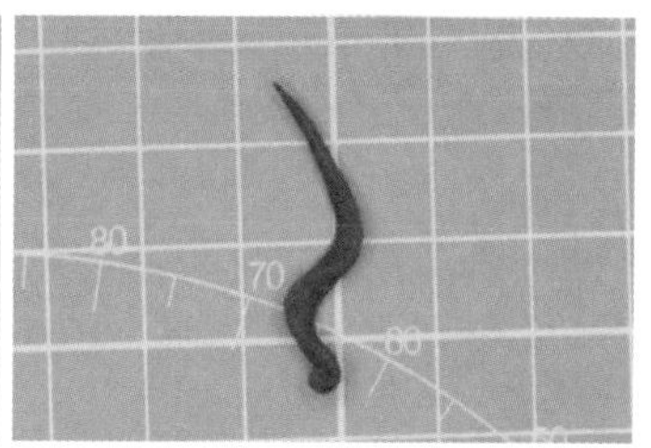

STEP 09 搓一根细条，弯成近 S 形，把边缘捏薄，然后把尾部卷起来。

STEP 10 将细条贴在前额的左侧用同样的方法制作一根形状大致对称的细条，贴在前额的右侧。

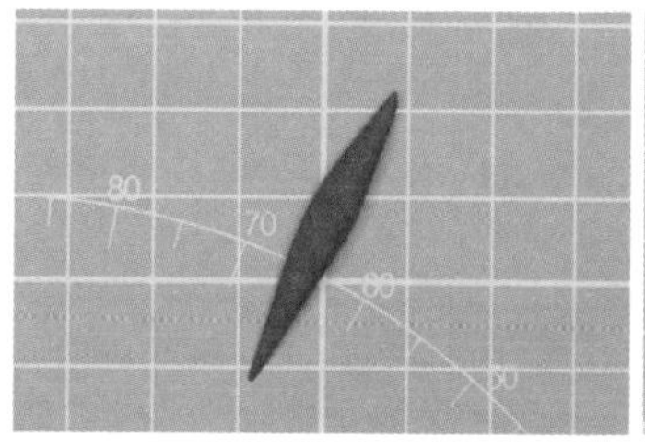
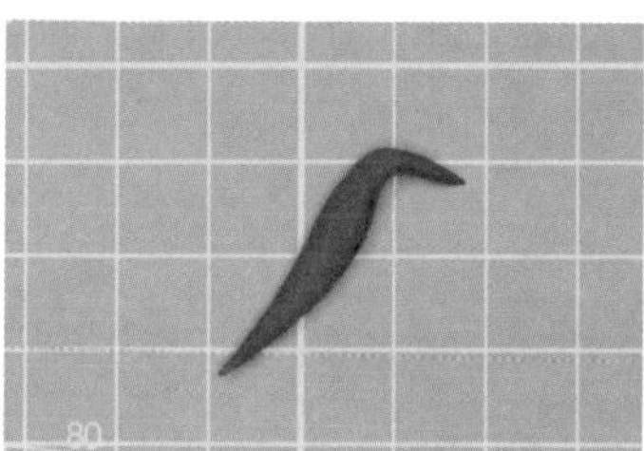

STEP 11 取黏土搓成梭形，上端向下弯，下端捏薄。

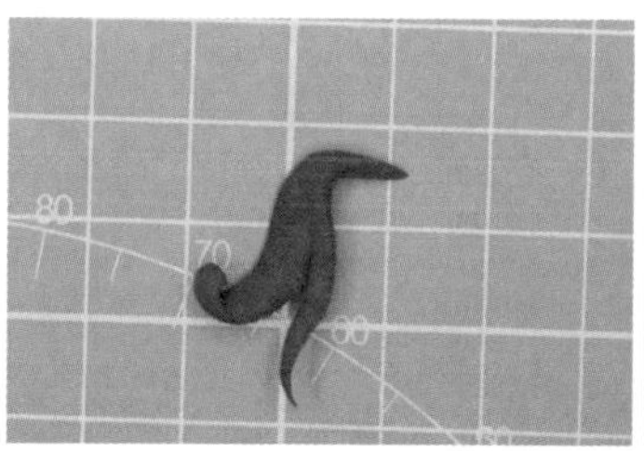

STEP 12 将下端剪出两根分叉，一根细一点儿，另一根粗一点儿并将其尾部卷起来，然后贴在前额左侧。

STEP 13 用同样的方法做另一片形状大致对称的，贴在前额右侧。

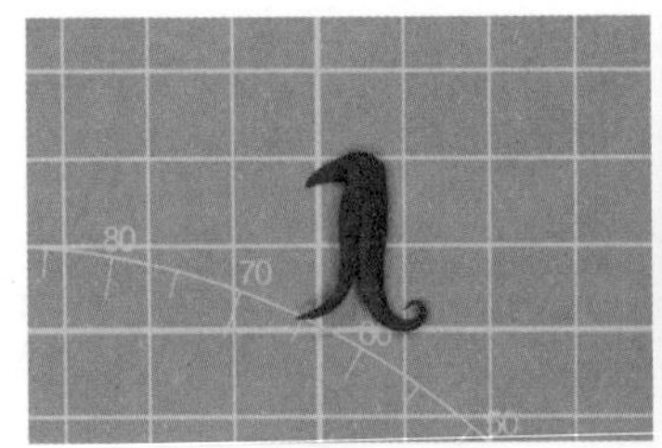

STEP 14 取黏土搓成梭形，压扁，剪出一大一小两根分叉，贴在刘海的上方，左右两侧各贴一根。

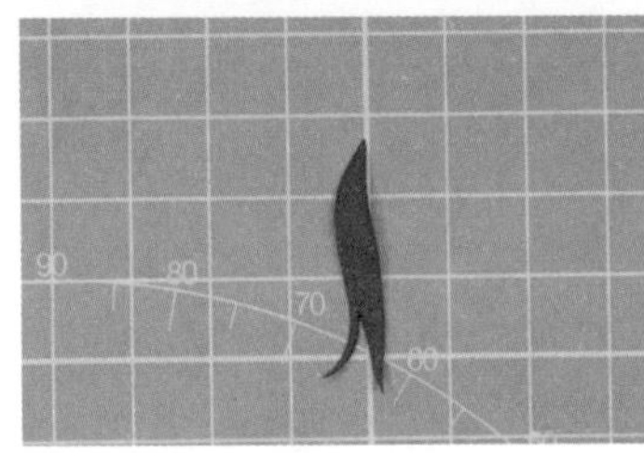

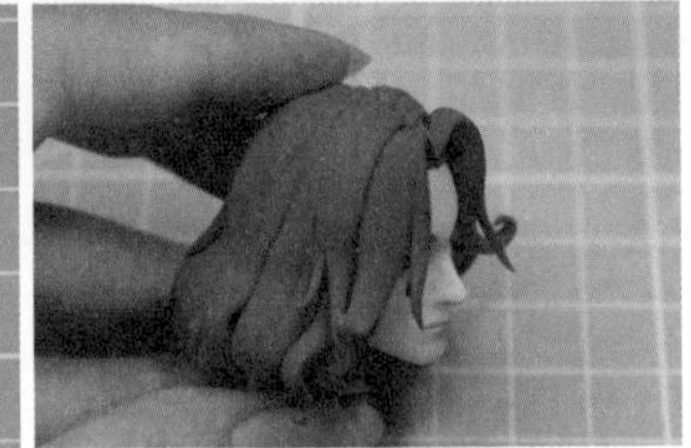

STEP 15 做几根非常细小的卷发，贴在整个头发的衔接处，以增加头发的层次感。

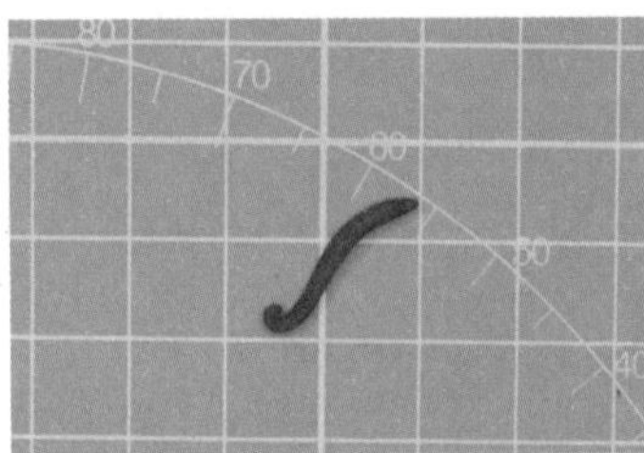

STEP 16 给人物的发际线处扫一些浅咖色色粉。

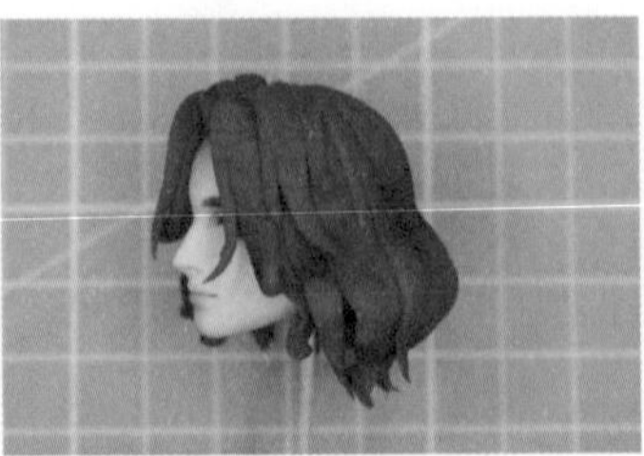

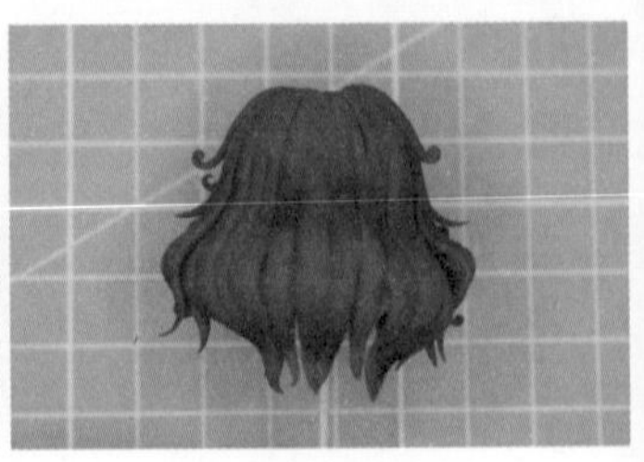

STEP 17 给头发扫上一些黑色色粉，只要扫在阴影处，不要涂太多。头发就完成啦！

2.3
制作帽子

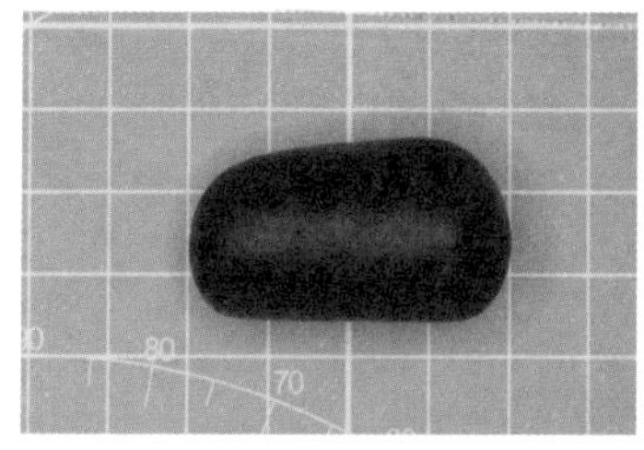

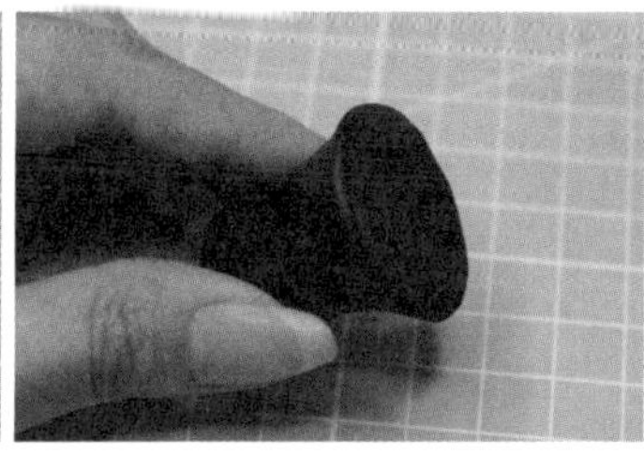

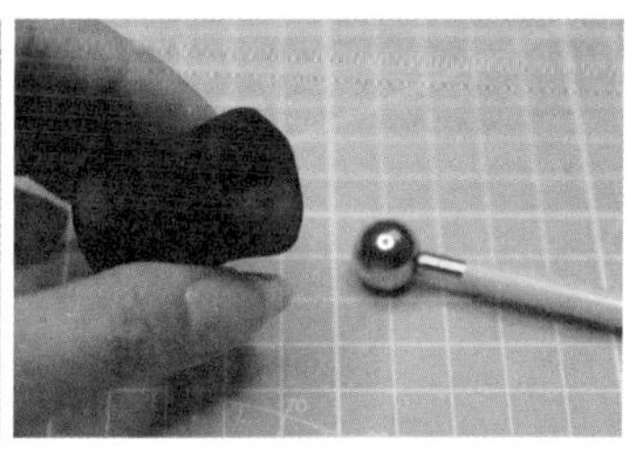

STEP 01 取一块黑色黏土搓成圆柱形，将一端捏平，另一端用丸棒向内压成凹的状态。帽桶就完成了。

STEP 02 再用黑色黏土擀一片圆片，中间挖一个洞，将其作为帽檐，把帽桶粘在上面，然后把帽檐捏出一点儿弧度，并调整帽桶的“腰”，使其更美观。

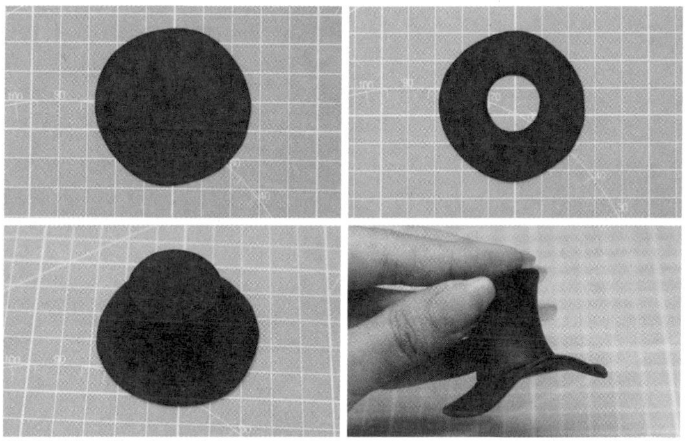

STEP 03 用暗红色黏土压一根长条，围在帽桶上作为帽围，两端剪平，拼在一起，缺口的位置放在侧面。然后把帽子戴在头上，再用塑料刀在帽围上压出3条纹理。

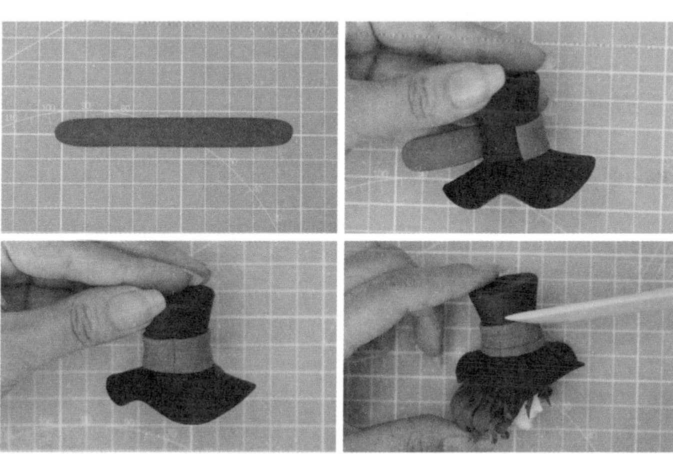

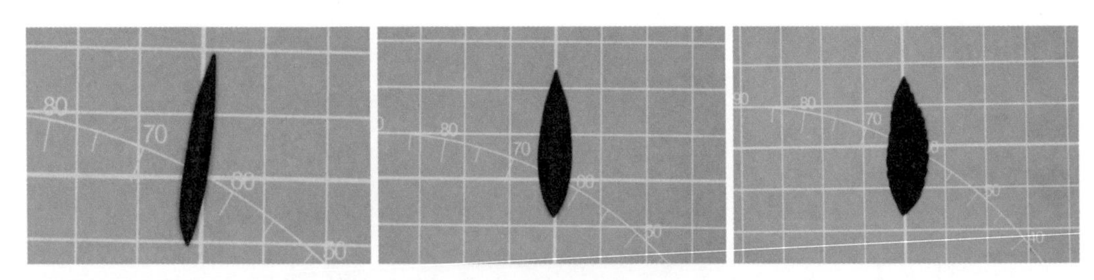

STEP 04 用黑色黏土搓一个梭形，压扁，然后用塑料刀在上面刻出羽毛的纹路。

STEP 05 用剪刀沿着羽毛纹理剪出几个小豁口，用同样的方法再做一片略小一点儿的羽毛，将两片羽毛贴在帽子的侧面挡住帽围的缺口。

STEP 06 制作一个蝴蝶结，然后用硅胶迷你巴洛克模具翻一个小花纹。

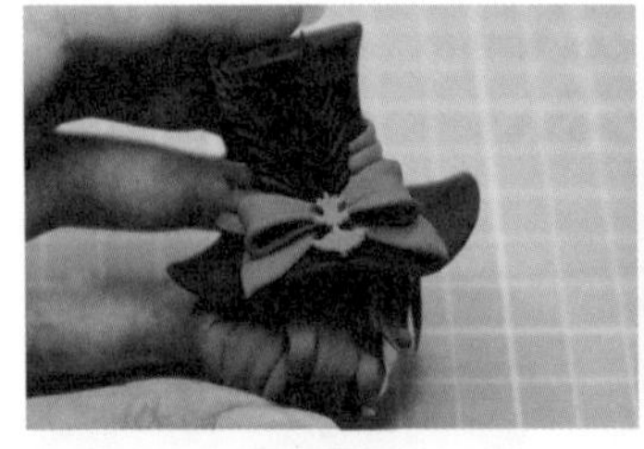

STEP 07 把蝴蝶结和花纹贴在羽毛下方，用青铜色丙烯颜料涂满花纹，然后在羽毛上轻轻扫一下。

STEP 08 取 4 根金色珠针，把它们从图中箭头所指位置剪成两段。

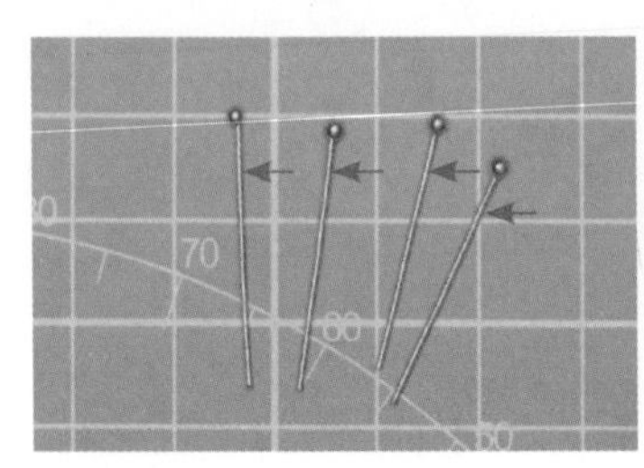

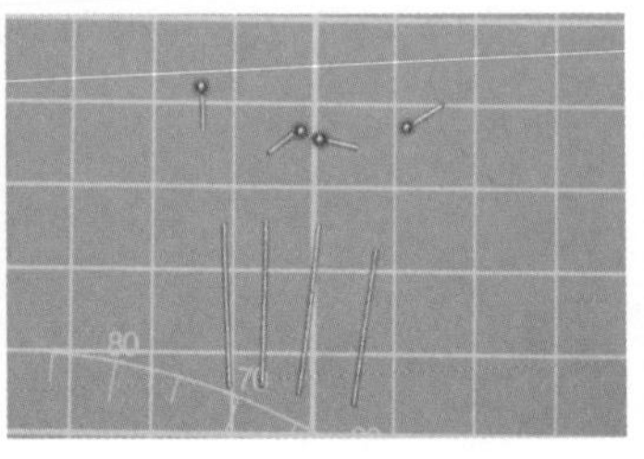

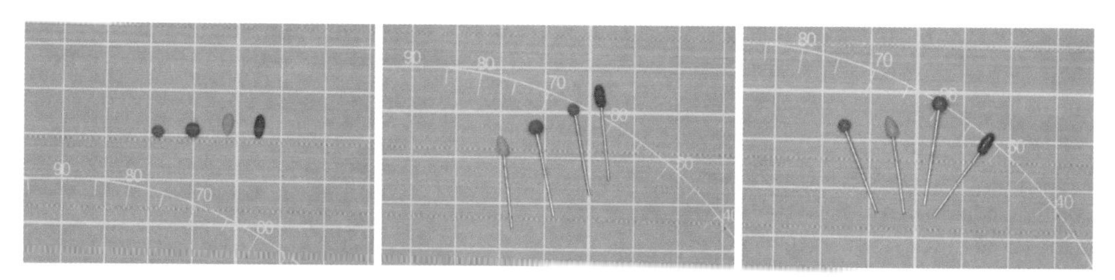

STEP 09 用红色、蓝色、橙色、暗红色黏土搓成几个小球，戳在珠针的尾巴上，然后涂上亮油。

STEP 10 把它们戳在帽桶的上方，然后把上一步剪下来的4个珠针的珠子戳在帽围的下方。

STEP 11 用黑色色粉给蝴蝶结和褶皱中涂上阴影。

STEP 12 疯帽子的头部完成。

2.4 制作腿部和靴子

关注绘客公众号，
输入 54321，
下载此处教学视频
（疯帽子 04-05）

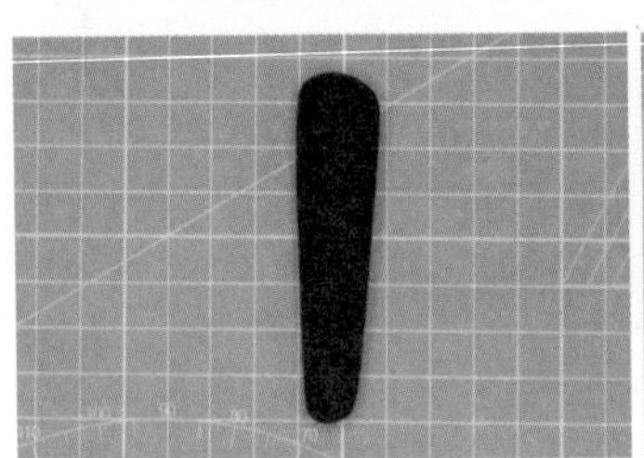
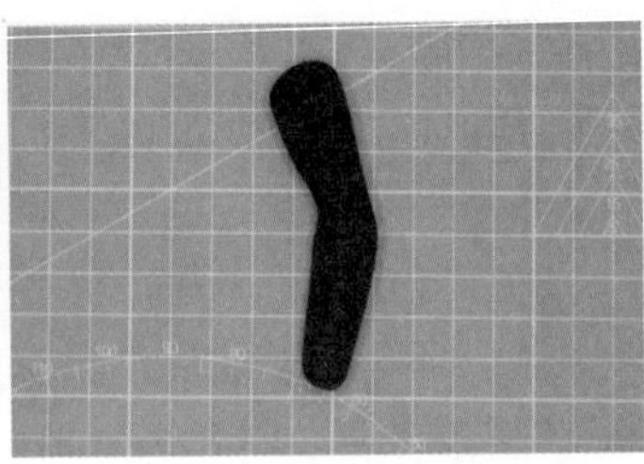
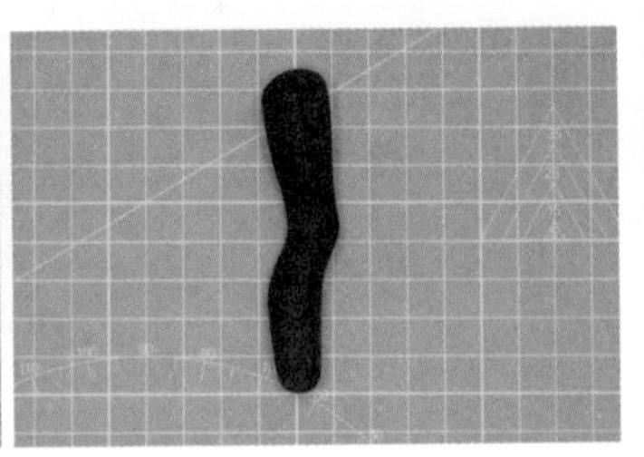

STEP 01 取黑色黏土搓成一头粗一头细的柱状，在中间偏上的位置搓出大腿和膝盖的分界，然后在中间偏下的位置搓出膝盖和小腿的分界。

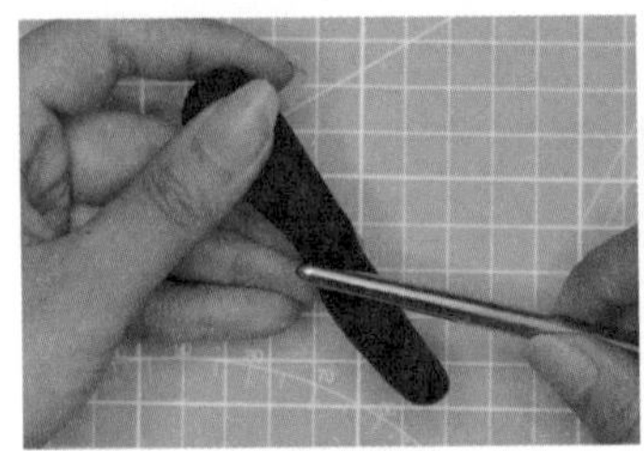
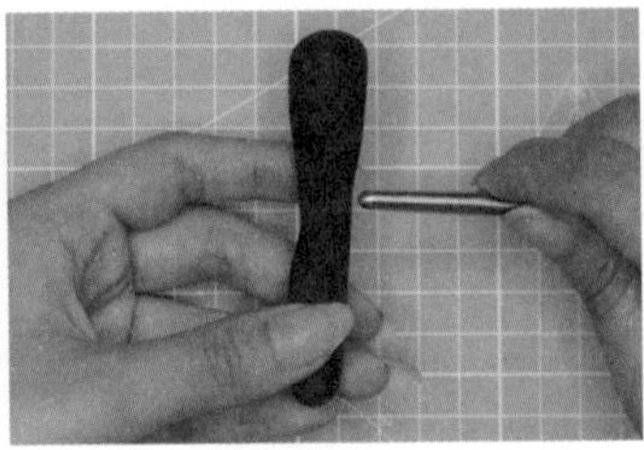
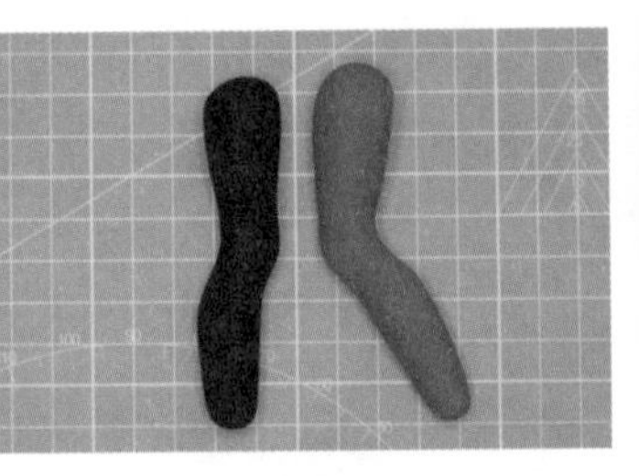

STEP 02 用细节针压出膝盖的轮廓和腿弯后面的凹陷。用暗橙色（橙色 + 咖啡色）黏土做另一条腿，方法相同。

STEP 03 取一块黑色黏土，将其一头搓成柱状，另一头捏出鞋头的形状。

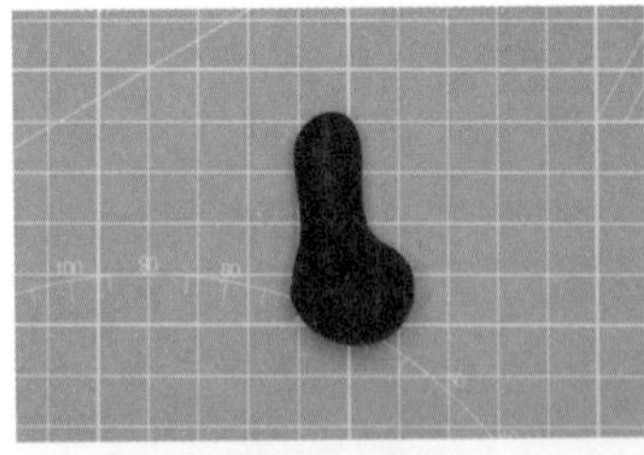
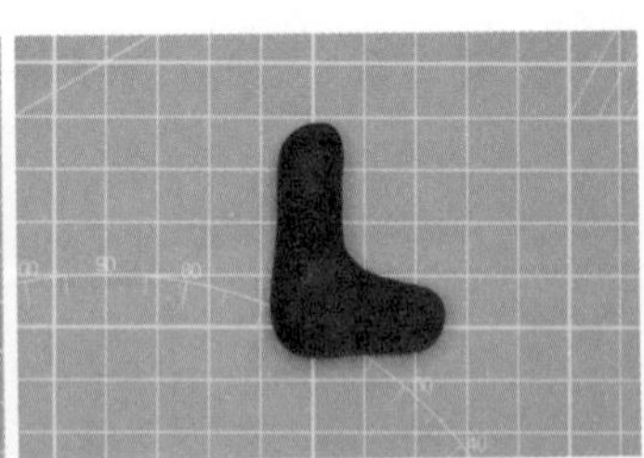

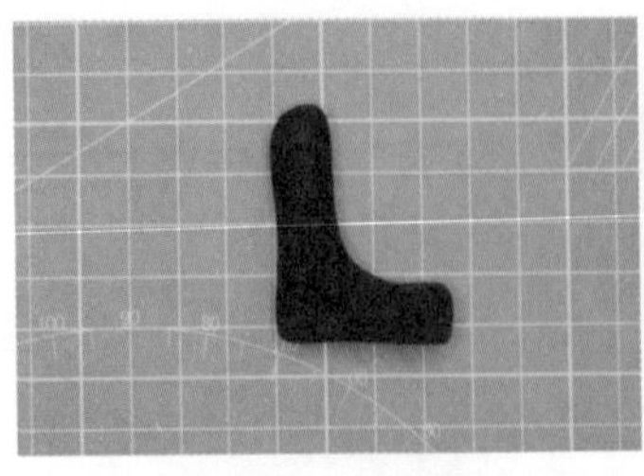
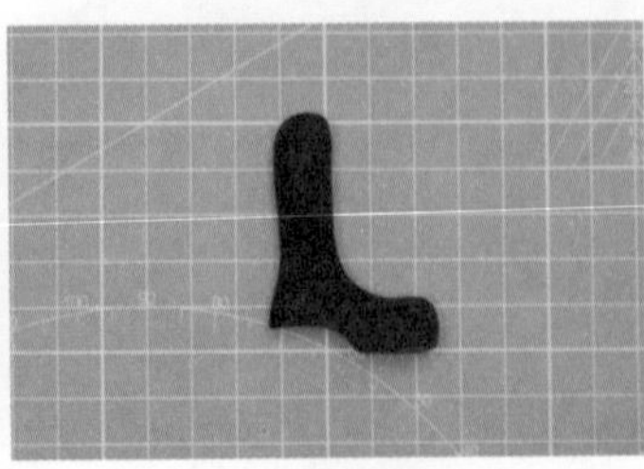
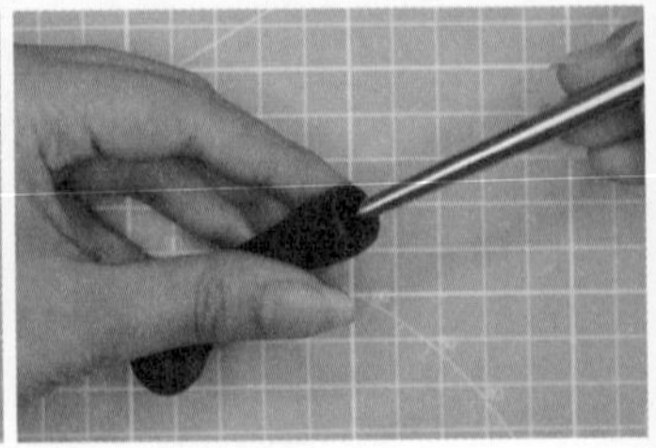

STEP 04 把鞋底捏平，再把鞋头向下捏，调整出鞋底的坡度。然后用细节针把鞋口做出一个凹坑。

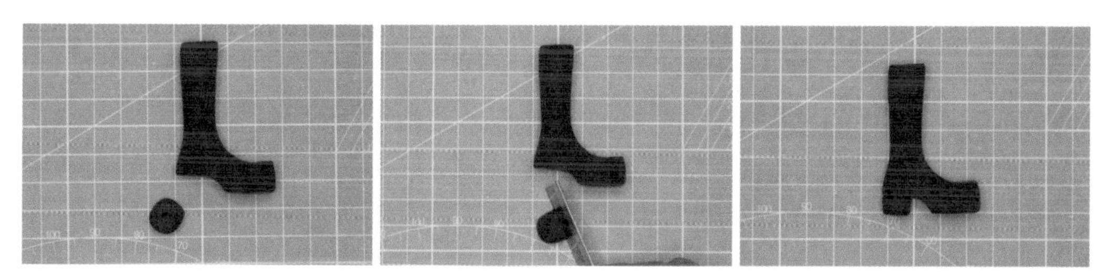

STEP 05 用黑色黏土搓一个黑色的小球，压扁，用刀片切掉一点儿，贴在鞋跟处。

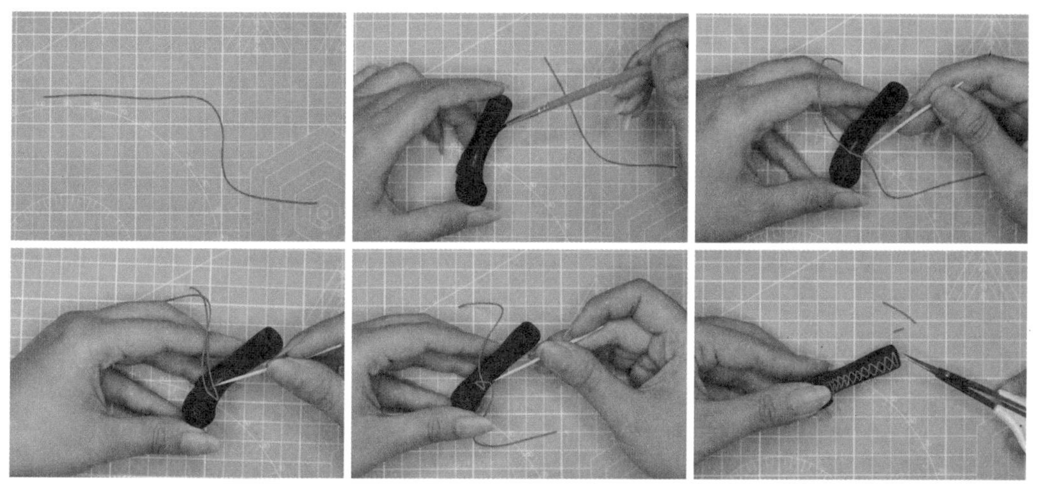

STEP 06 搓一条暗橙色（橙色 + 黑色）的黏土细线，在靴子前方刷一点儿水，然后用牙签把细线交错地贴在靴子前方，作为鞋带。

STEP 07 再搓两条短一些的暗橙色（橙色 + 黑色）黏土细线，做成两个小蝴蝶结。

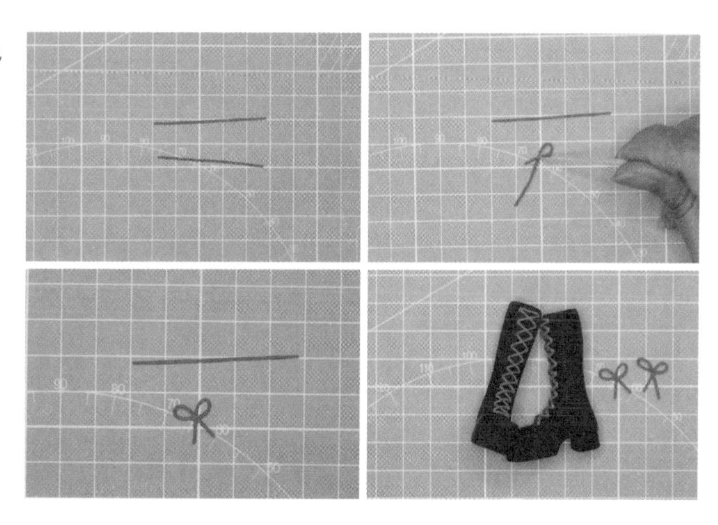

STEP 08 用黄色黏土搓成一个圆柱，将其一端向内压出一个凹坑，另一端搓尖，将尖的部分插入第 4 步中做好的鞋子凹坑中再把腿部放入黄色凹坑中，这样就将腿和靴子连在一起，然后用细节针压出一些褶皱，这时，靴子外露出的袜子就完成了。

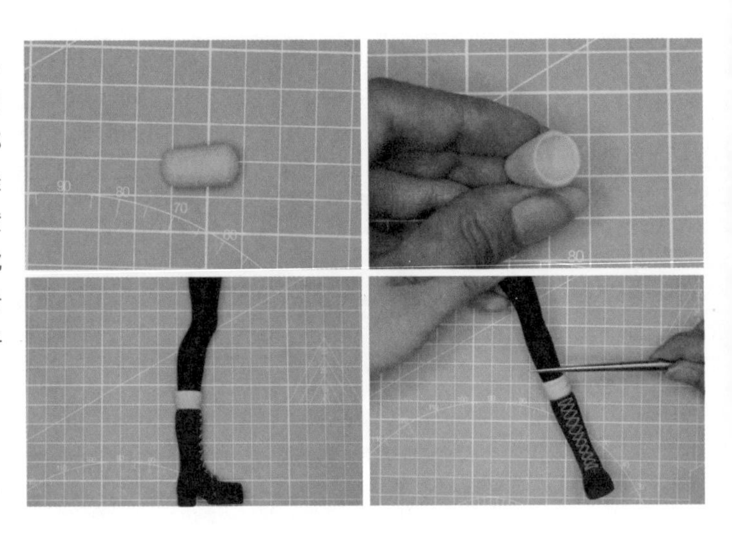

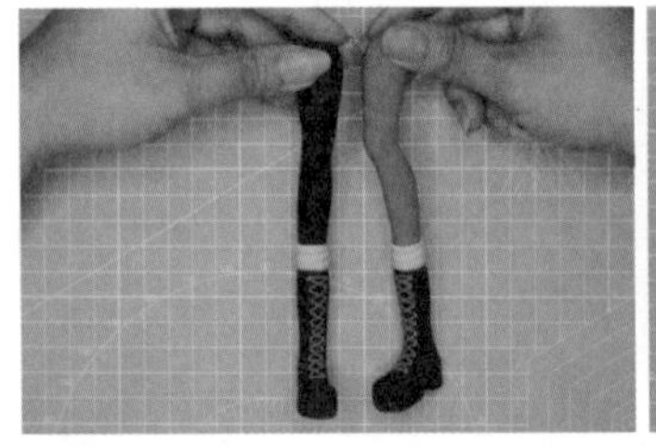

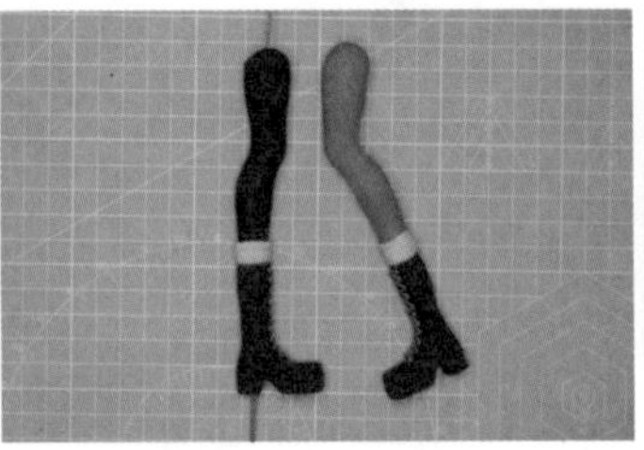

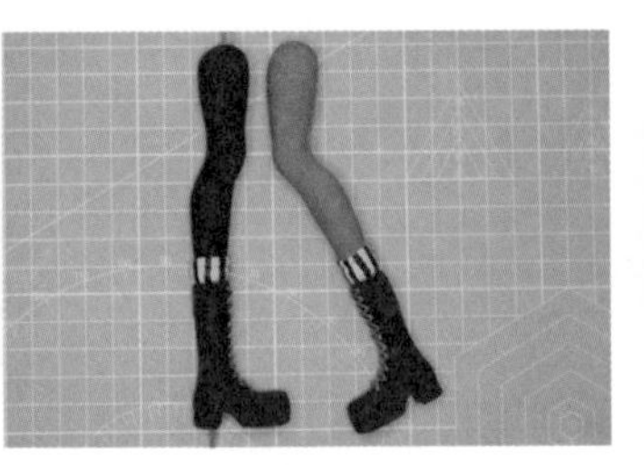

STEP 09 另一边也是同样的方法，然后等靴子和腿晾到半干的时候在直立的腿中插入铜棒作为骨架。

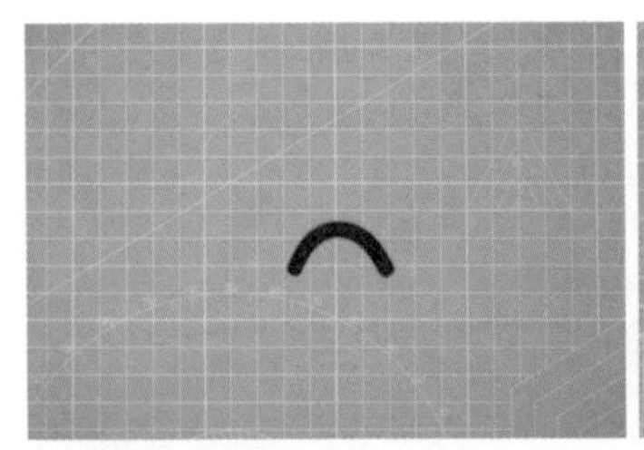

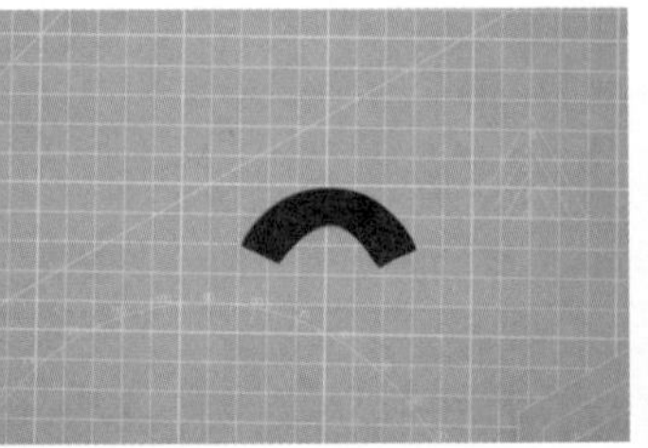

STEP 10 用黑色黏土搓一根黑色的长条，把它弯曲一点儿然后压扁，再把两端剪平。

STEP 11 把它围在靴口，上端固定后，用手指把下摆捏得稍稍翘起来一点儿。

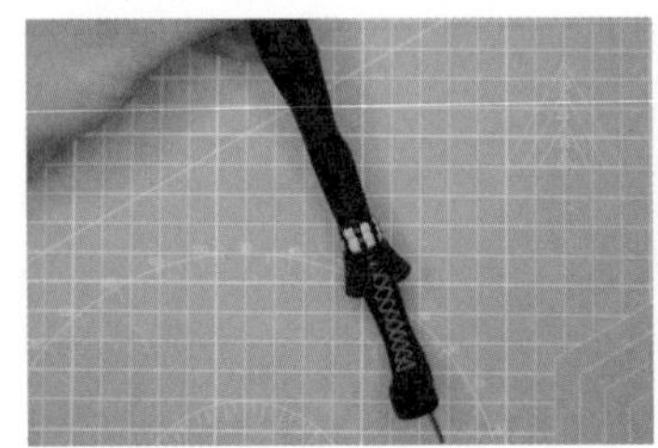

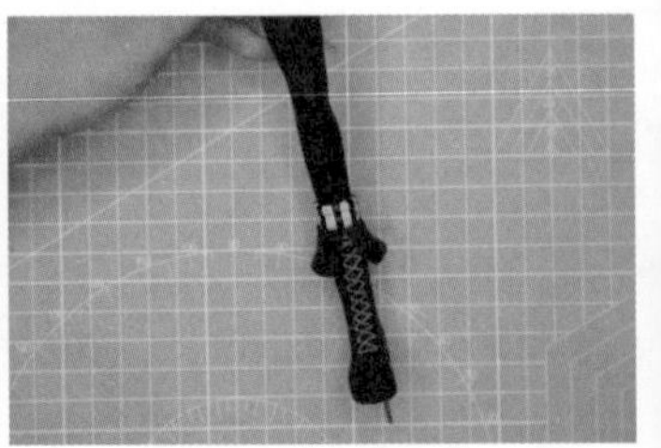

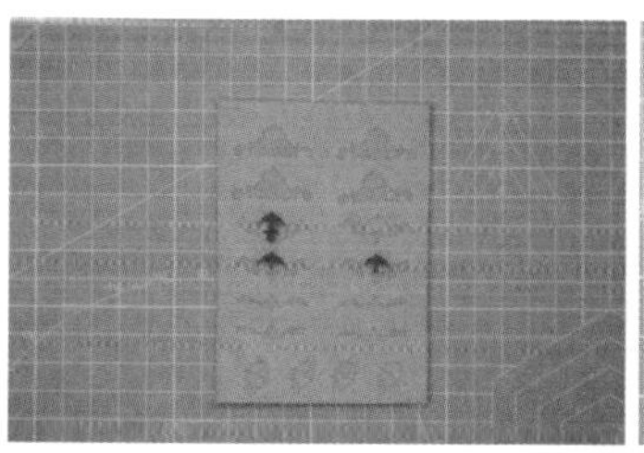
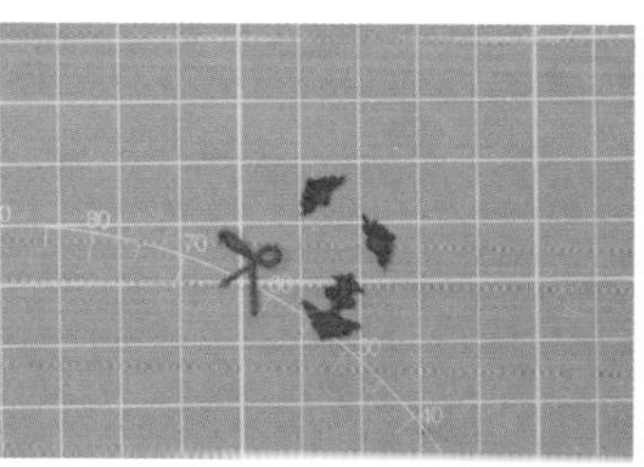
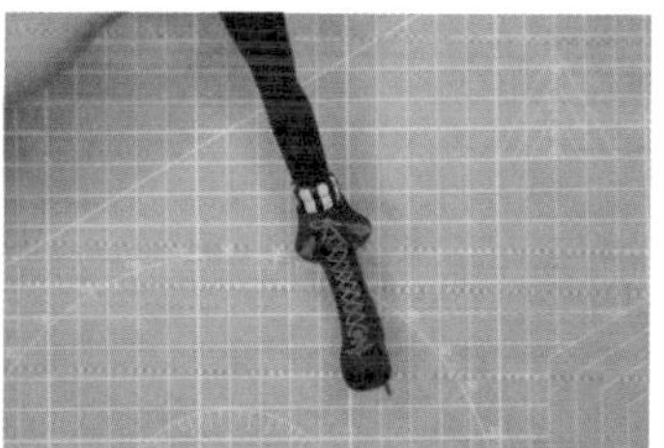

STEP 12 用硅胶迷你巴洛克模具翻几个花纹，和之前做的小蝴蝶结一起贴在靴子上。

STEP 13 在弯曲的腿中也插入一截短一些的骨架，只插到小腿即可。然后用尖嘴钳把下端折弯一些。

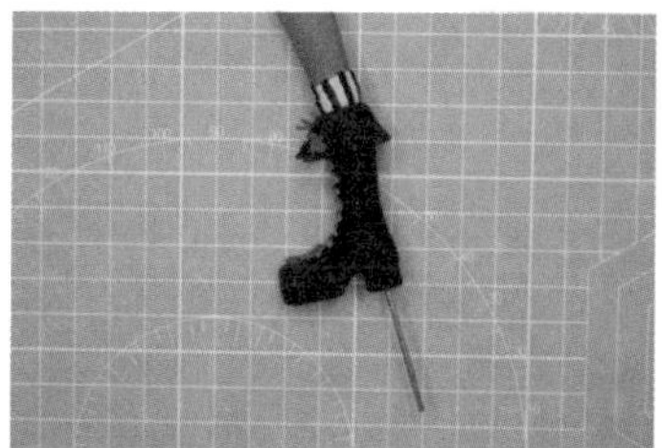
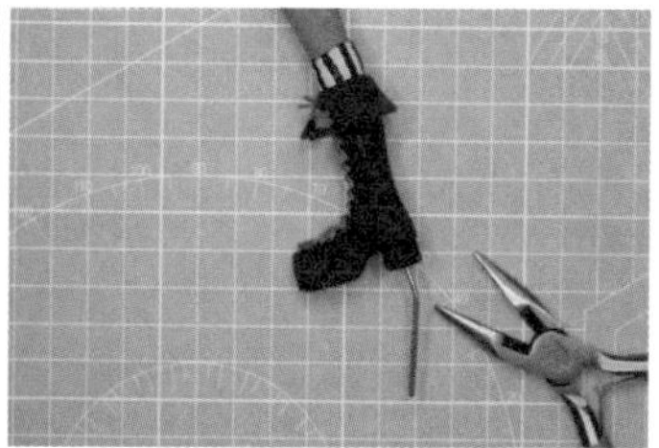

2.5
制作裤子和身体

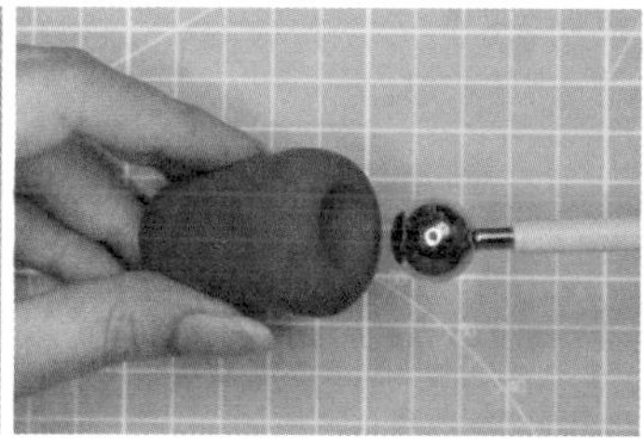
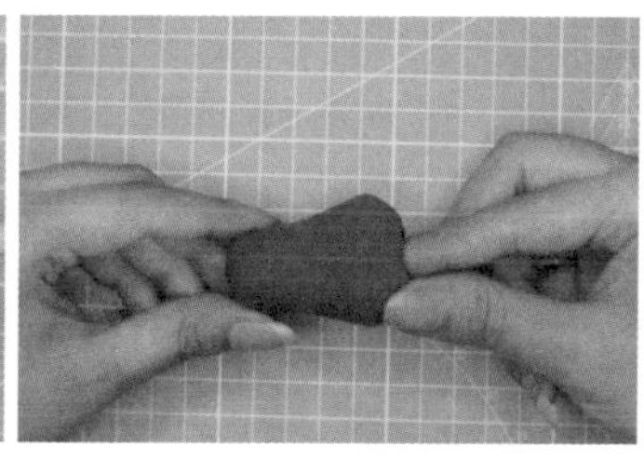

STEP 01 用红棕色（咖啡色 + 红色）黏土搓成一头大一头小的裤子形状，然后在大的一头先用丸棒向内压一个坑，再用手指把边缘捏薄一点儿。

STEP 02 用细节针和两用细节针的粗头根据南瓜的生长规律压出裤子上的褶皱。

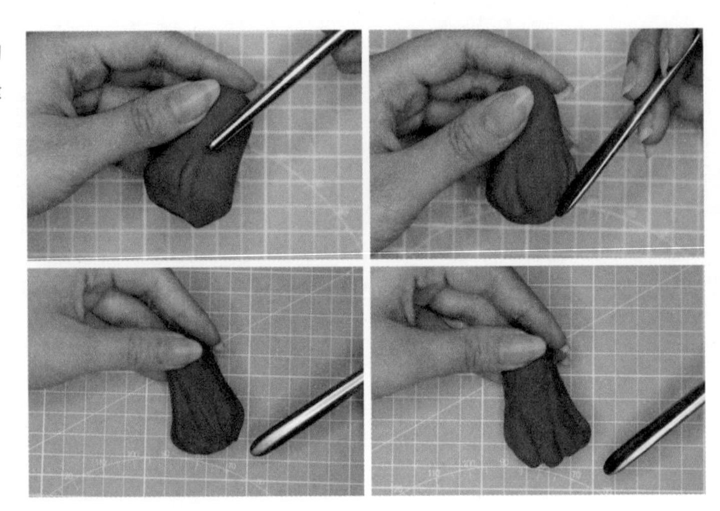

STEP 03 圈褶皱都压完之后用两用细节针的细头把有些变形的裤子口往里收一下，然后固定到腿上。

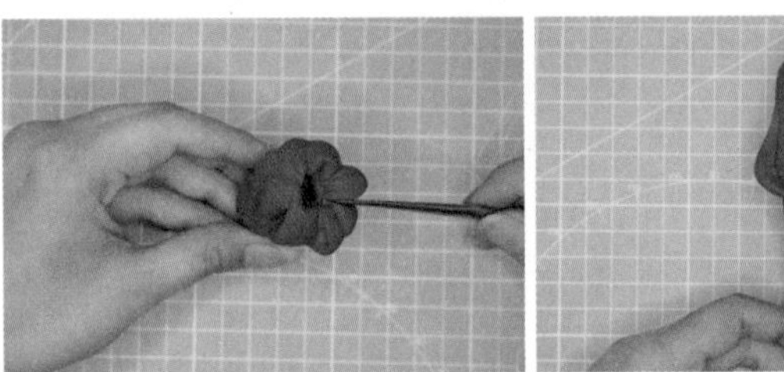

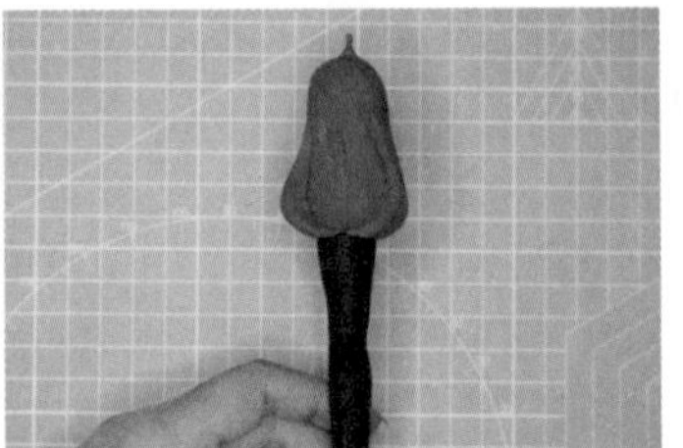

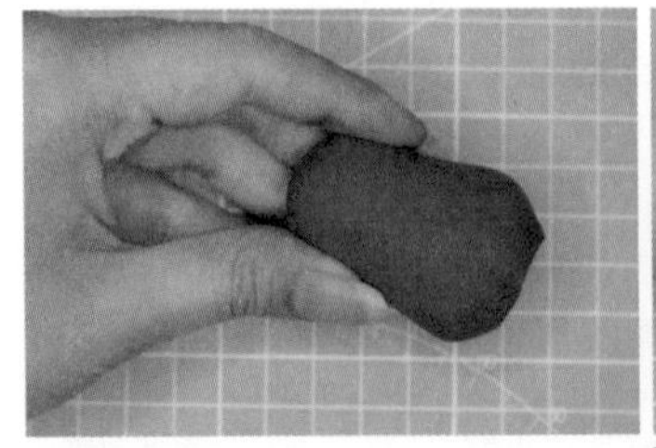

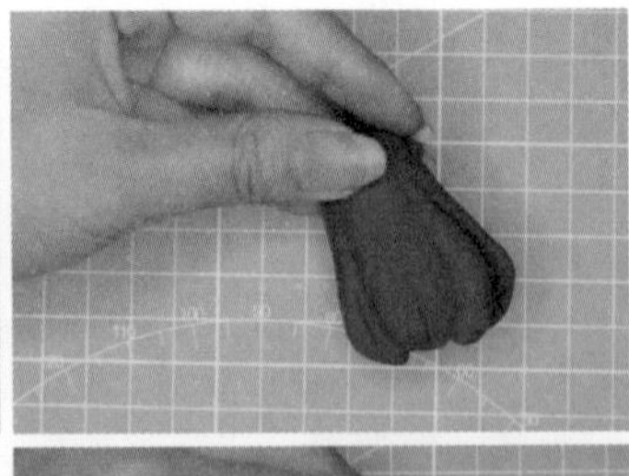

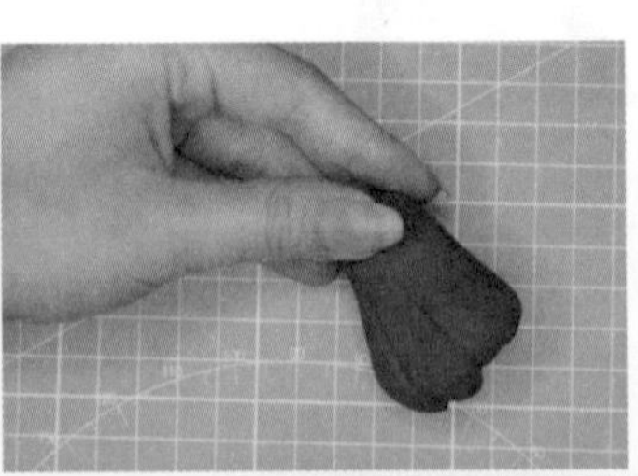

STEP 04 用同样的方法做另一边的裤子。

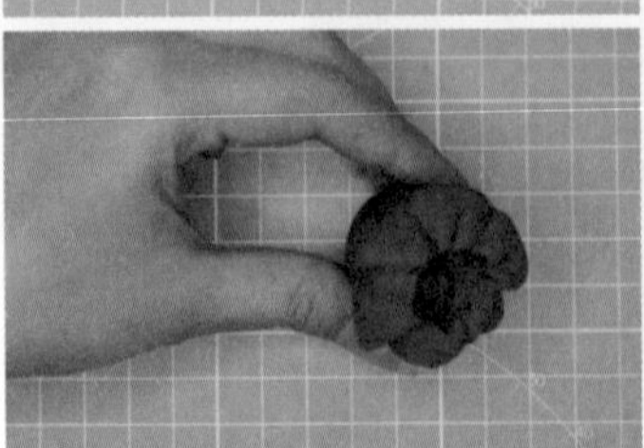

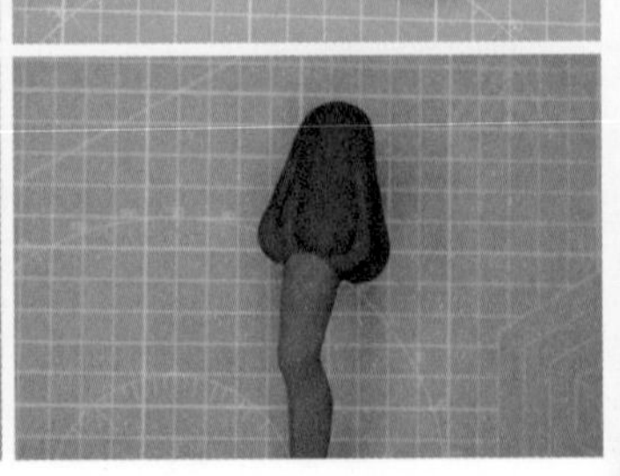

STEP 05 用小钳子把铜棒折成门字形，固定两条腿的位置。

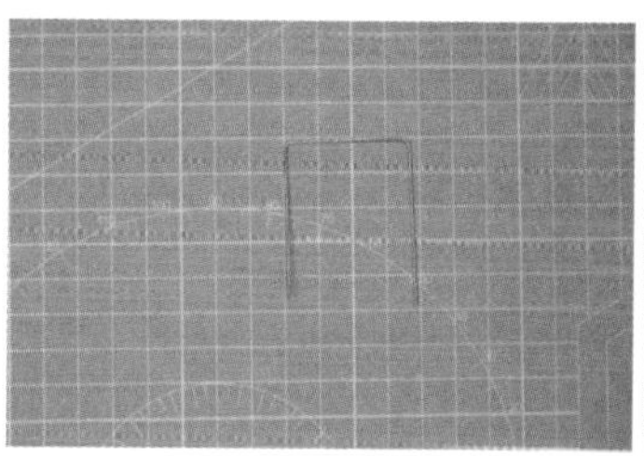

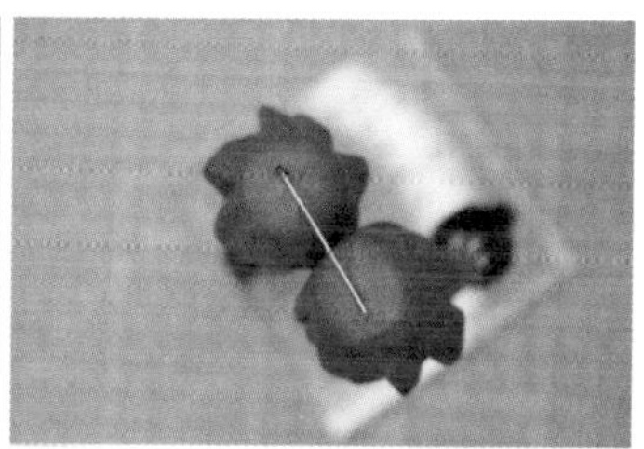

STEP 06 贴一条红棕色黏土在裤子前面的接缝处，然后压平，最后用工具压一些褶皱。

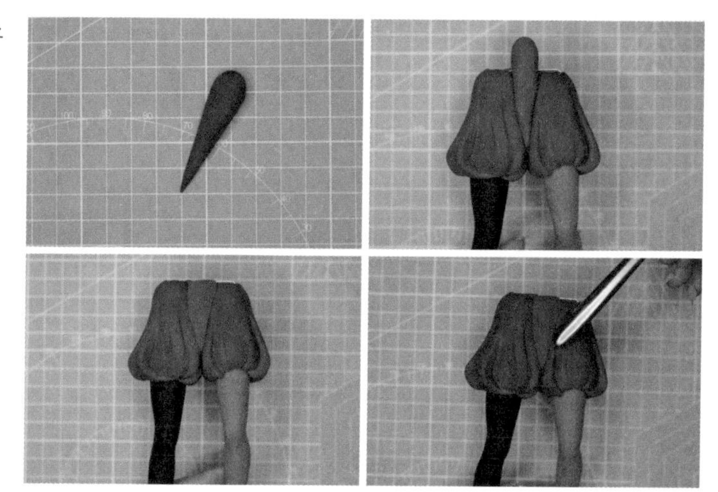

STEP 07 用同样的方法处理裤子后面的接缝处。

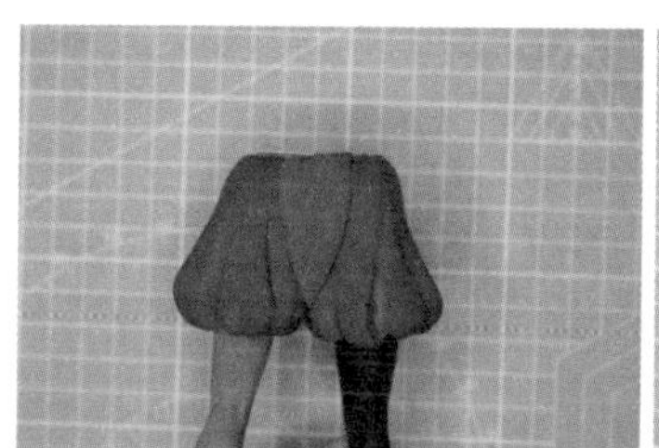

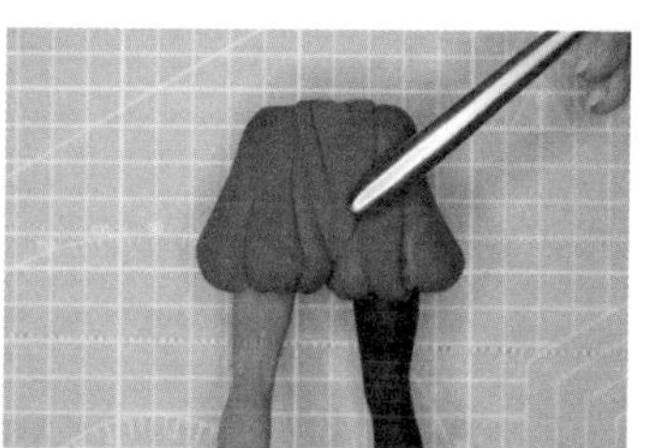

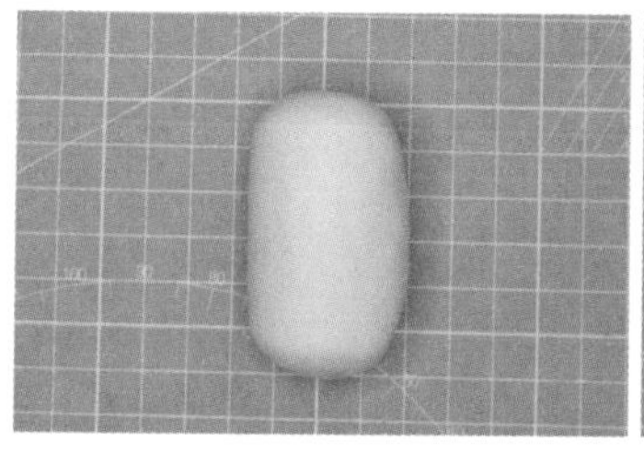

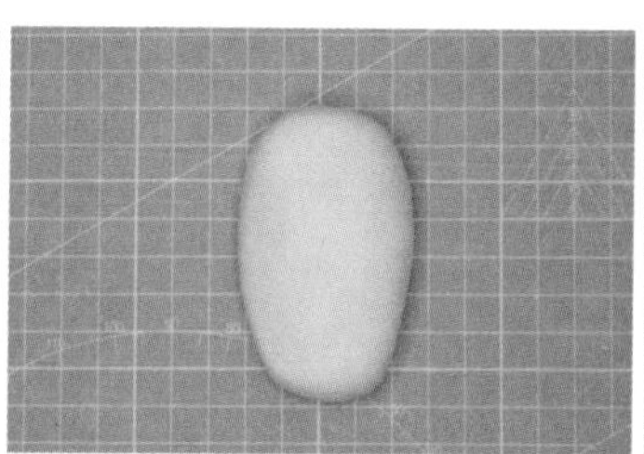

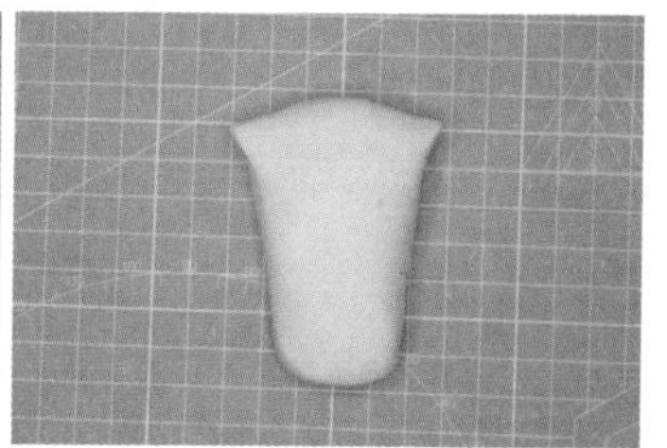

STEP 08 取一大块白色黏土捏成柱状，然后稍微压扁一点儿，做成躯干的基本形状，然后在其上方捏出肩膀的基本形状。

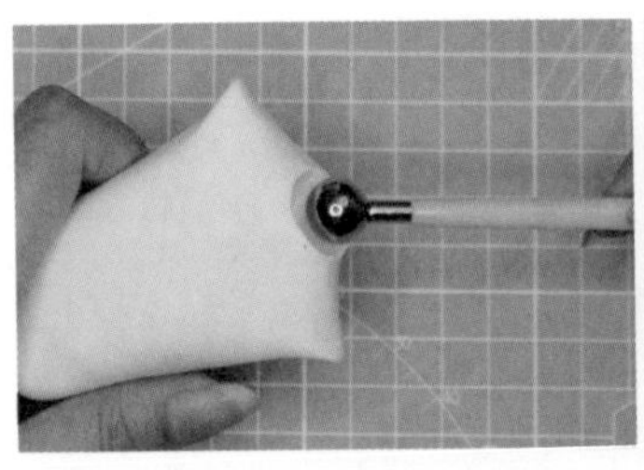
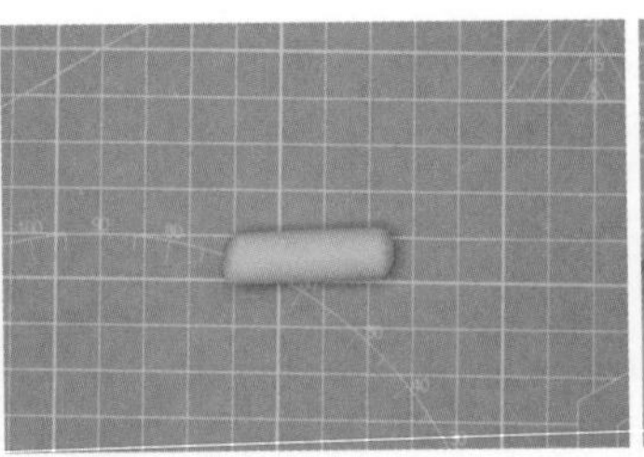
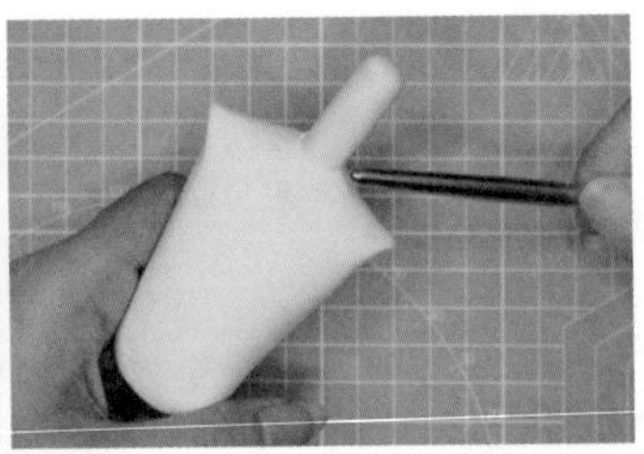

STEP 09 在躯干的上端正中位置用丸棒向内压一个坑，然后用肤色黏土搓一根圆柱放进坑中，用细节针擀平接缝。

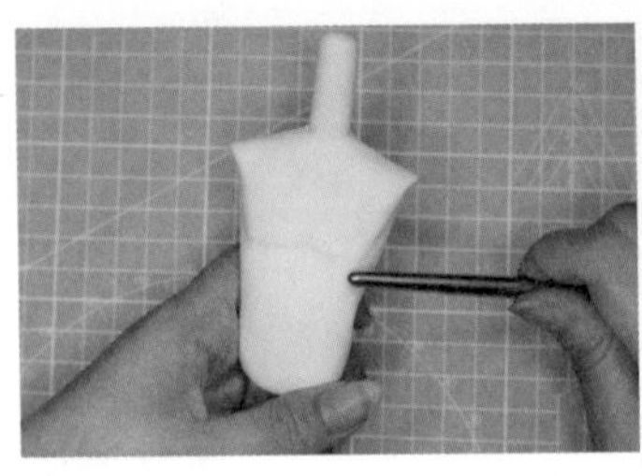
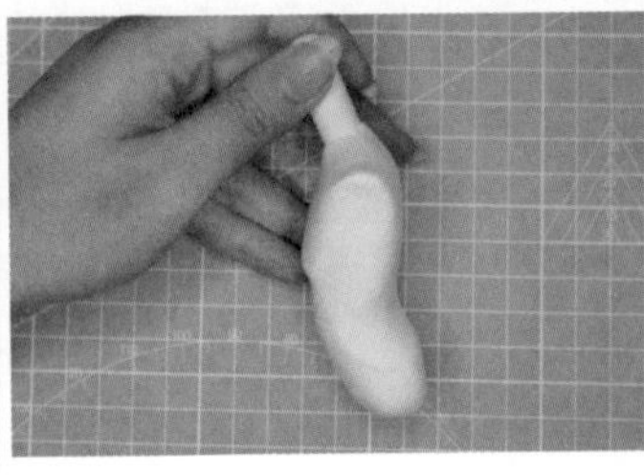
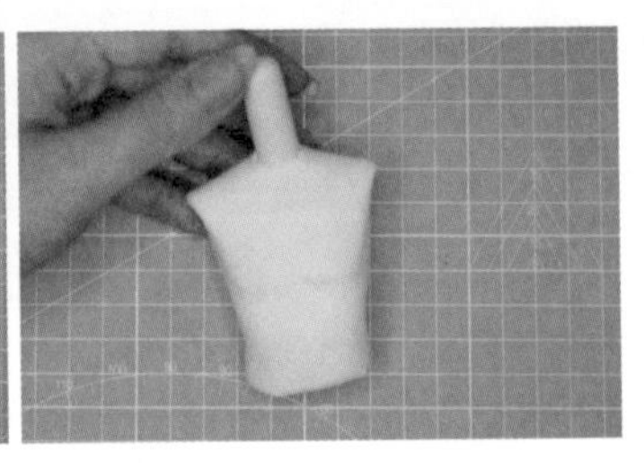

STEP 10 用细节针稍微压出一些肌肉的轮廓，调整一下侧面的曲线，然后把躯干下方剪平。

STEP 11 把上下两截身体拼起来，用细节针擀平接缝。

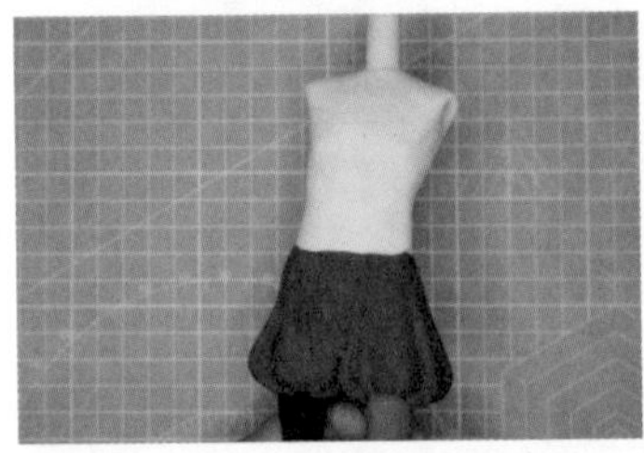
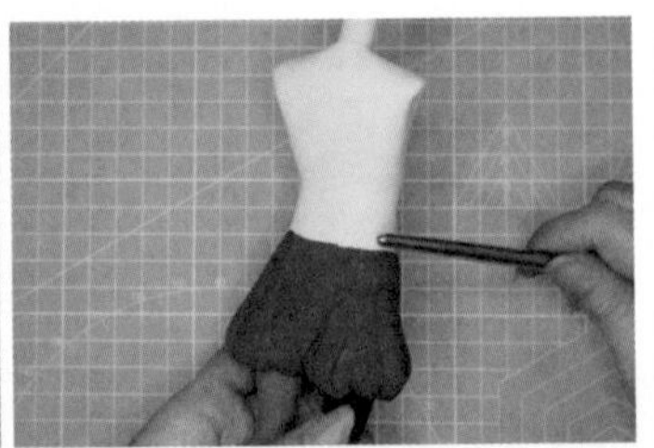

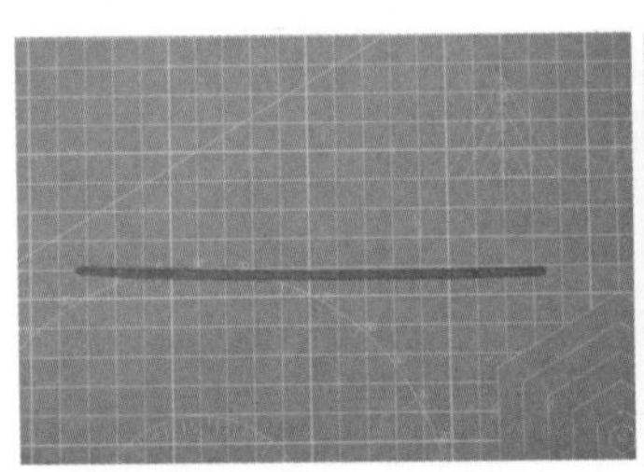
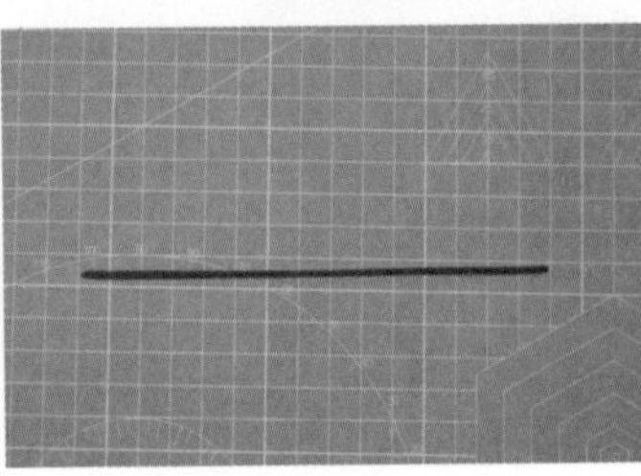
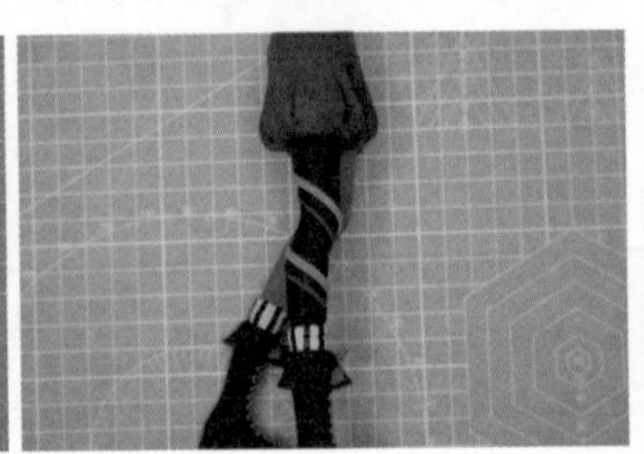

STEP 12 搓一根洋红色（玫红色 + 白色）黏土长条和一根红棕色黏土长条，向上缠绕在直立的腿上。

STEP 13 用黑色丙烯颜料给南瓜裤画上条纹。

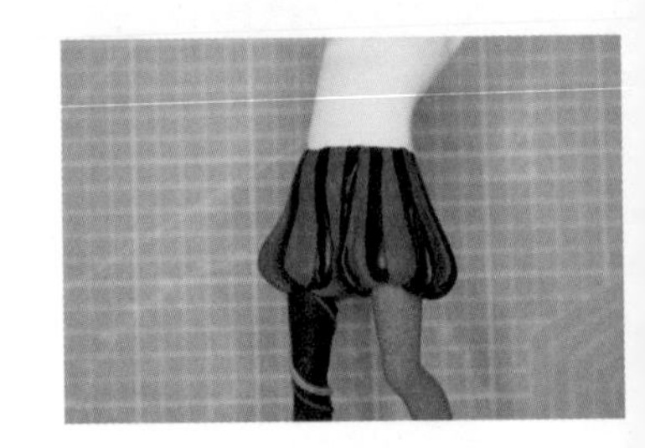

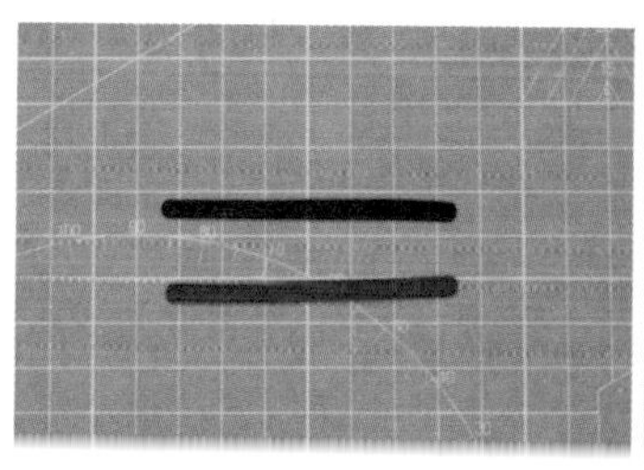
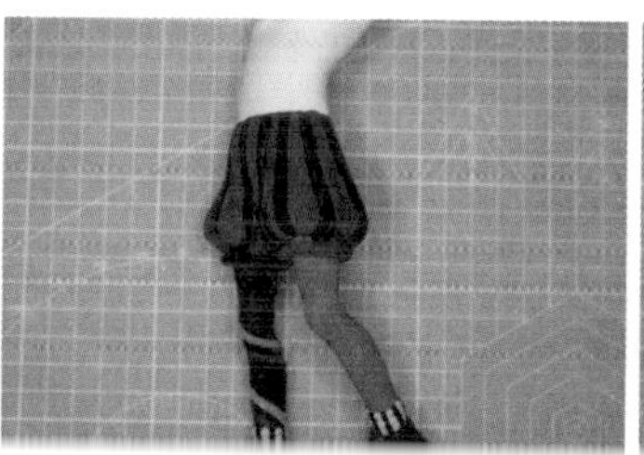
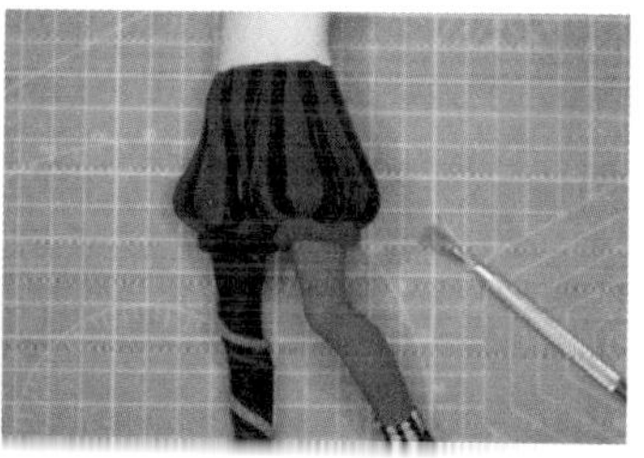

STEP 14 用黑色黏土搓一根长条，再用红棕色黏土搓一根长条，围在裤子口，然后用七本针戳出毛茸茸的效果。

STEP 15 用白色黏土搓一根长条，把它折弯一点儿然后压扁，把两端剪平后围在领口。

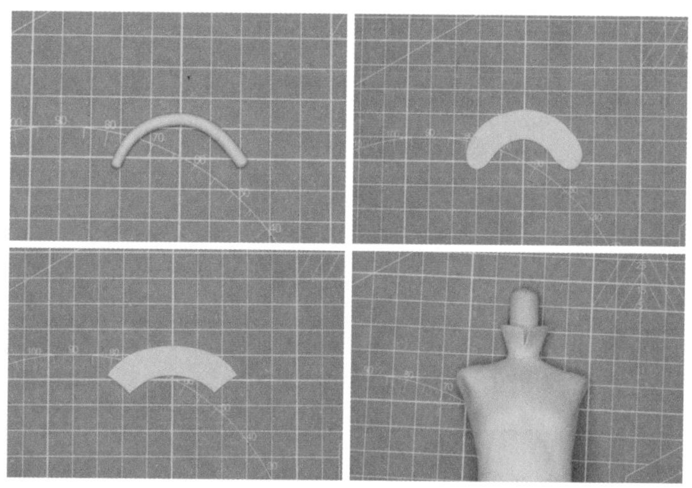

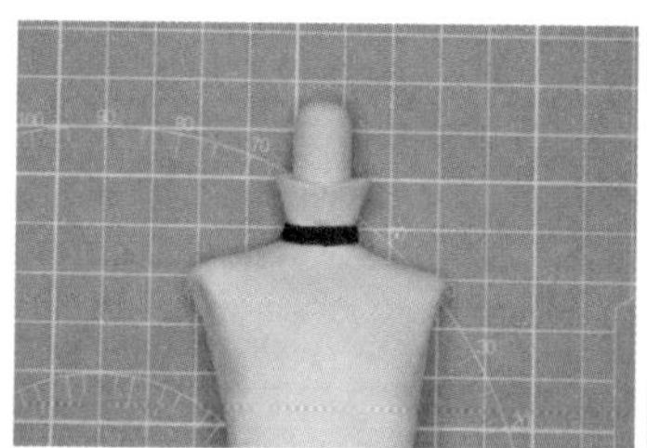
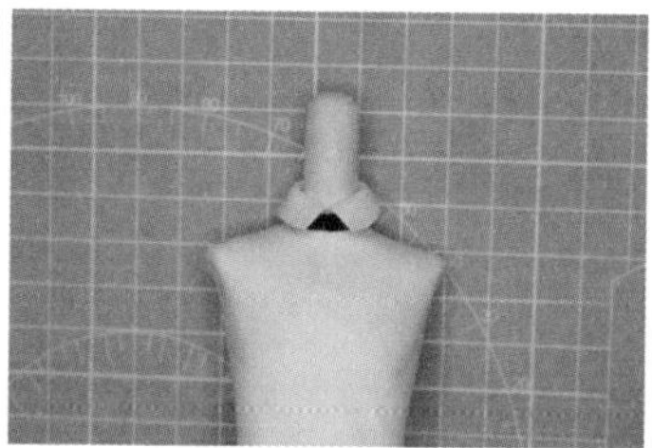
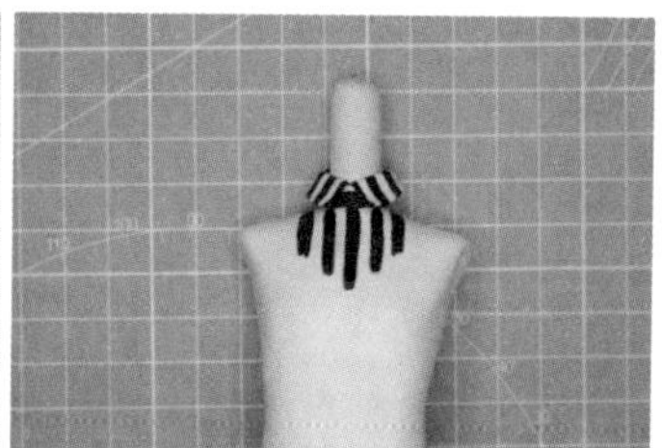

STEP 16 在领口围一圈黑色黏土长条，把白色的领子翻下来，然后用黑色丙烯颜料画上条纹。

小贴士

因为衬衣只露出一小块，所以我们可以“偷偷懒”，条纹只画领子附近的即可。

STEP 17 用红棕色黏土搓一根长条，围在腰上，挡住身体的衔接处。

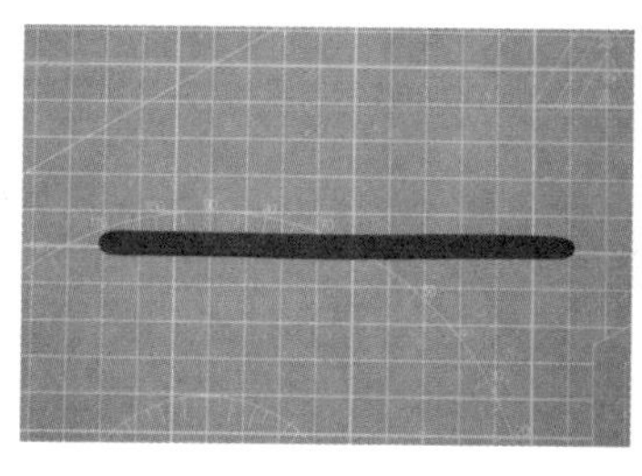
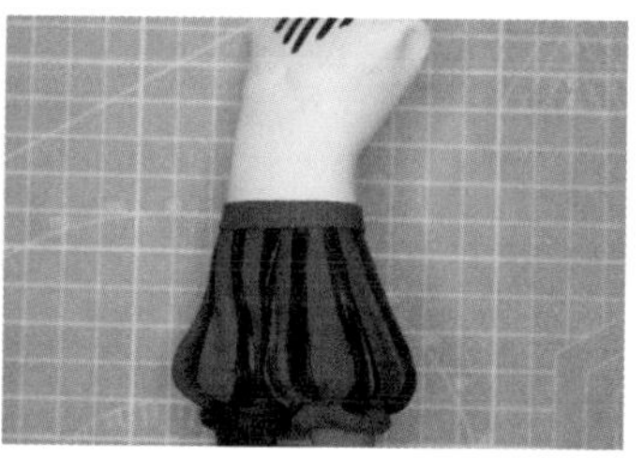

2.6 制作马甲和燕尾服

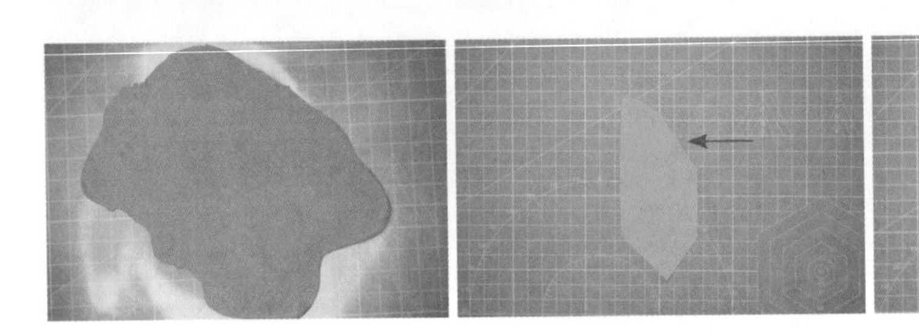

STEP 01 用黄色黏土擀一块薄片，切出图中箭头所指形状的一块，贴在身体左侧。

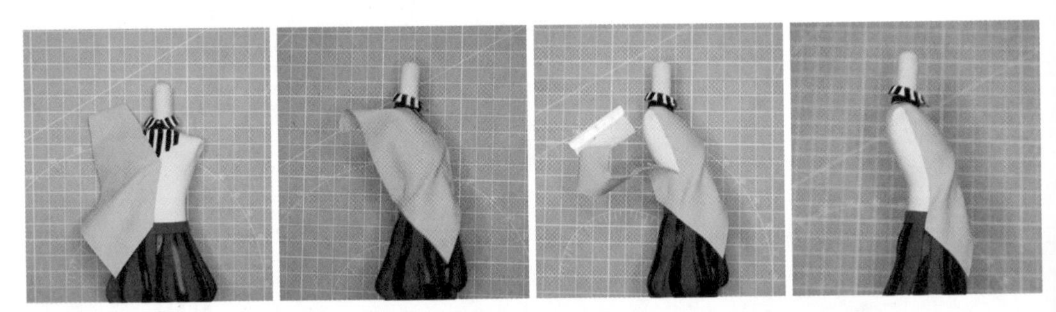

STEP 02 将其捏出一些褶皱之后，把侧面贴好，然后用小刀片沿着侧面的身体中线把多余的黄色薄片切掉。

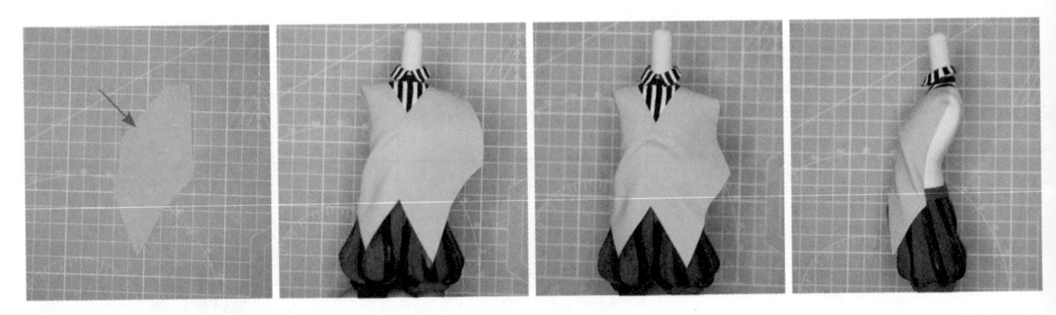

STEP 03 用相同的方法切出图中箭头所指形状的薄片，贴在身体右侧，注意中间的部分有少许重叠。同样将其捏出一些褶皱，切掉多余部分。马甲的基本形状完成。

STEP 04 用压痕笔在马甲中间的重叠部分压出4个小坑，然后用黑色丙烯颜料给马甲画上菱格。

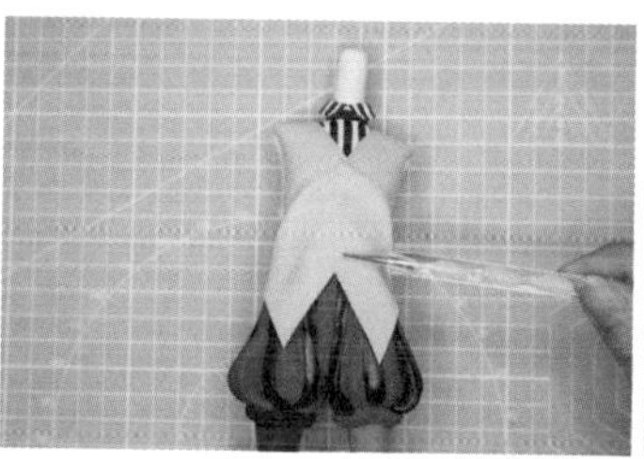

小贴士

画菱格时非常需要耐心哦！如果担心画歪，可以先用铅笔轻轻画一下格子的轮廓线，给每一个色块上色之前都要检查一下这一块是否需要上色，因为画错了就不容易修改了。如果画错，可以用酒精棉片轻轻擦除，但这样容易把黄色马甲擦掉色，所以要尽量不画错哦！

STEP 05 用黑色黏土搓4个小球，稍稍压扁一点儿，粘在之前压的小坑中作为扣子。

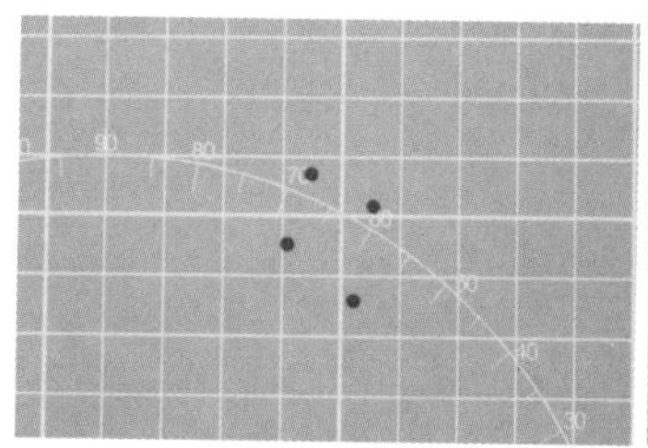

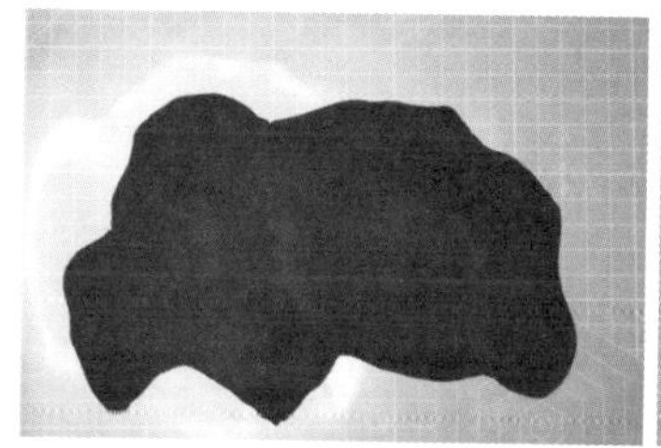

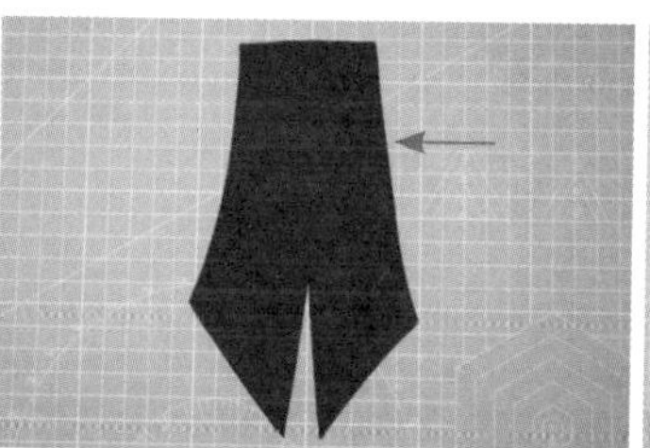

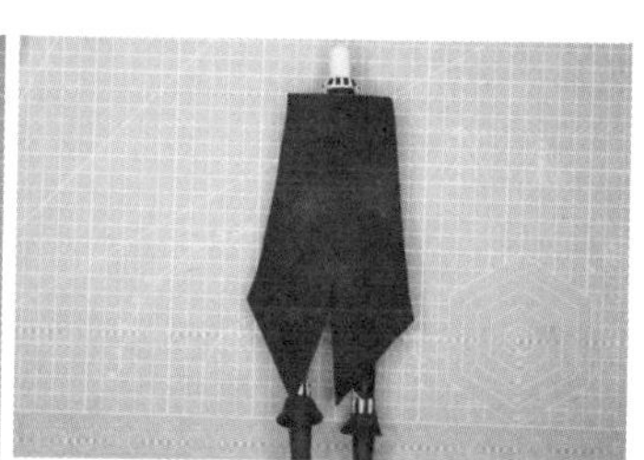

STEP 06 用黑色黏土擀一块薄片，切成图中箭头所指的形状，贴在背后。

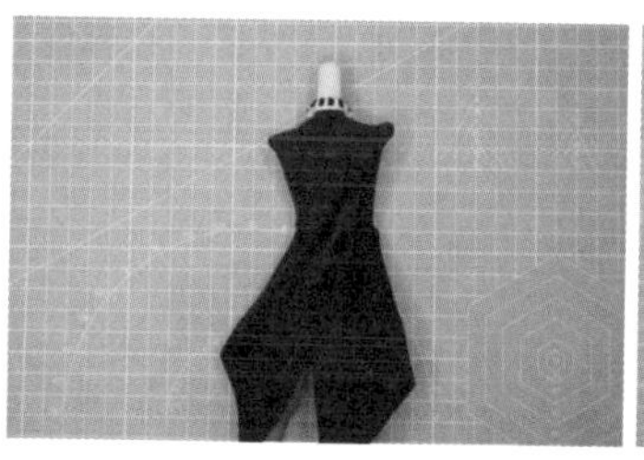

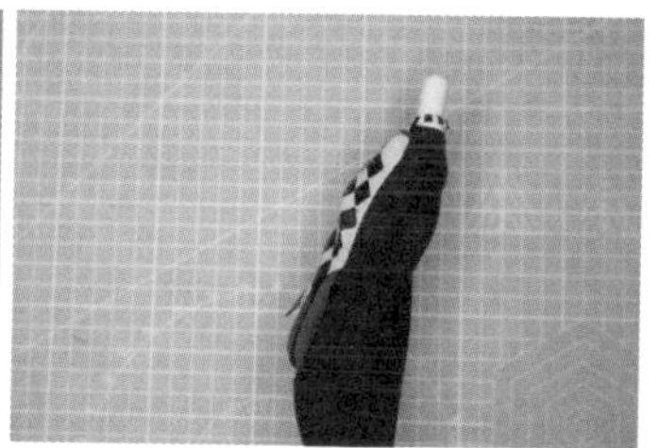

STEP 07 将其捏出一些褶皱，然后把左右两侧都沿着身体侧面的中线贴好。

STEP 08 把肩膀处多余的部分沿中线切掉，然后在下摆内垫一些 PP 棉辅助定型。

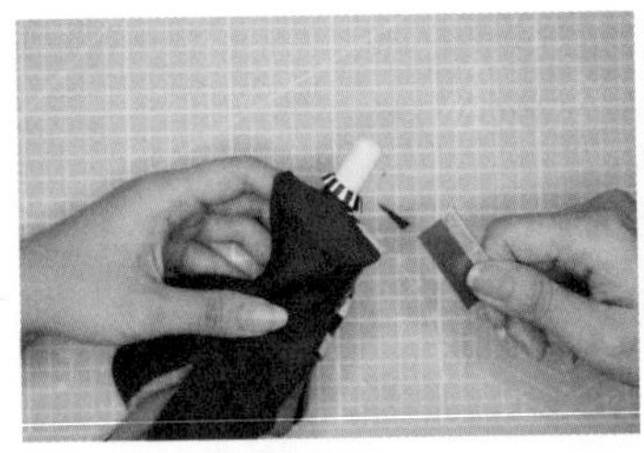
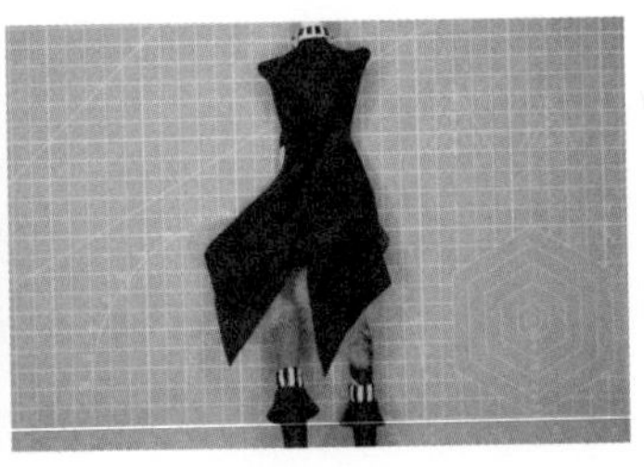

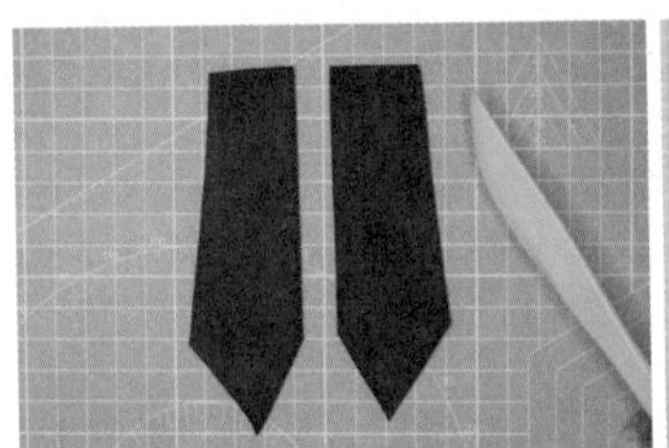

STEP 09 再切两片黑色薄片，把其中一片贴在身体左侧，用小刀片沿肩膀和身体侧面中线切掉多余部分。

STEP 10 把另一片贴在身体右侧，捏出一点儿褶皱，然后切掉多余部分。

STEP 11 切两片黑色小长方形，贴在肩头。

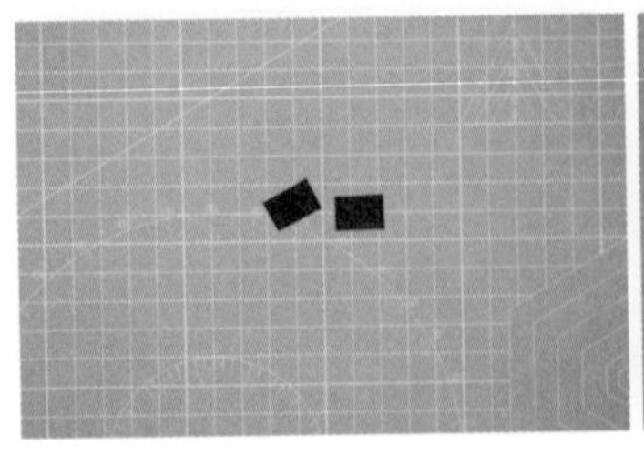

STEP 12 用红棕色黏土搓一根长条，把它折弯一点儿然后压扁，把两端剪平后围在燕尾服的领口。

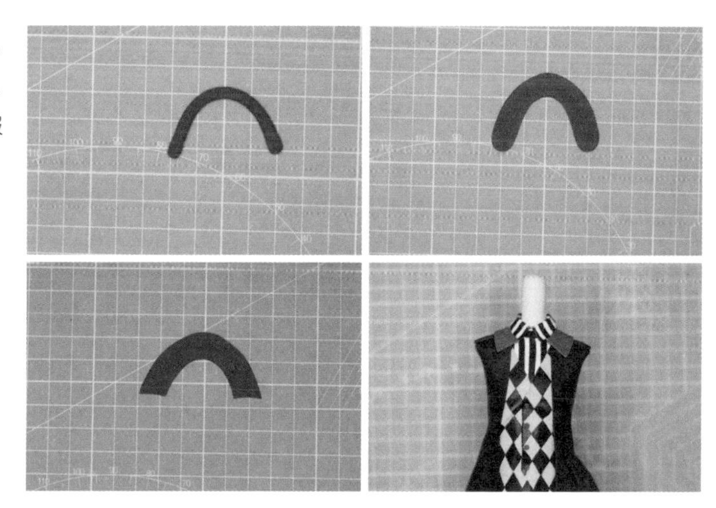

STEP 13 用红棕色黏土再做两片领子，贴在胸前燕尾服上。

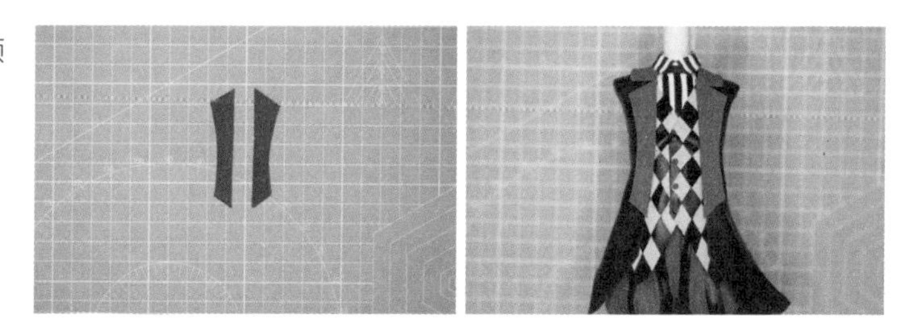

STEP 14 用黑色黏土搓 4 根长条，压扁，在身体两侧衣服上各贴两条，并在每根长条的两端加上用红棕色黏土做的扣子。

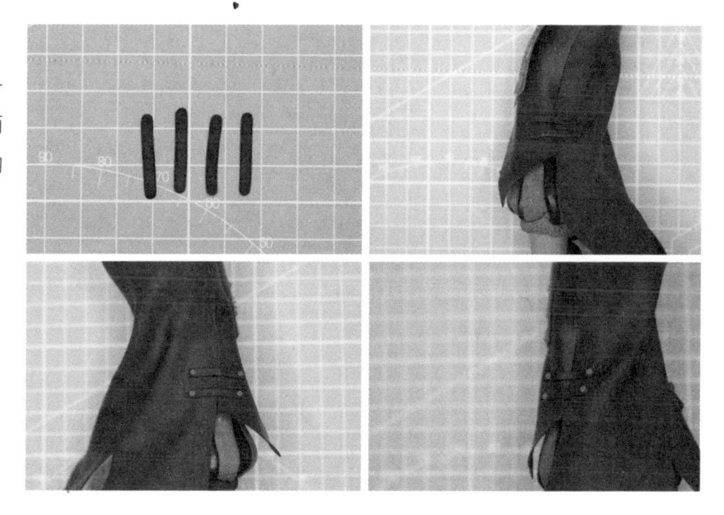

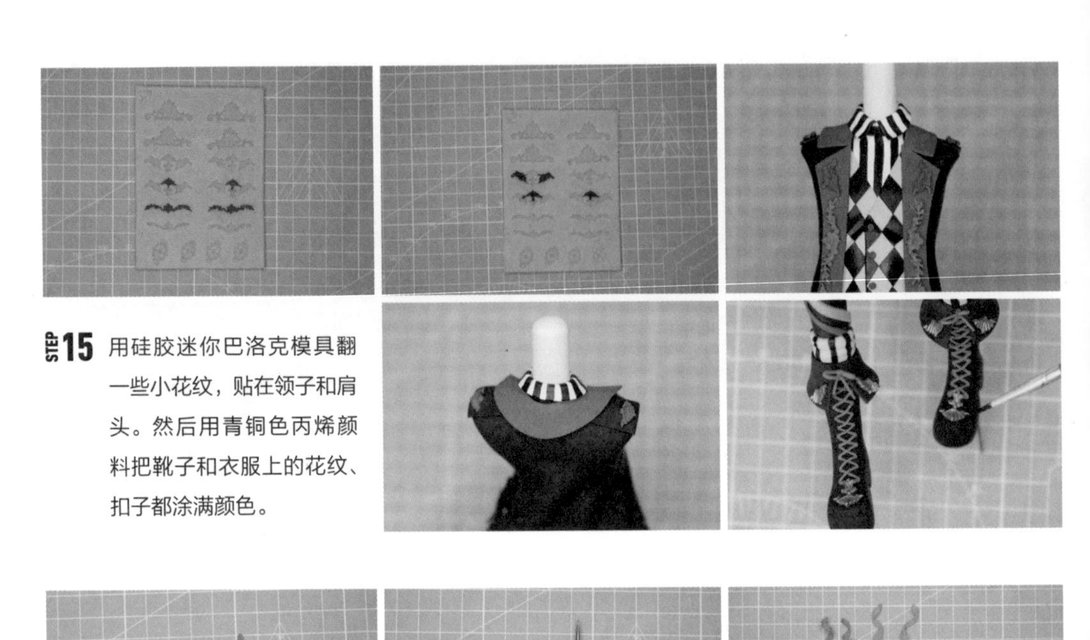

STEP 15 用硅胶迷你巴洛克模具翻一些小花纹，贴在领子和肩头。然后用青铜色丙烯颜料把靴子和衣服上的花纹、扣子都涂满颜色。

STEP 16 用之前做各个零件剩下的黏土搓一些长条，绕在细节针上，做成缎带的样子。

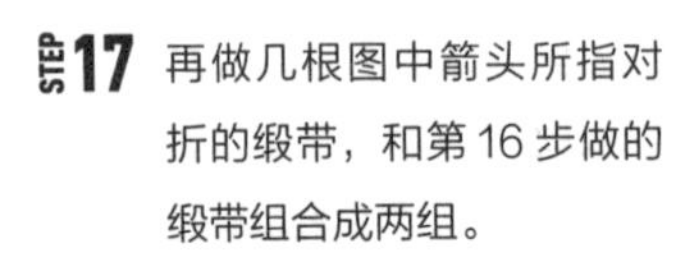

STEP 17 再做几根图中箭头所指对折的缎带，和第 16 步做的缎带组合成两组。

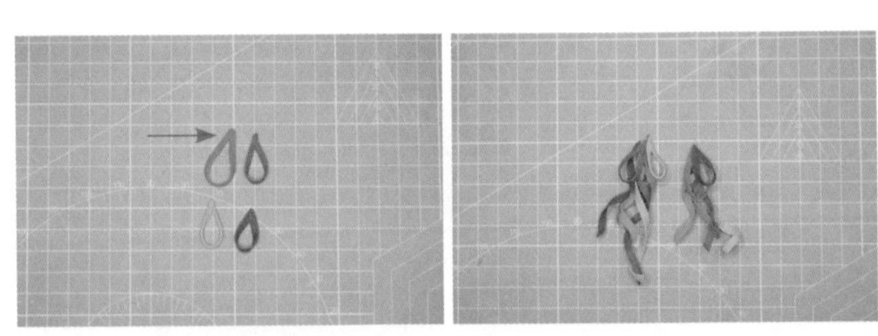

STEP 18 擀一块洋红色（玫红色 + 白色）黏土并切成方形，叠成手帕的样子。

STEP 19 把手帕和一组缎带贴在人物腰部衣服下面。另一组缎带先放着，稍后再使用。

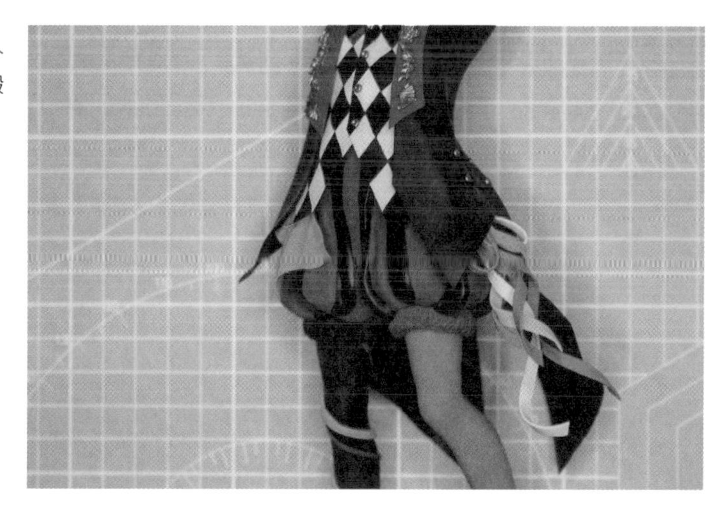

2.7 制作手和袖子

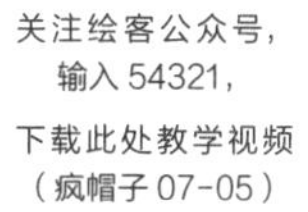
关注绘客公众号，
输入 54321，
下载此处教学视频
（疯帽子 07-05）

STEP 01 取肤色黏土搓成一头粗一头细的形状，细的一头用压泥板稍稍压扁。

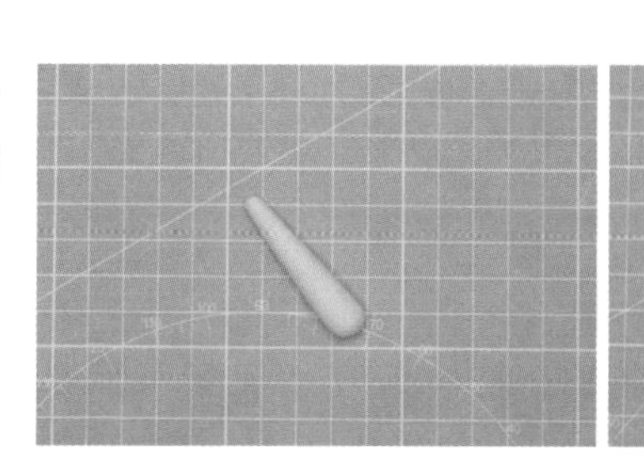

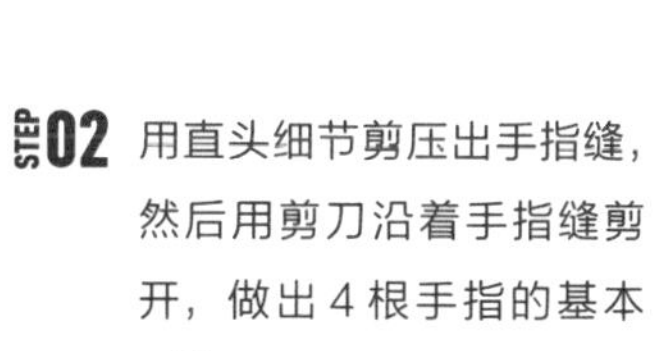
STEP 02 用直头细节剪压出手指缝，然后用剪刀沿着手指缝剪开，做出 4 根手指的基本形状。

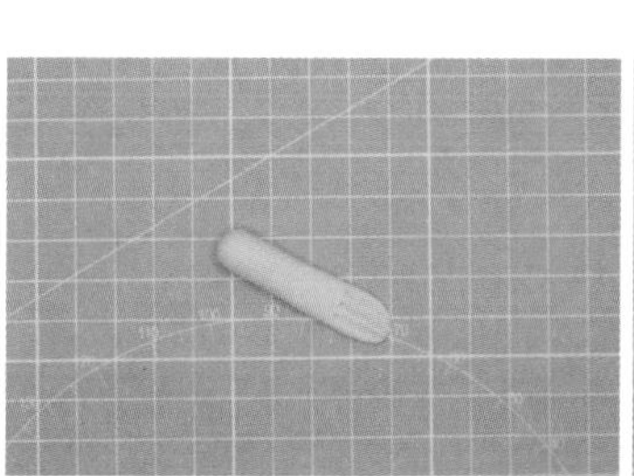

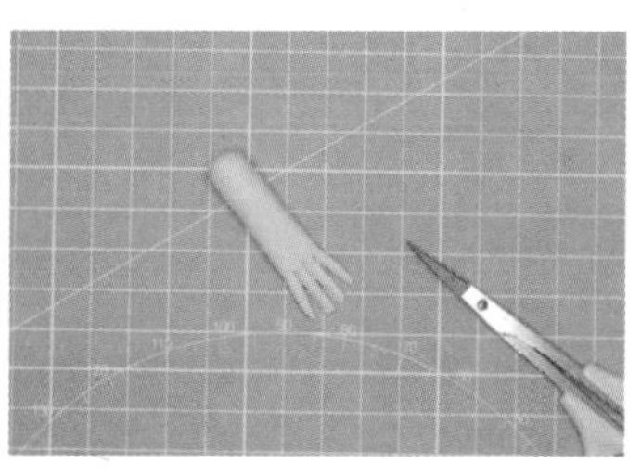

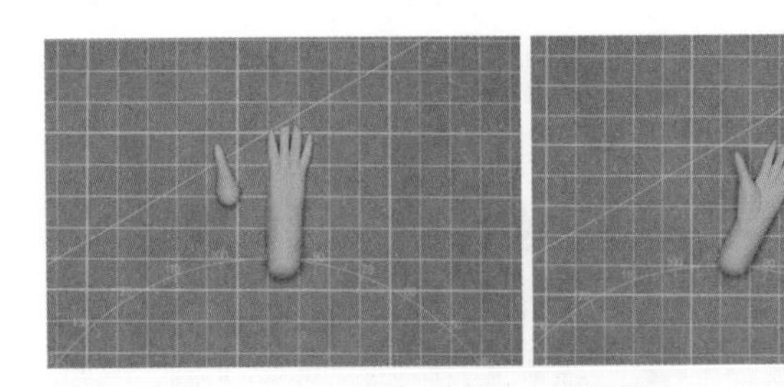

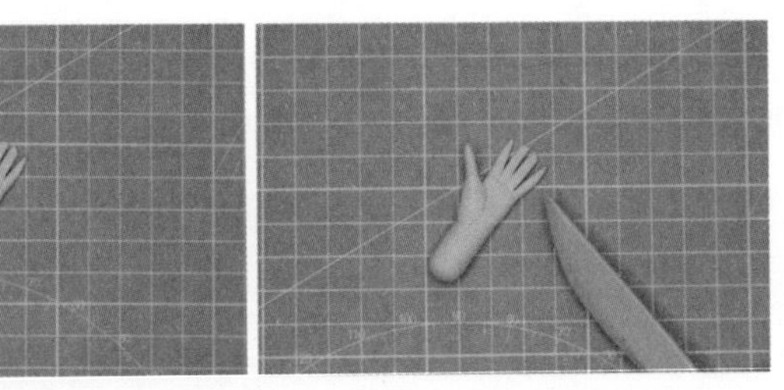

STEP 03 用肤色黏土搓一个保龄球瓶形状，贴在手上作为大拇指，用塑料刀在手指和手掌的分界处压一条印子。

STEP 04 把手腕处搓细，用工具调整一下手掌和手指的形状，注意手指的形态。

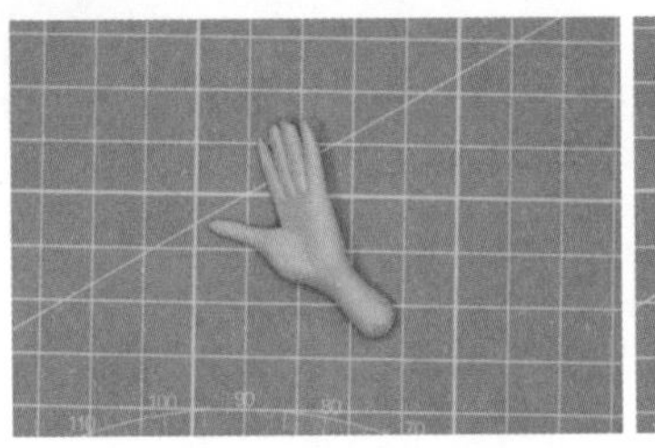

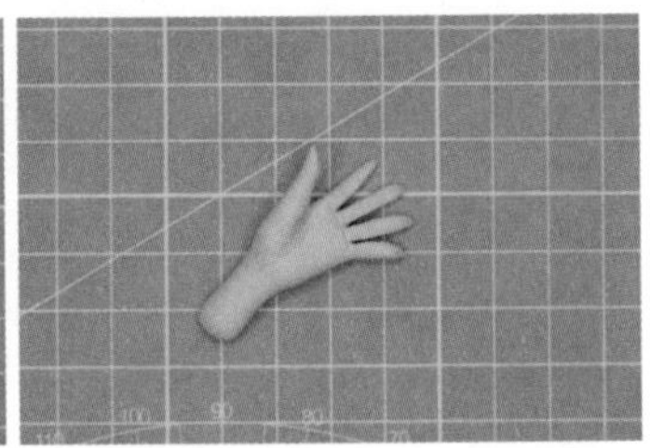

STEP 05 将手指调整成需要的动作，用细节针加强一下手背的“骨感”，待晾干后用酒精棉片打磨一下接缝和指尖，使其更为光滑。

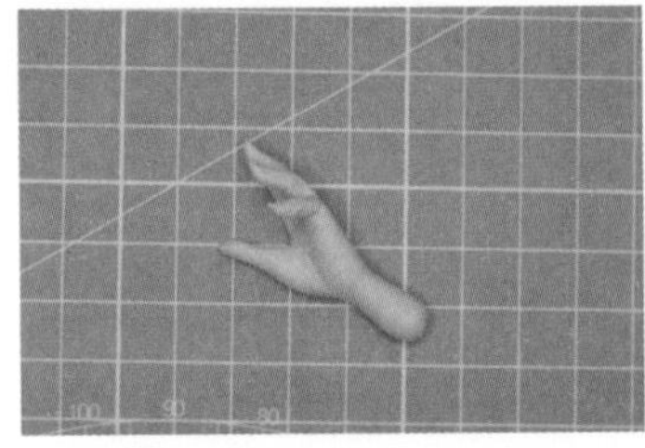

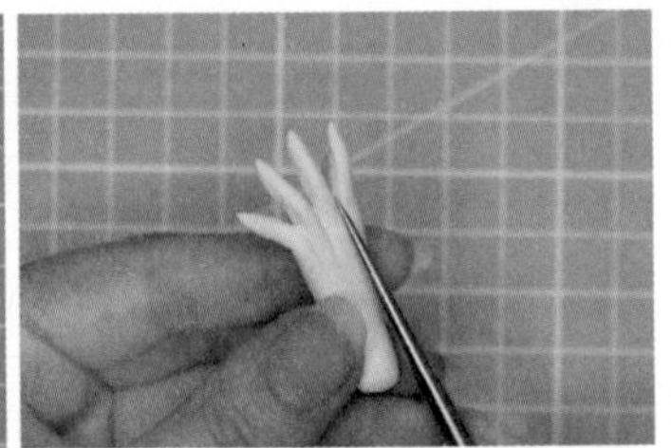

STEP 06 用同样的方法做另一只手。

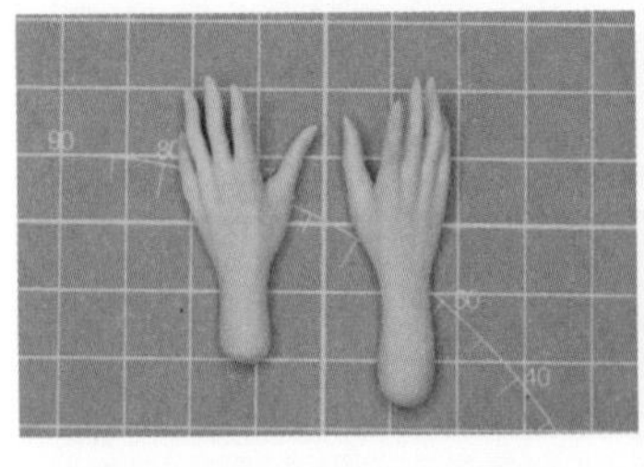

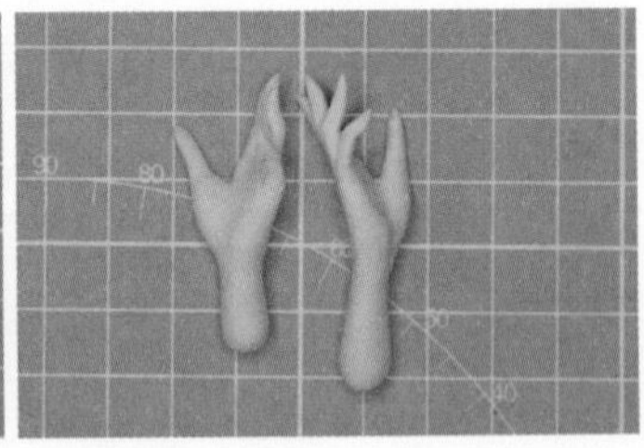

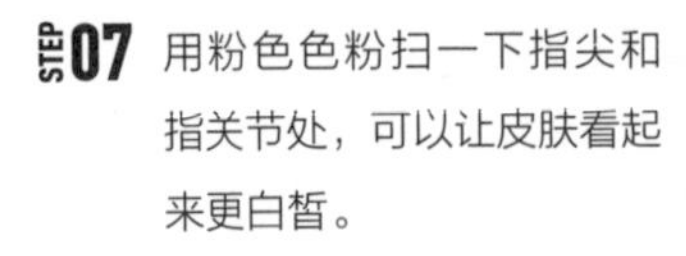

小贴士

做男性的手的时候要注意整体要比女性的手大一些，“骨感”更明显一些。

STEP 07 用粉色色粉扫一下指尖和指关节处，可以让皮肤看起来更白皙。

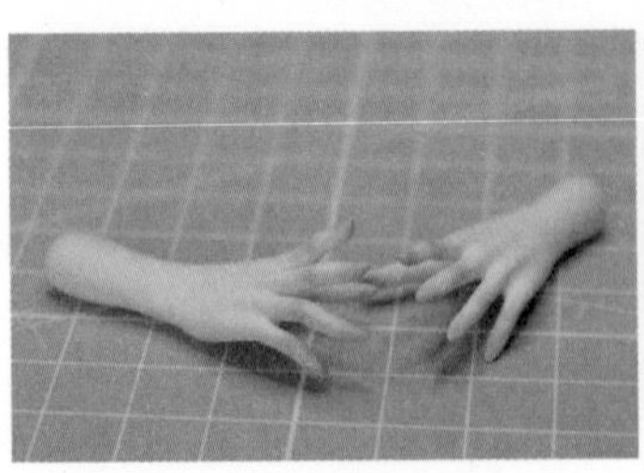

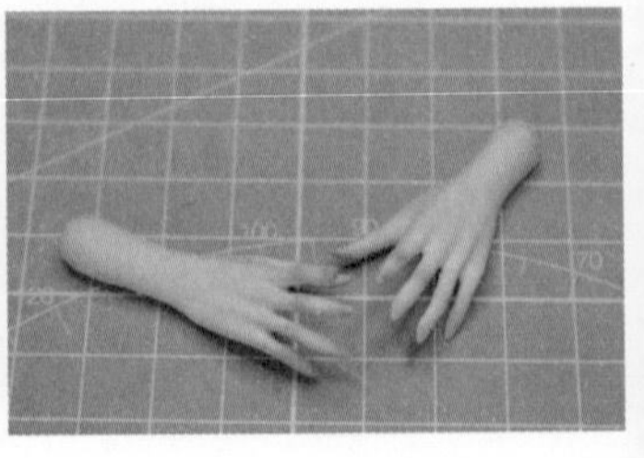

STEP 08 用浅咖色色粉扫一下阴影处，然后从手腕处切开。

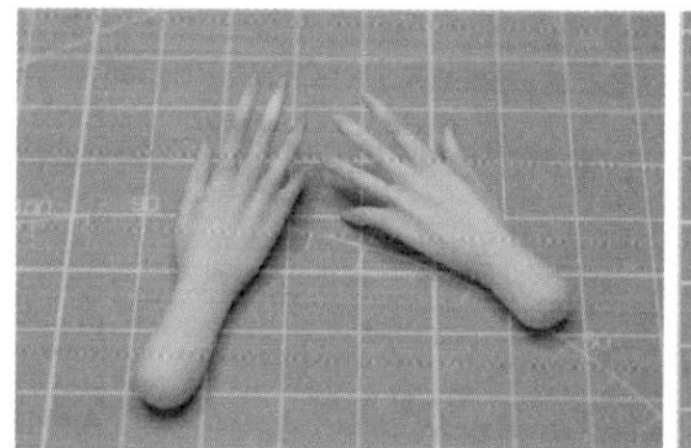
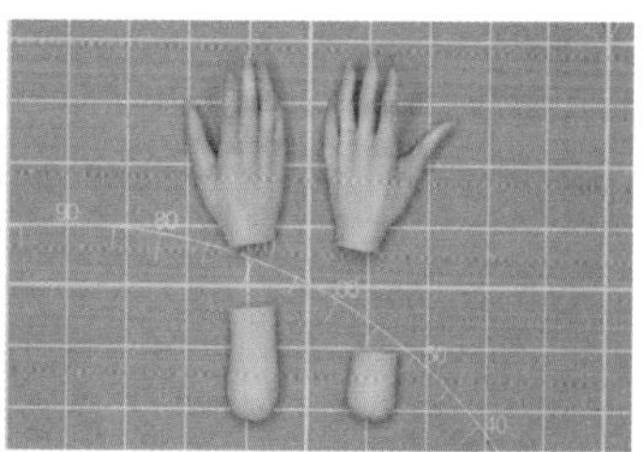

STEP 09 取黑色黏土搓成柱状，一头稍微粗一点儿，然后用丸棒在粗的那头向内压出一个坑，将坑的边缘捏薄。

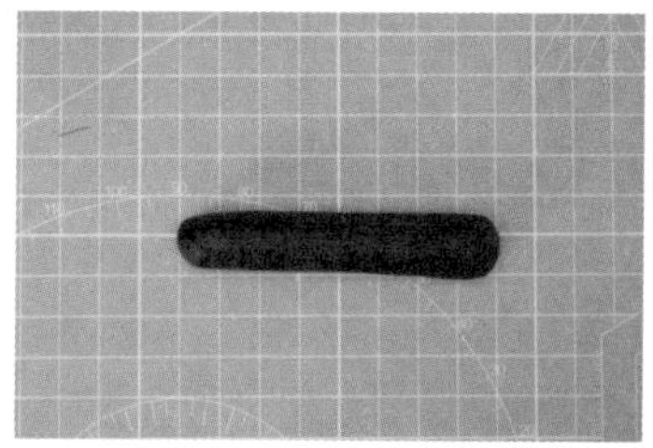
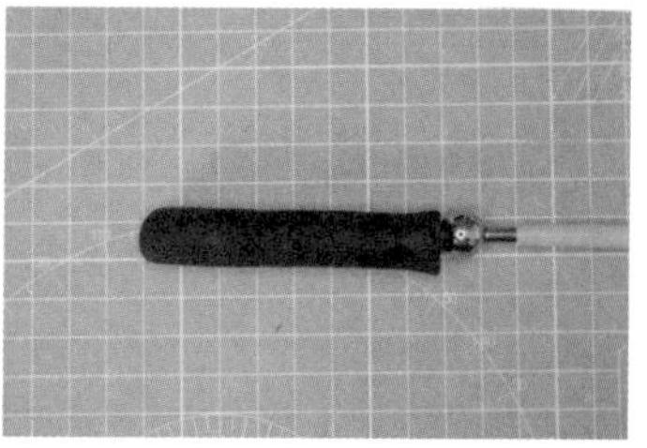

STEP 10 用花边剪把袖口剪出花边，然后用压痕笔在每个半圆中压一下。

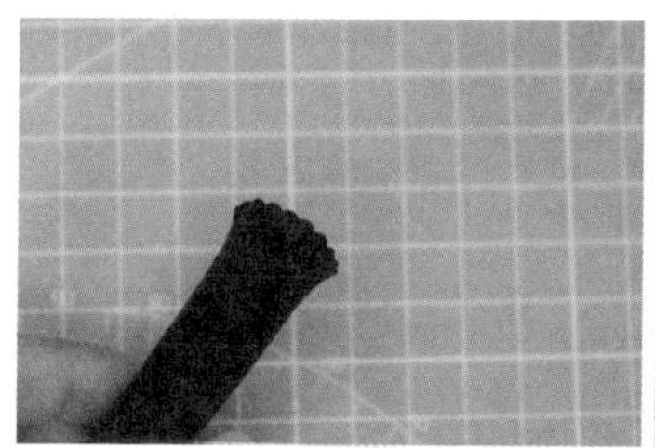
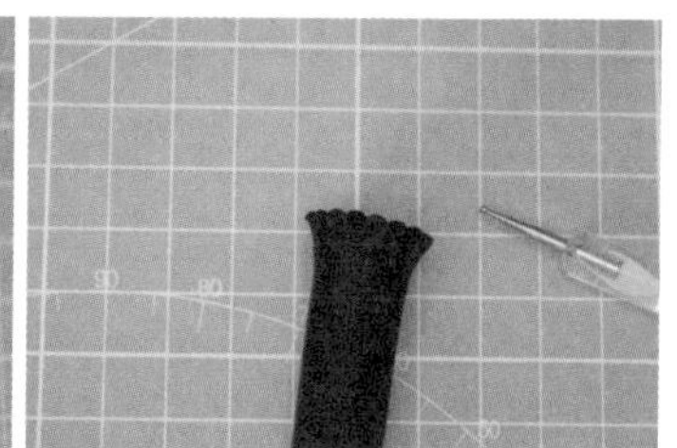

STEP 11 把袖子折弯，然后捏出肘尖的形状。

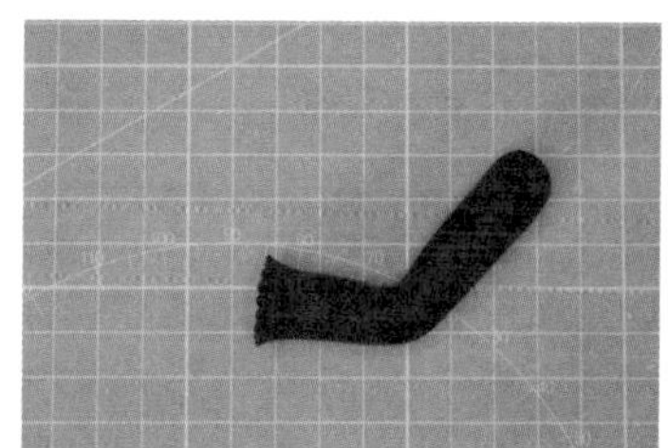
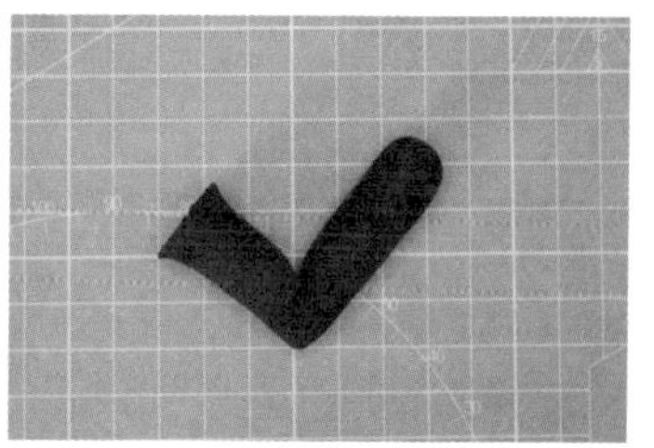

STEP 12 用细节针粗头压出袖子的褶皱，然后把上端捏成一个斜面，方便和身体衔接。

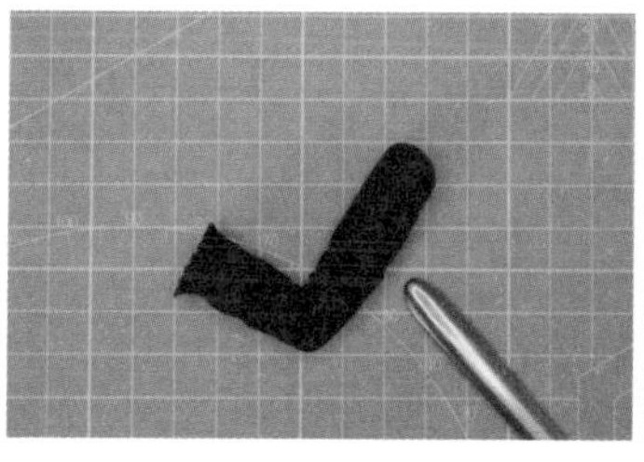
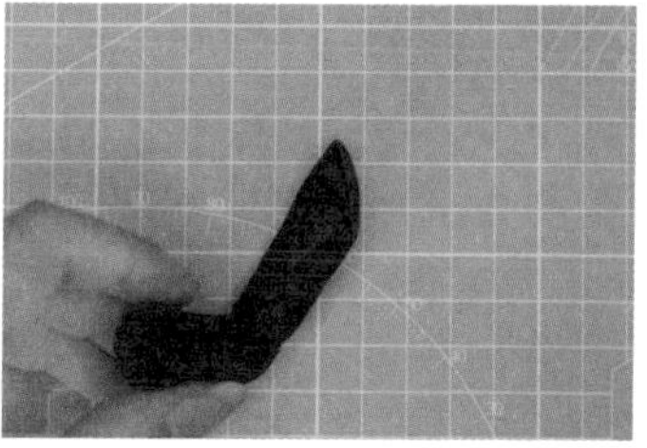

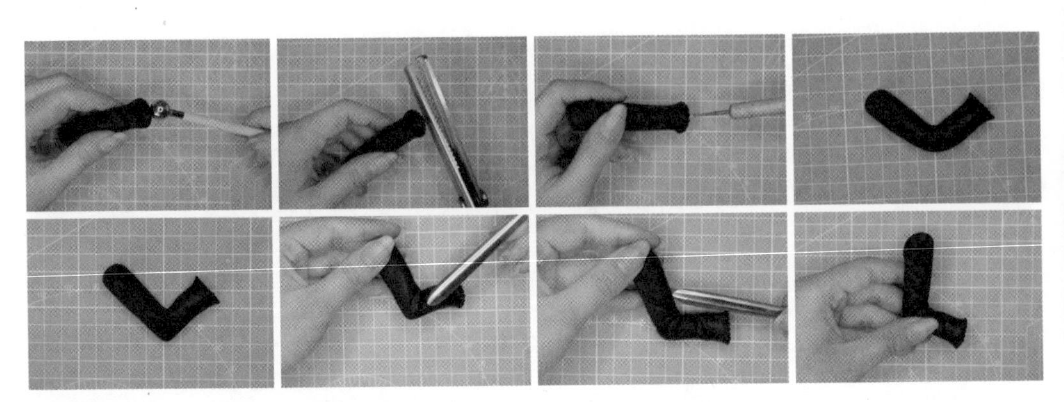

STEP 13 重复第 9~12 步做另一条手臂。

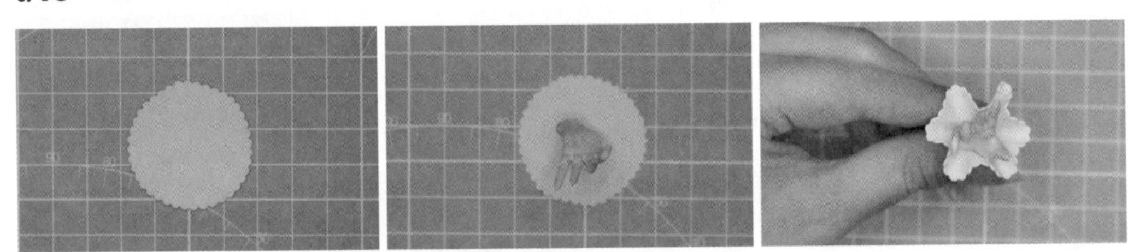

STEP 14 用白色黏土擀一个圆片，用花边剪沿着圆片边缘剪一圈花边，把手放在圆片中间，然后把圆片包上来做成袖口的褶皱。

STEP 15 把手、手臂和身体组合起来。

2.8 制作大领结

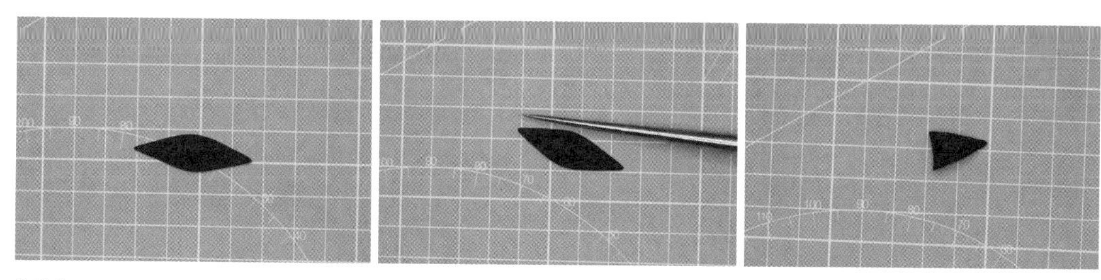

STEP 01 取黑色黏土搓成梭形，压扁之后把两头对折，这是领结的上半部分之一，需要做两个。

STEP 02 把两个零件连接起来，用黑色黏土搓一根小条包住连接的部分，并用细节针压出一些褶皱。

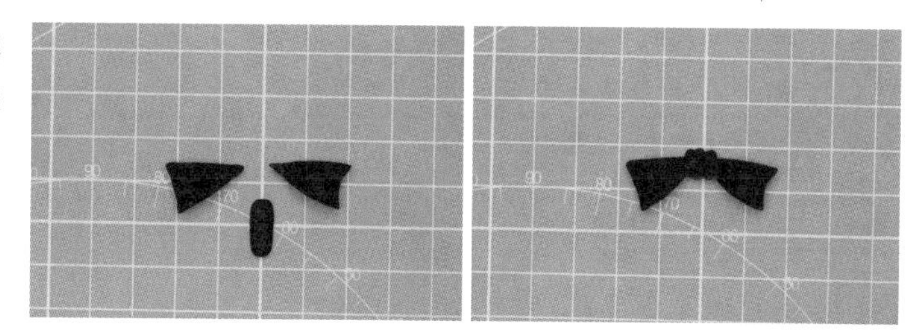

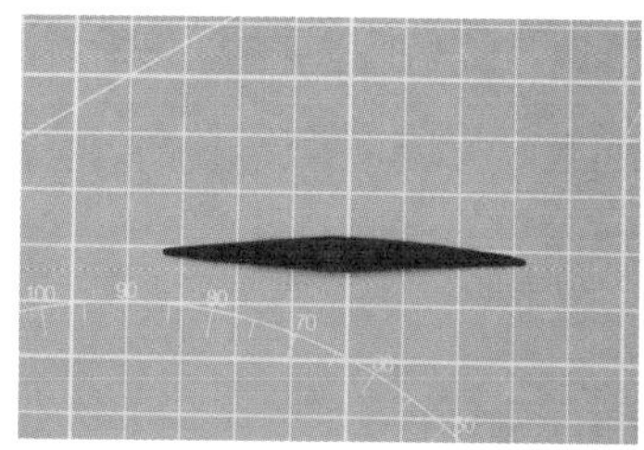

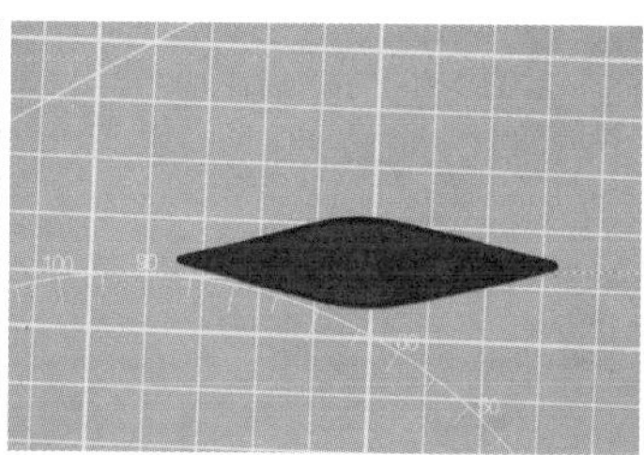

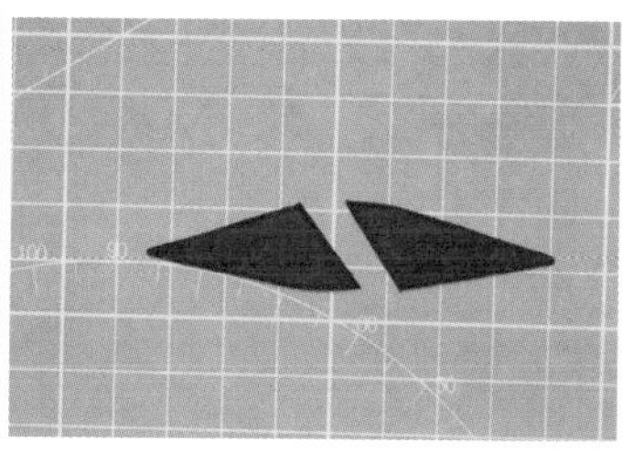

STEP 03 取黑色黏土搓成梭形，用压泥板压扁，然后从中间斜着剪开。

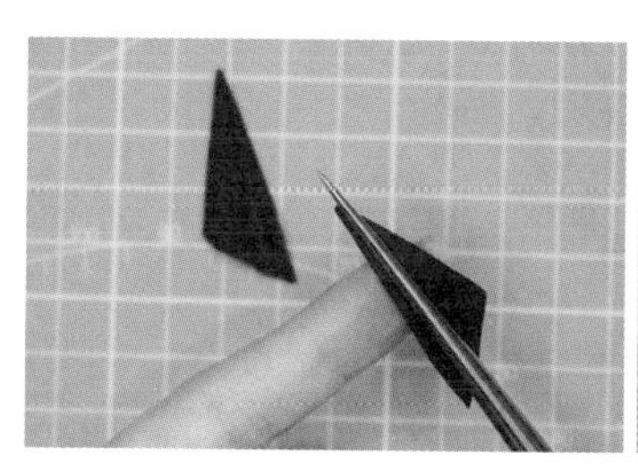

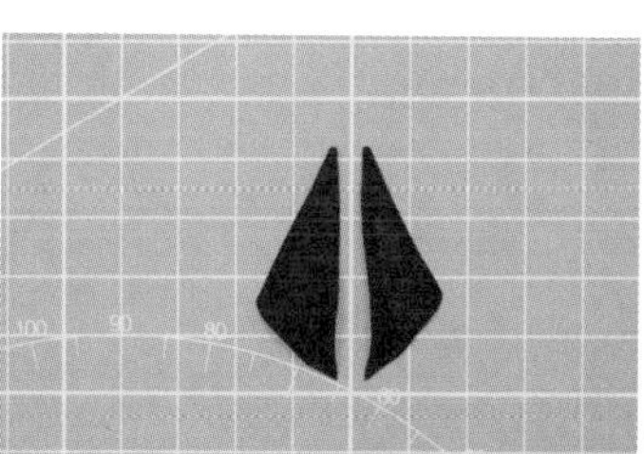

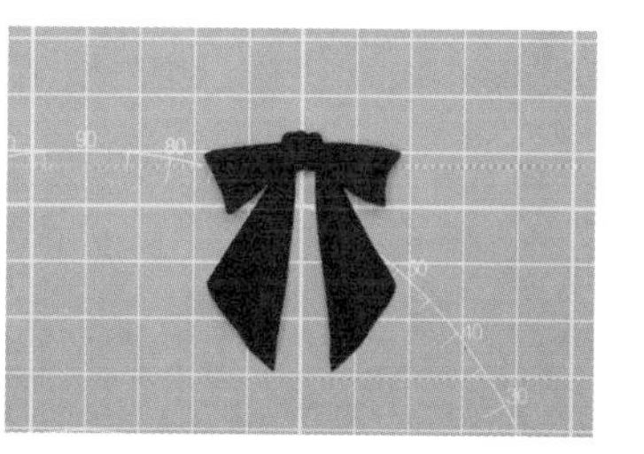

STEP 04 用细节针压出一些纹理，然后用手把下端的角捏出一点儿弧度。把领结的上下两个部分粘在一起。

STEP 05 用粉色（深红色＋大量白色）和深粉色（深红色＋少量白色）丙烯颜料在领结上画一些圆点。

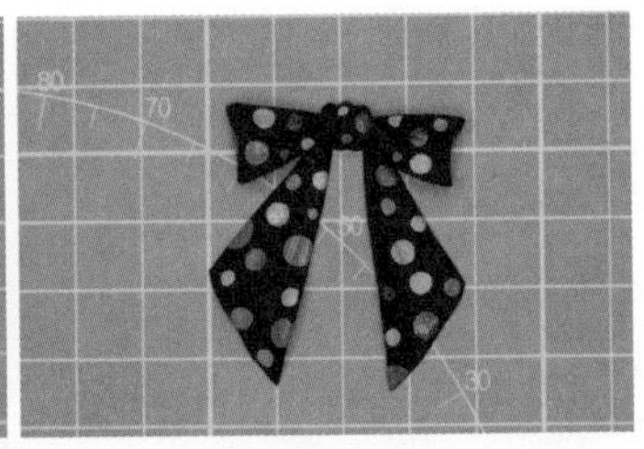

STEP 06 把领结贴在领口，然后用一小截铜棒把头插在身体上，注意头的角度稍微侧一些，人物整体完工！

2.9 制作装饰用帽子

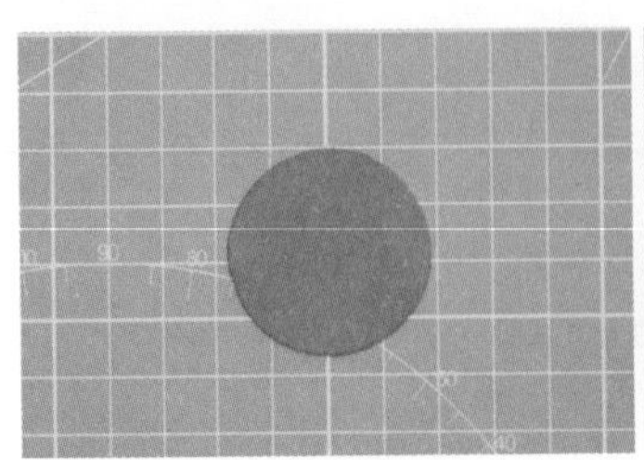

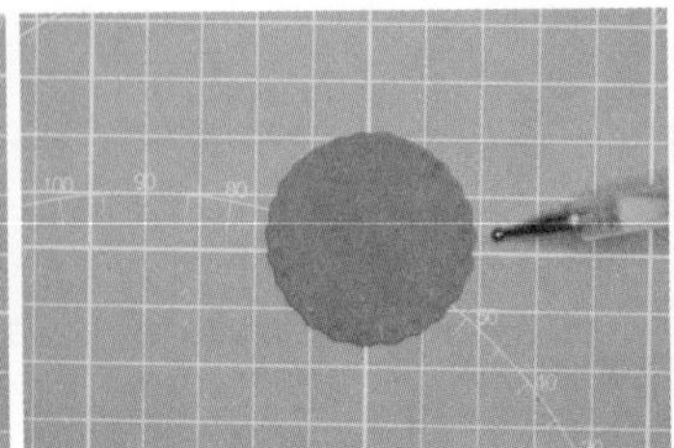

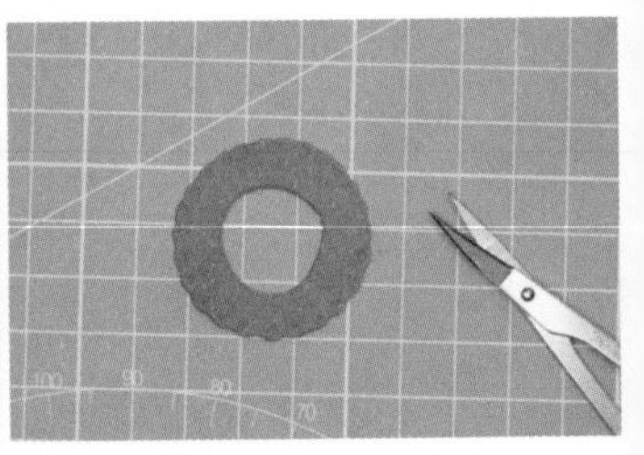

STEP 01 擀一片洋红色（玫红色＋白色）黏土圆片，用压痕笔压一圈花边，然后在中间挖一个洞作为帽檐。

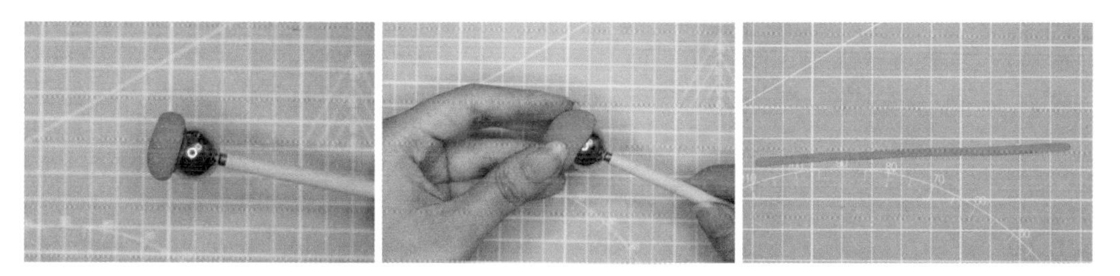

STEP 02 用丸棒做出一个空心的半球作为帽桶，用浅洋红色（玫红色 + 大量白色）黏土搓一根长条作为帽圈。

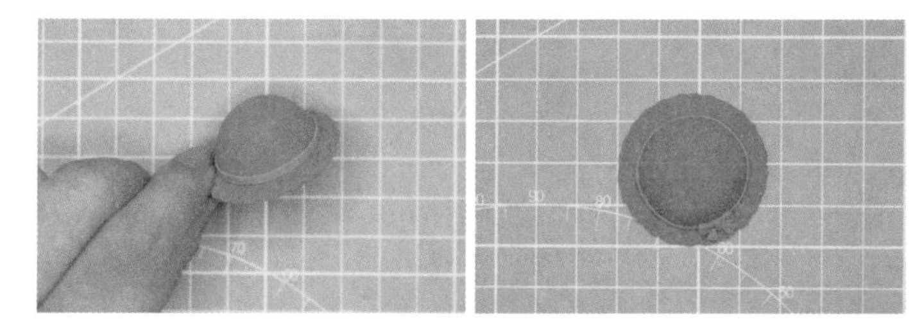

STEP 03 把帽桶和帽檐粘在一起，再把帽围围在帽桶上面，然后在帽围的连接处贴一个小蝴蝶结（详见本页右上角提供教学视频）。第 1 顶装饰用帽子完成了。

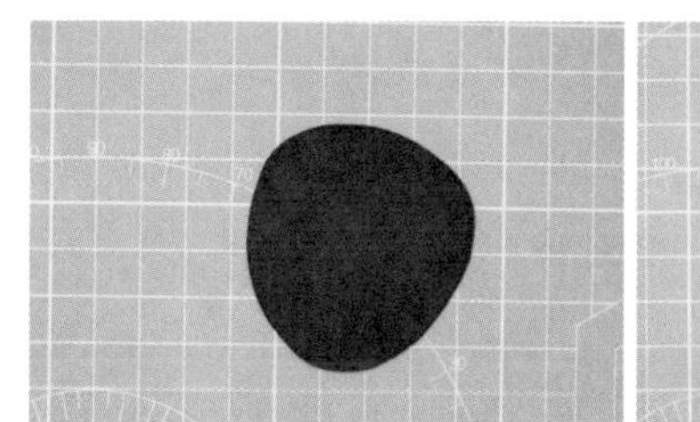

STEP 04 用黑色黏土擀一片薄片，在中间挖一个洞，用花边剪剪一圈花边，作为帽檐。

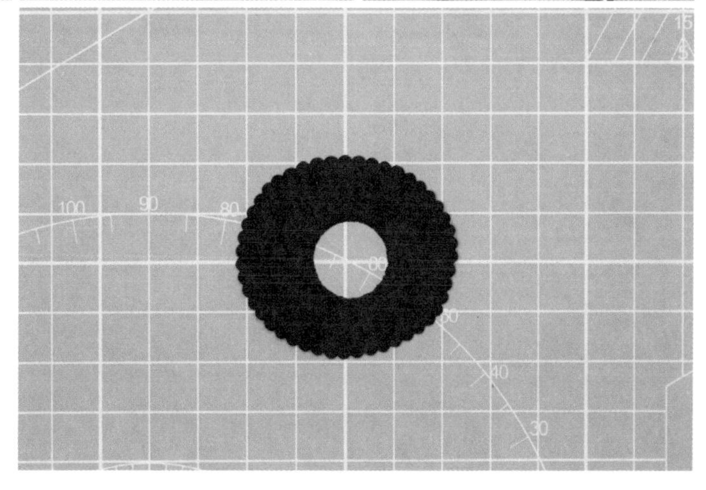

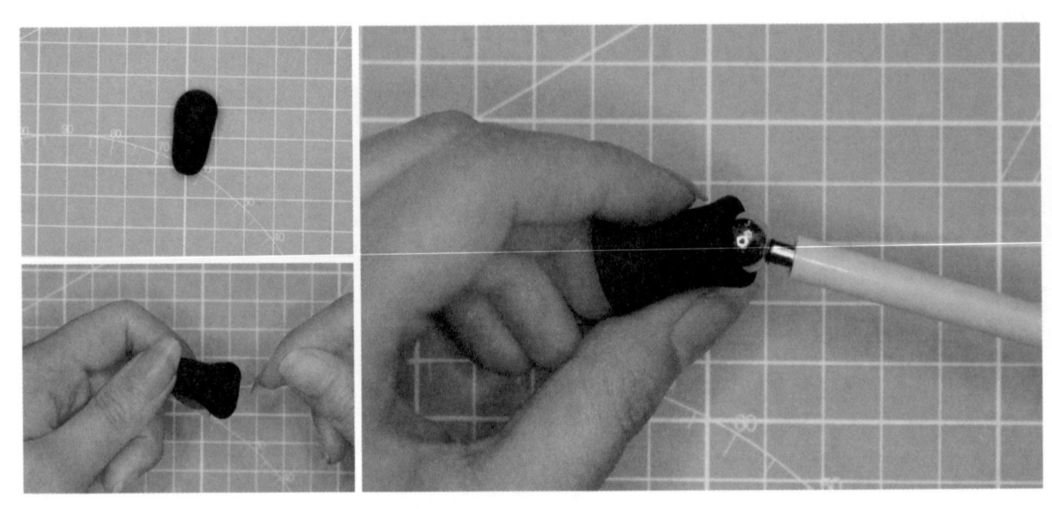

STEP 05 取黑色黏土先搓成柱状，然后把一端捏平，另一端做出凹坑，作为帽桶。

STEP 06 把帽桶和帽檐粘在一起，再调整一下帽檐的弧度。

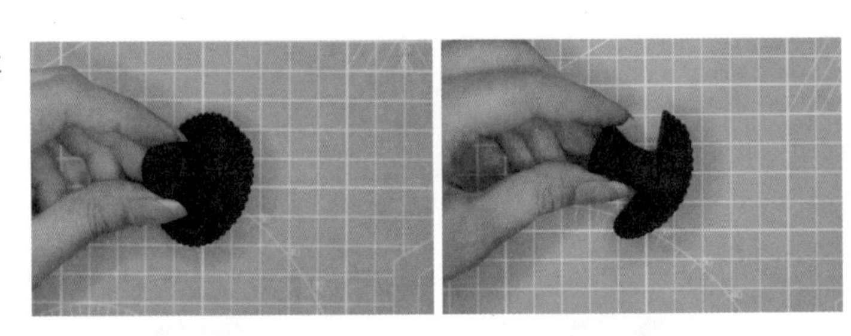

STEP 07 用相同的方法，取咖啡色黏土分别做出帽围及蝴蝶结。第 2 顶装饰用的帽子完成了。

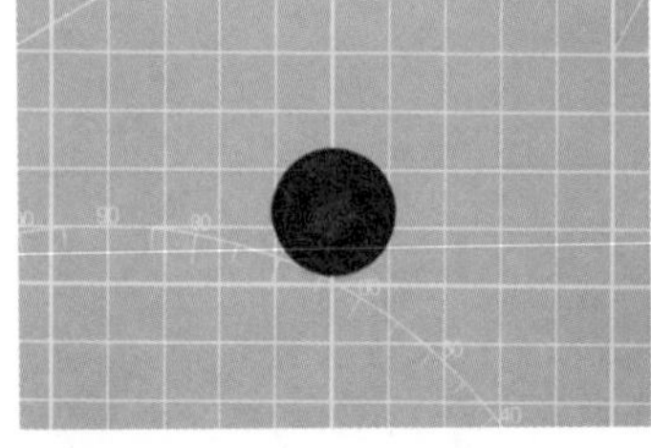

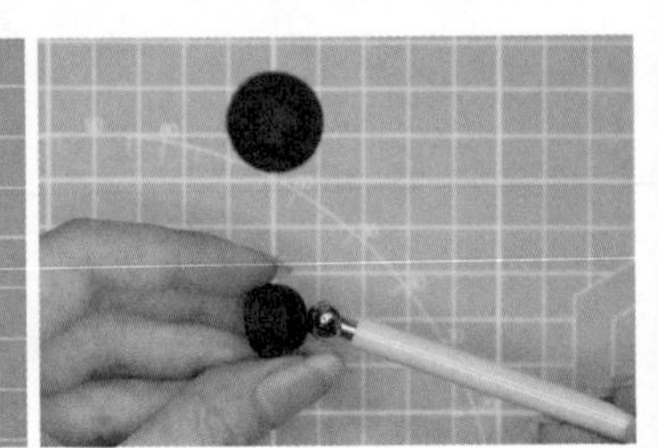

STEP 08 用黑色黏土擀一片小圆片作为帽檐，然后搓一个黑色的小球，把小球的一端捏平，另一端压一个小坑，作为帽桶。

STEP 09 把帽桶和帽檐粘在一起，并在底部用丸棒向内压出一个小坑。

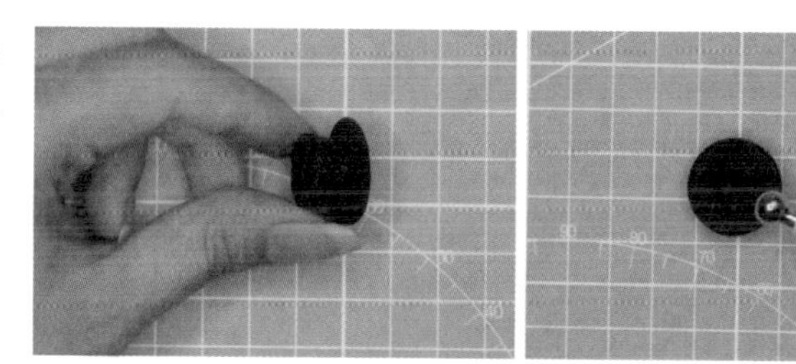

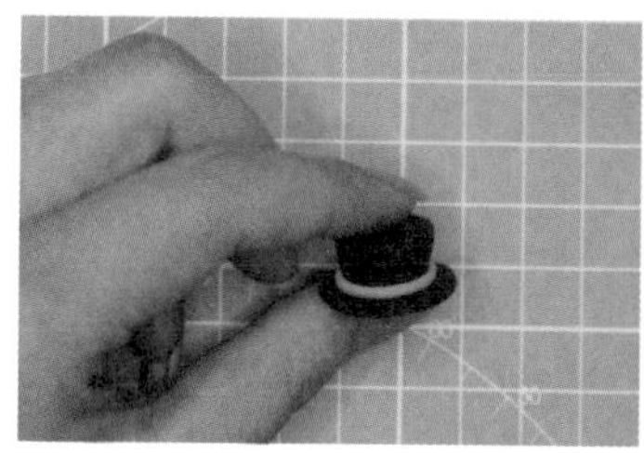

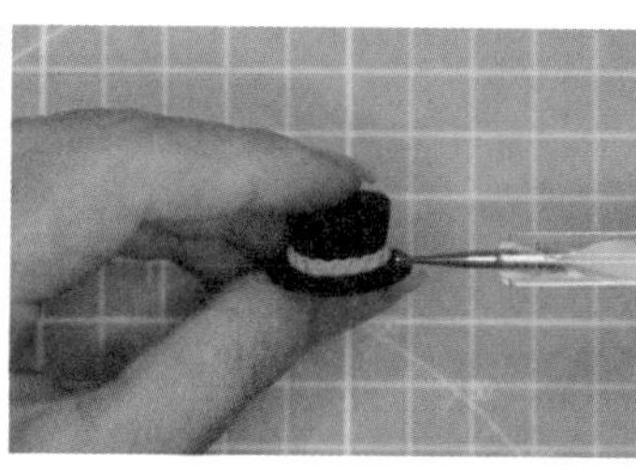

STEP 10 在帽桶上面围一圈橙色（红色 + 黄色）黏土长条作为帽围，然后用压痕笔在帽围上面压一圈花纹，最后在帽围连接处贴上两个橙色黏土小球。第 3 顶装饰用帽子完成了。

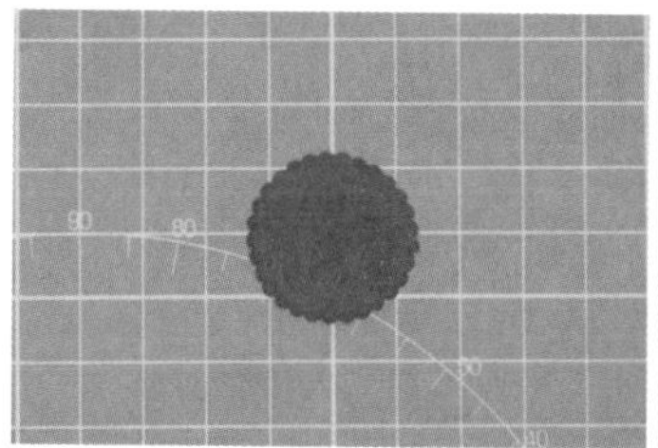

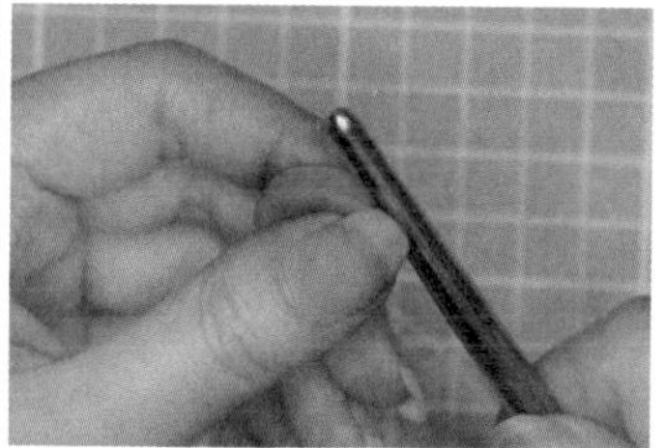

STEP 11 用深蓝色黏土擀一片圆片并用花边剪剪一圈花边作为帽檐。再取一块深蓝色黏土，揉成球之后用丸棒向内压出一个大坑，把边缘用细节针擀平作为帽桶。

STEP 12 把帽桶和帽檐粘在一起，并在底部用丸棒向内压出一个小坑。

STEP 13 用浅洋红色（玫红色＋大量白色）黏土搓一根长条作为帽围，并用花边剪将其一边剪出小花边，围在帽桶上，然后在帽围连接处贴上一个小小的蝴蝶结。

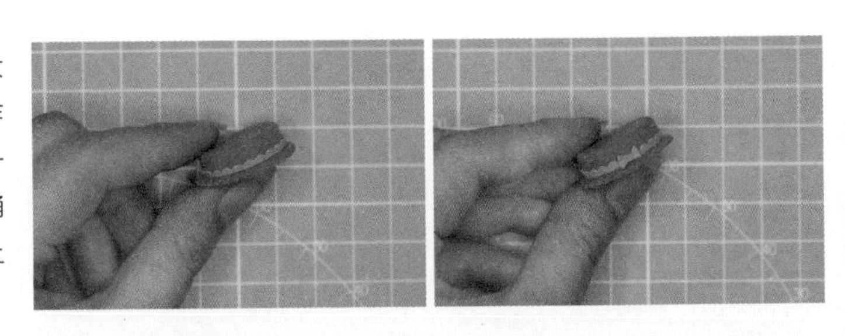

STEP 14 用黑色黏土擀一片圆片，在中间挖一个洞作为帽檐。捏一个黑色的水滴形状作为帽桶，用丸棒把底部向内压出凹坑，再用手把帽桶捏出几个弯。

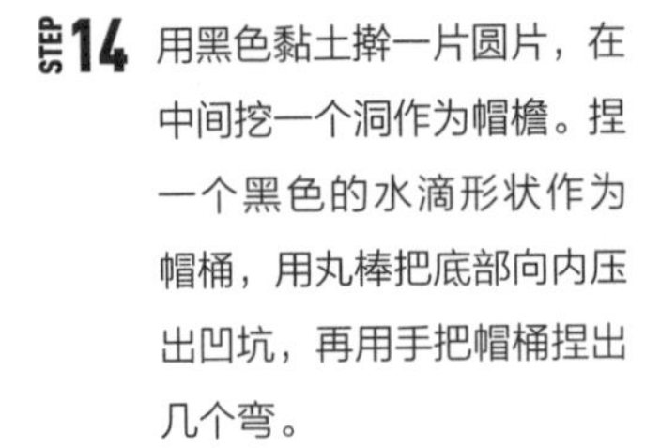

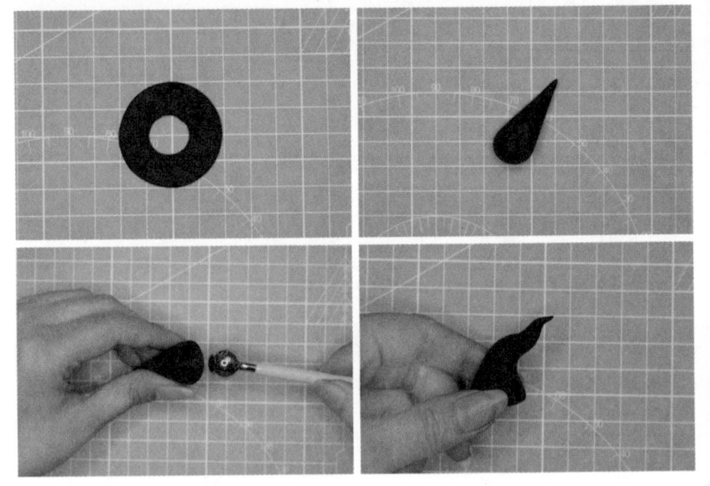

STEP 15 把帽桶和帽檐粘在一起，在帽桶上面围一圈深蓝色黏土长条作为帽围，再在帽围连接处贴上一个蝴蝶结。第5顶装饰用帽子完成了。

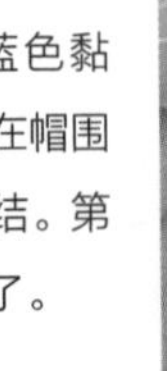

STEP 16 至此，5顶颜色形状各异的装饰用帽子制作完成了。

2.10
制作小幽灵

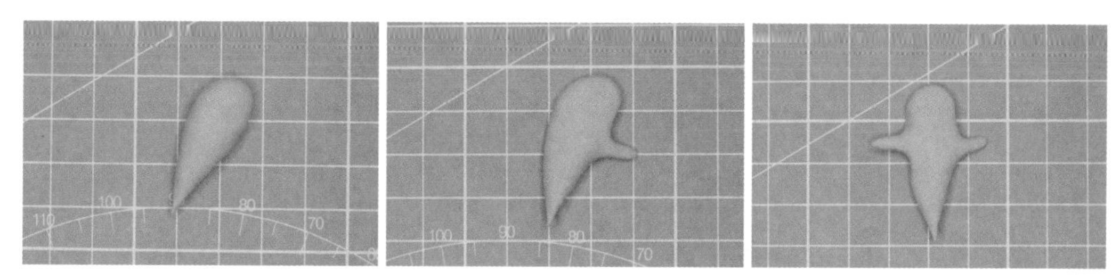

STEP 01 取浅灰色(白色+少量黑色)黏土搓成一个水滴形状，稍微压扁一点儿，然后捏出两个小胳膊的基本形态。

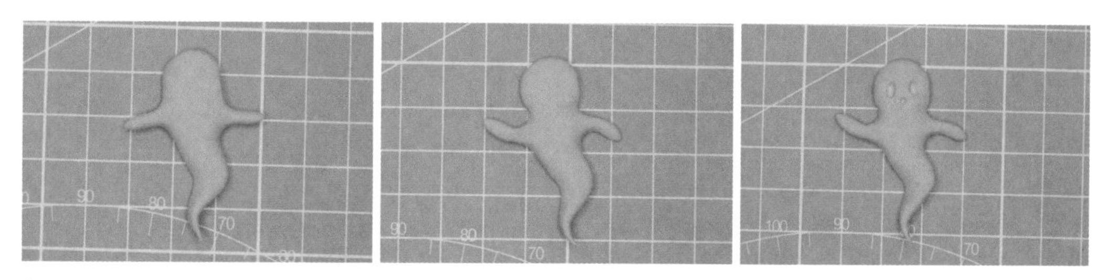

STEP 02 把小幽灵的尾巴捏出几个弯，用细节针把头部的轮廓弄圆一点儿，然后用压痕笔压出眼睛和嘴。

STEP 03 用类似的方法做八个小幽灵，注意让每一个的动作和表情都稍稍有些差别。注意上方两个幽灵是直接用浅灰色黏土直接压出的形状看右图。

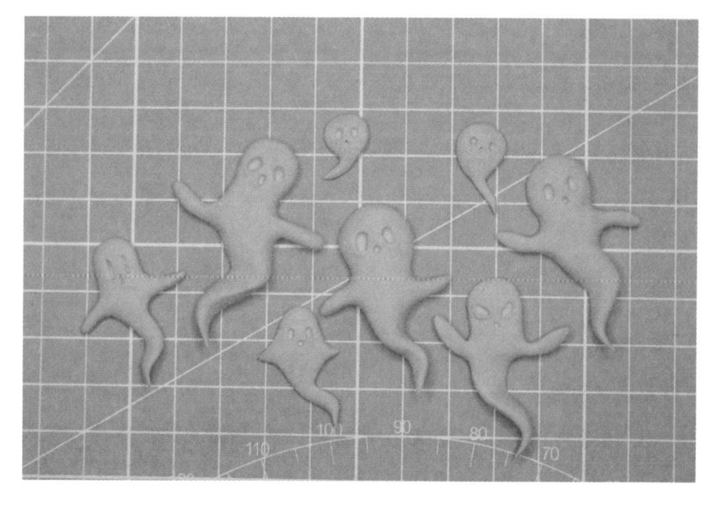

2.11 制作枯树

STEP 01 准备几根铁丝，把其中的一端拧在一起作为树干，注意另一端留两根长一些的，以便之后拧出树枝的层次感。

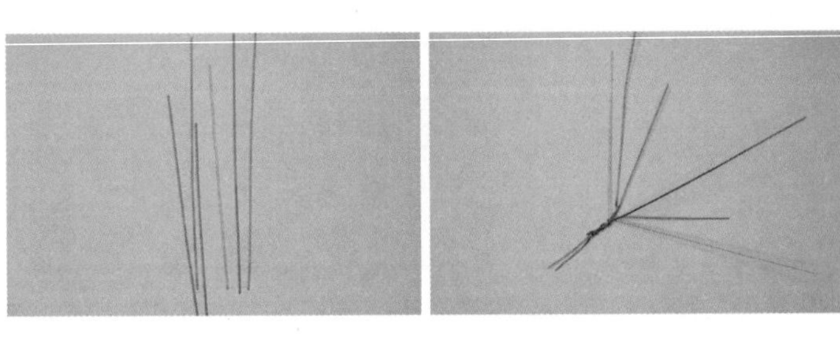

STEP 02 分出两根来单独拧在一起作为枯树的一根树枝，然后其他铁丝继续往上拧，拧一段后再分出两根铁丝单独拧在一起，依此类推。如果想要加一些分叉可以中途增加铁丝拧进去。拧出树枝的基本形状后把铁丝稍微调整得弯曲一些，使其更逼真。

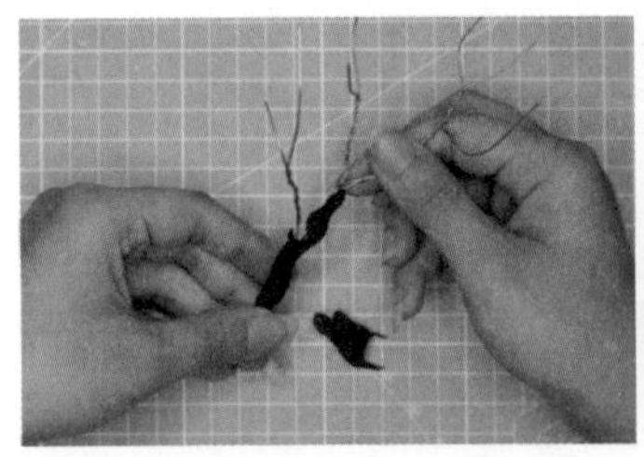

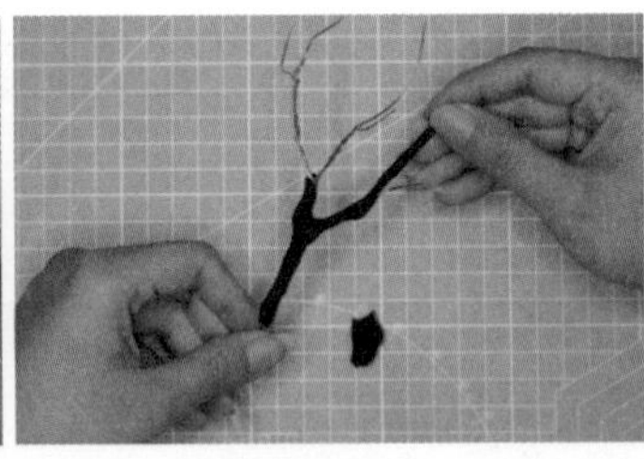

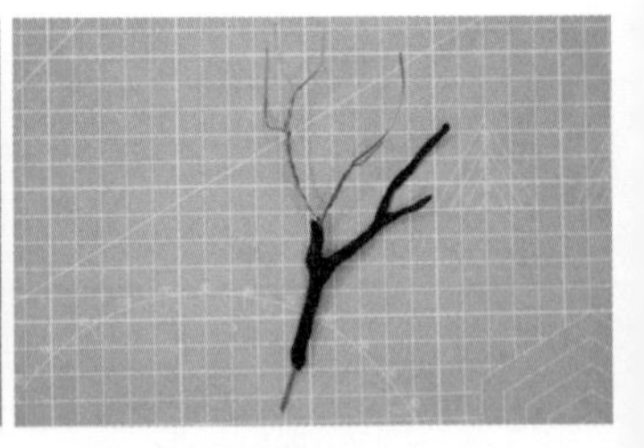

STEP 03 取黑色黏土耐心地包裹在铁丝上，从主干开始慢慢往上包裹，注意不要让铁丝漏出来尤其是分叉处。

STEP 04 用同样的方法制作 2 棵大一些的枯树和 3 棵小一些的枯树。

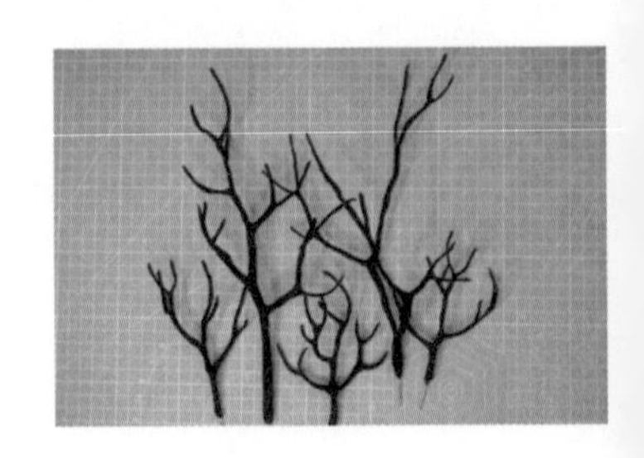

2.12 制作底座和整体组合

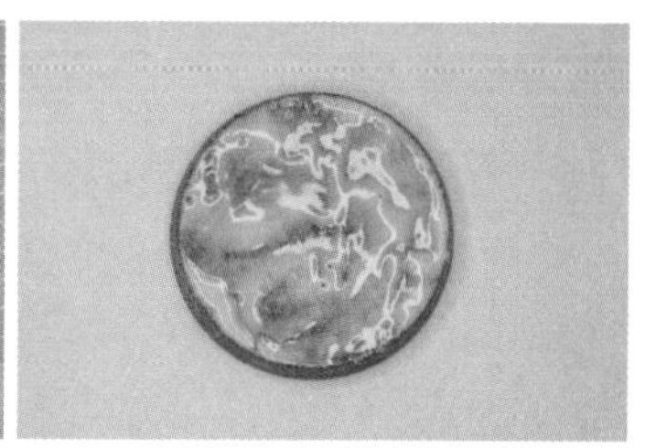

STEP 01 准备一个木塞底座，在上面挤一些白乳胶，用棉签均匀涂抹在木塞底座上，然后在木塞底座下面垫一张纸。

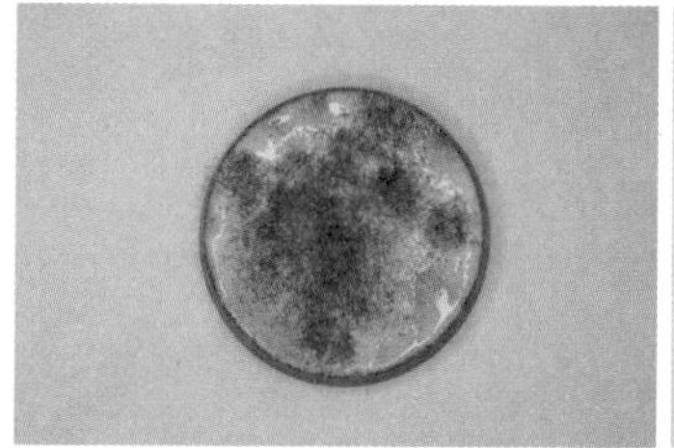
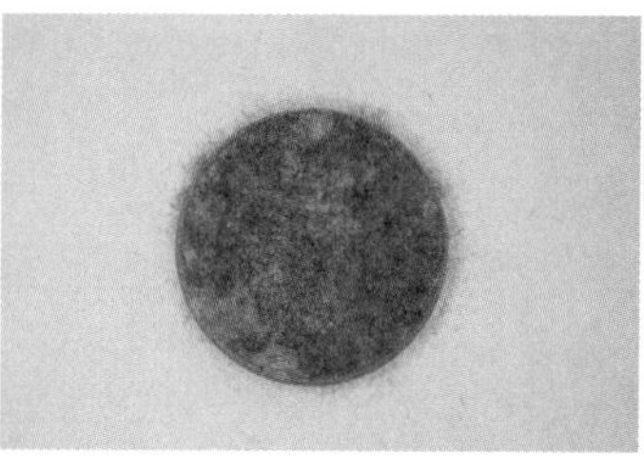
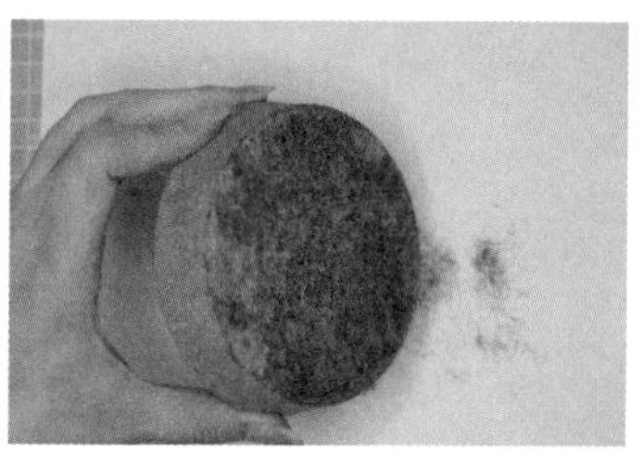

STEP 02 在木塞底座上面撒上一些枯草粉，再在没有枯草粉的地方撒上一些绿草粉，等白乳胶晾到半干的时候，把底座拿起来在纸上轻轻敲一敲，把浮在木塞底座上面没有粘紧的草粉敲下来。

STEP 03 用手把木塞底座上的草粉按一按，按紧一些，再等白乳胶彻底干透后把人物插在底座上。

STEP 04 用尖嘴钳把枯树沿木塞底座边缘逐个插在底座上，两棵小的插在人物前面，两棵大的插在人物侧后方，最后一棵小的插在两棵大的中间。

STEP 05 在枯树上涂一些青铜色丙烯颜料。

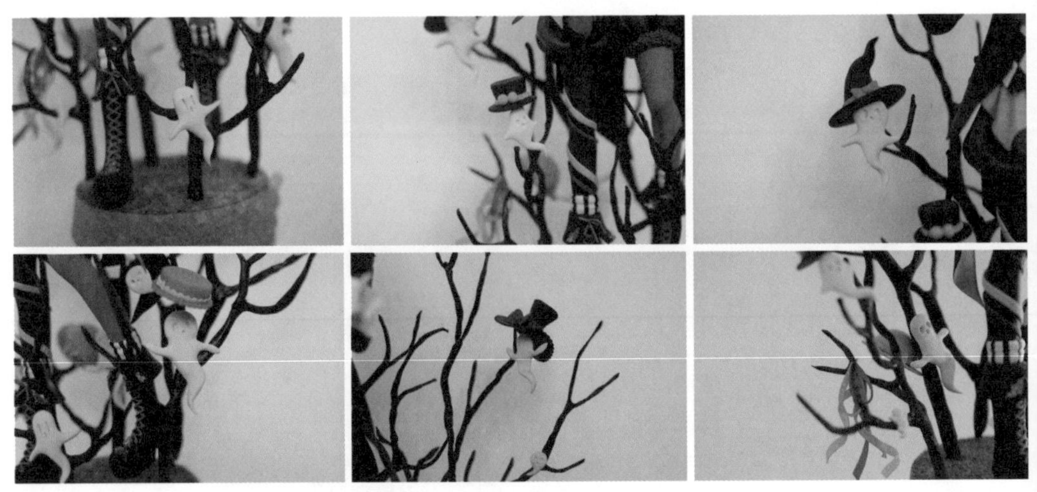

STEP 06 把前面做好的小幽灵、装饰用帽子、缎带用白乳胶错落有致地固定在这些枯树上。

STEP 07 用硅胶大写字母模具翻 H、A、T、T、E、R 这 6 个字母，按顺序贴在人物前面的木塞底座边缘上。

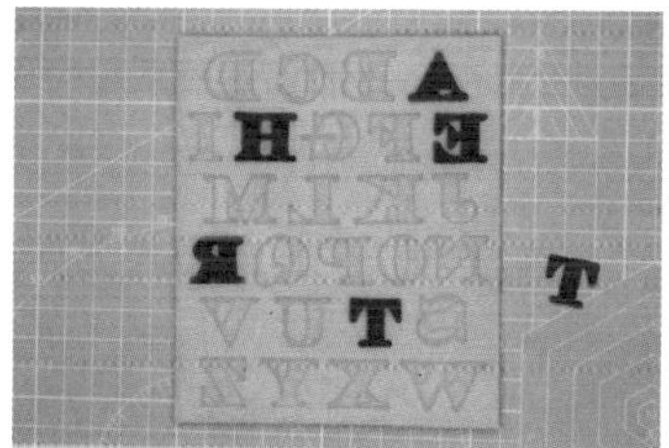

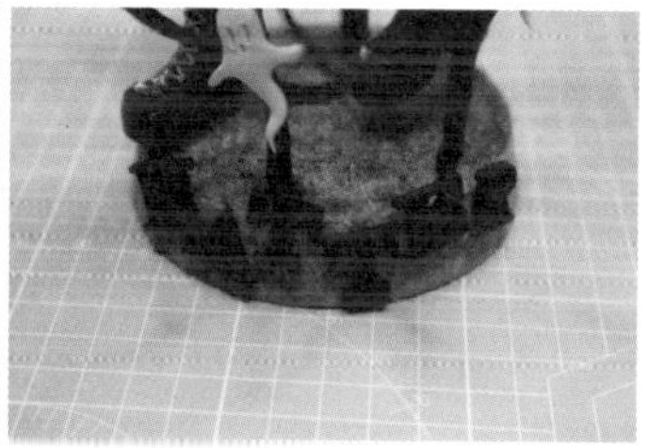

STEP 08 用黑色黏土按前面制作帽子的方法做两顶迷你帽子。

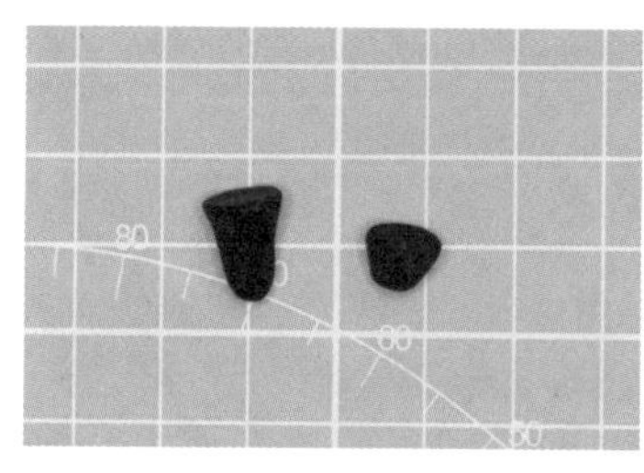

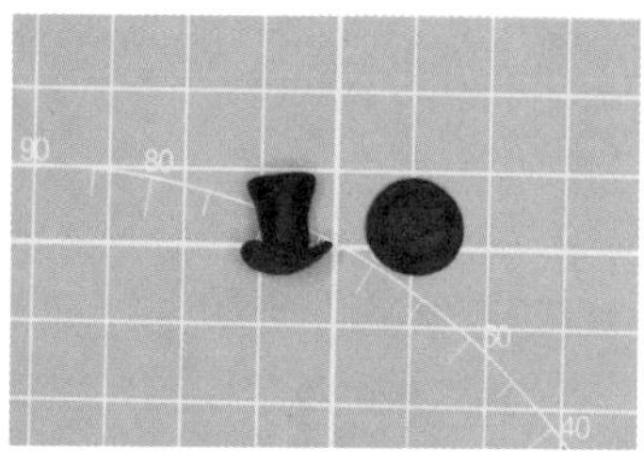

STEP 09 把迷你帽子分别贴在 H 和 E 上面，然后在字母和迷你帽子正面涂一些青铜色丙烯颜料。

STEP 10 至此，底座制作完成！这里为了让底座看起来更直观，所以暂时把人物取下来了。

CHAPTER THREE

第三章

爱丽丝

充满好奇心、活泼快乐的少女——爱丽丝，一直在星雾之森无忧无虑地生活着。她曾经和小蘑菇分享过秘密，赞美过绿松石少女的裙摆，善良是她的“底色”，梦境是她的游乐场。所以疯帽子说：“没有人不喜欢爱丽丝！没有！”连光之天使都在默默守护着她。

在一个寒冷的冬夜，她走出屋子向星空中的暗之天使许愿，以取走许多个满是奇思妙想的梦境为代价。暗之天使应允了她的愿望，并且怜爱地没有取走她的梦境。于是，她向知道了真相的疯帽子，定制了很多很多的帽子。

人物设计要点

❶ 为了突出人物的活泼，让人物的整体动作幅度比疯帽子更大一些。

❷ 妆面上要突出少女感，不可过重，但又要给人以温暖的感觉，所以要用粉色和浅棕色做一些自然的晕染。

❸ 头发和蝴蝶结头饰都要有轻微飞扬的感觉。

❹ 服饰的配色以黑、白、蓝三色为主要色调，为了增加颜色的丰富性，蓝色要注意渐变的处理。裙摆也要做出被风轻微吹起的感觉，和头发相呼应。

❺ 背景用华丽的欧式窗户和楼梯，让整个作品更有画面感。扑克牌、时钟这些经典元素可以点缀在背景中。

❻ 底座的设计使用了黑白棋盘格，和爱丽丝服饰的配色不冲突。蘑菇和草藤增加森林的氛围感，但又与疯帽子的枯树的氛围感有所区别。

❼ 爱丽丝的动作既要注意和背景结合，做出刚刚走下楼梯的状态，又要注意和疯帽子的互动，有种即将共舞的感觉。

3.1
绘制面部

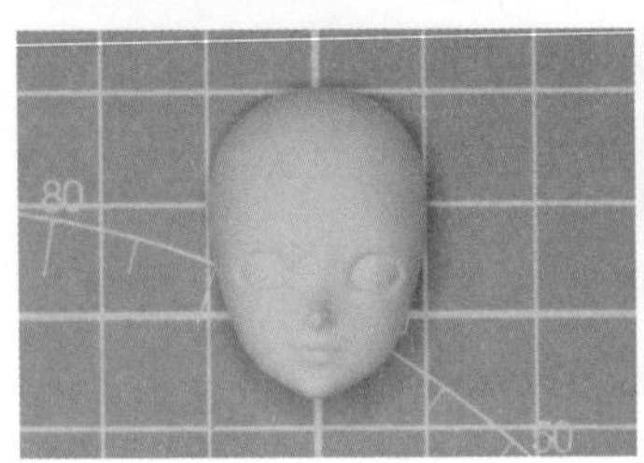
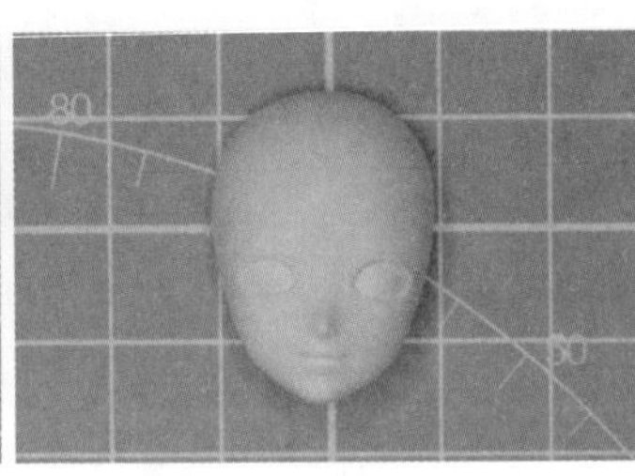
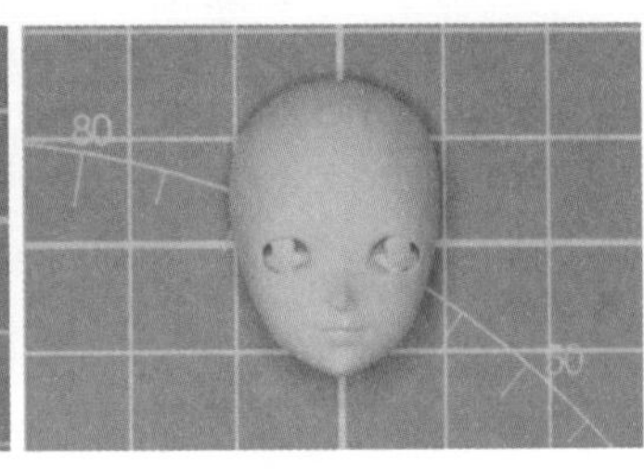

STEP 01 准备一个已经晾干的正比翻模脸，用白色颜料填充眼白部分，用浅灰色丙烯颜料画出眼白的暗部，勾出瞳孔露出部分的轮廓。

STEP 02 用酞菁蓝色丙烯颜料填充瞳孔，再用浅蓝色（酞菁蓝色 + 白色）丙烯颜料填充瞳孔下半部分。

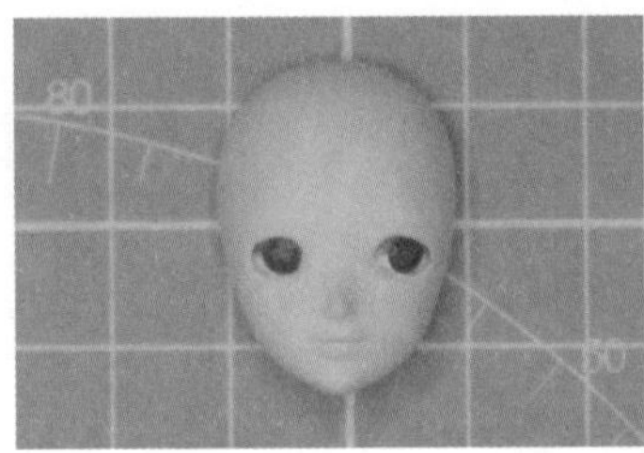
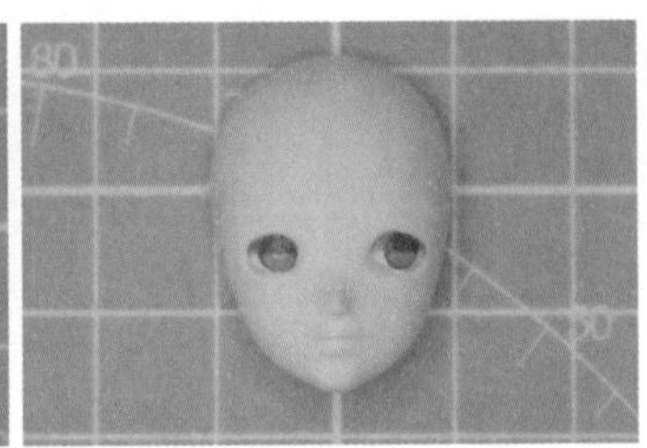

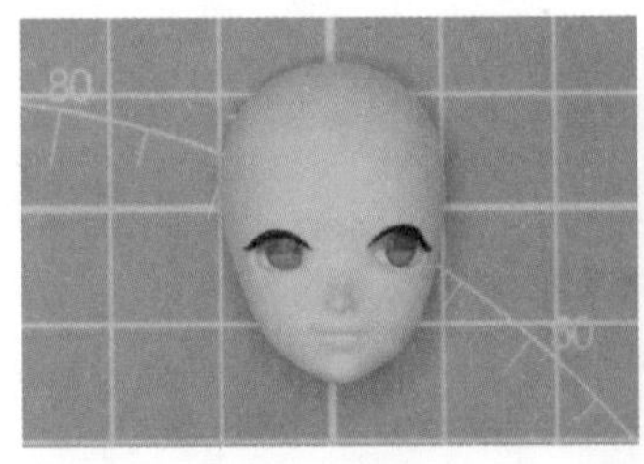
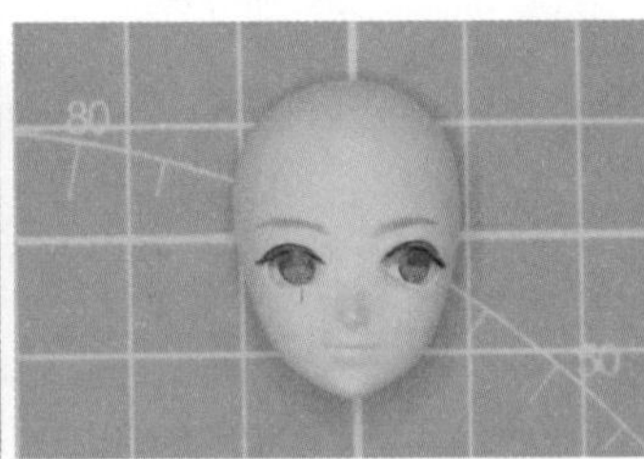
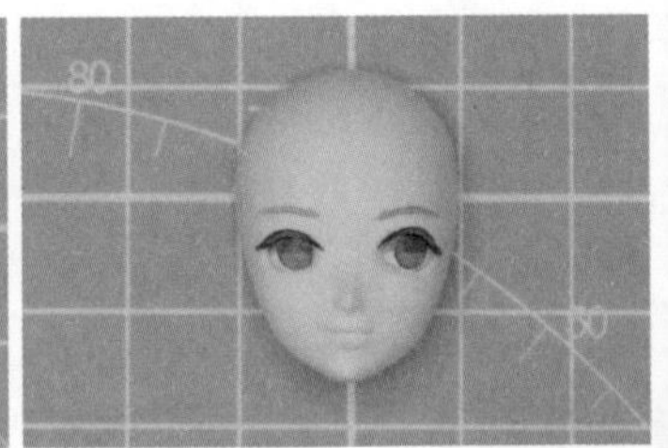

STEP 03 用黑色丙烯颜料沿着眼窝上端画出上眼睑，用淡黄色（中黄色 + 白色）丙烯颜料画出眉毛，再用熟褐色丙烯颜料勾出眉毛的轮廓。

STEP 04 用熟褐色丙烯颜料勾出嘴巴的中缝。

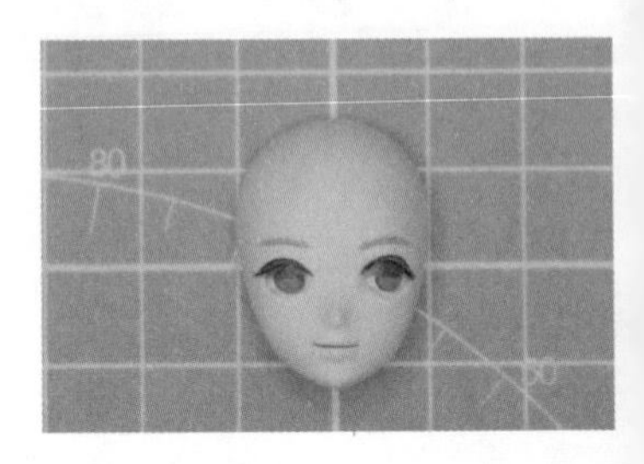

STEP 05 用深棕色（黑色 + 熟褐色）丙烯颜料画出下睫毛和双眼皮，用黑色丙烯颜料画出上睫毛。

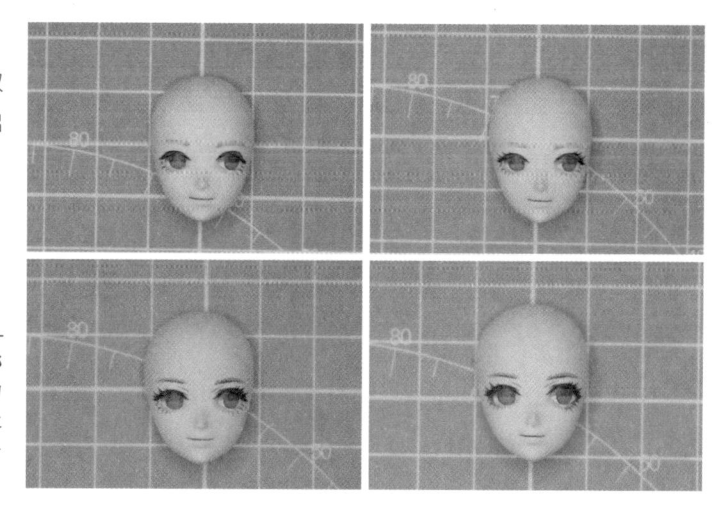

小贴士

这一步一定要特别耐心，睫毛要根部较粗，末端较细，长短错落有致。初学者如果手抖可以在纸上多练习几次以掌握好下笔的力度，再到脸模上去画，加油哦！

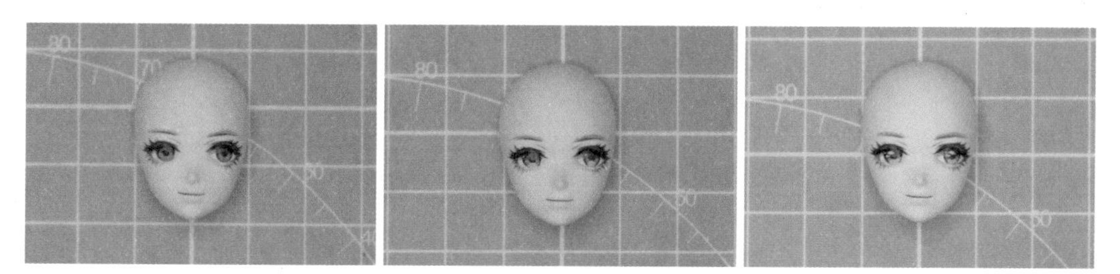

STEP 06 用黑色丙烯颜料加深上眼睑和瞳仁，然后用更浅的蓝色（酞菁蓝色 + 大量白色）丙烯颜料画出眼睛的反光，最后用白色丙烯颜料点出一大一小两块近似菱形的高光。

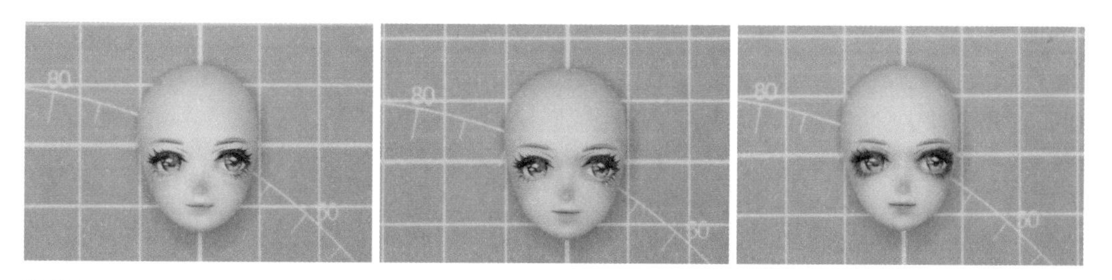

STEP 07 用粉色色粉给爱丽丝画一下唇彩，然后在面颊、鼻头、下巴轻轻晕染一些红晕。在眼窝和唇下轻轻扫一层浅咖色色粉，以增加面部的立体感。最后用深咖色色粉（黑色 + 咖啡色）晕染眼周，以增强眼部的立体感。

STEP 08 用淡黄色（中黄色＋白色）丙烯颜料在上眼睑和睫毛缝隙中画出睫毛的高光，面部绘制完成。

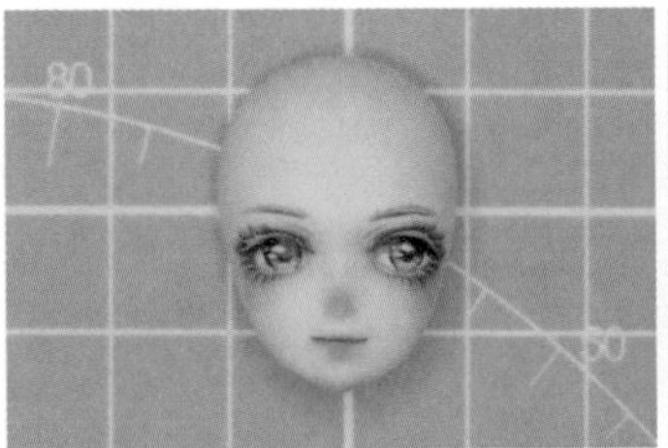

STEP 09 用肤色黏土捏一个半球形贴在脸模的后面作为后脑勺，等晾干后，用打孔器在头部下方打一个孔。

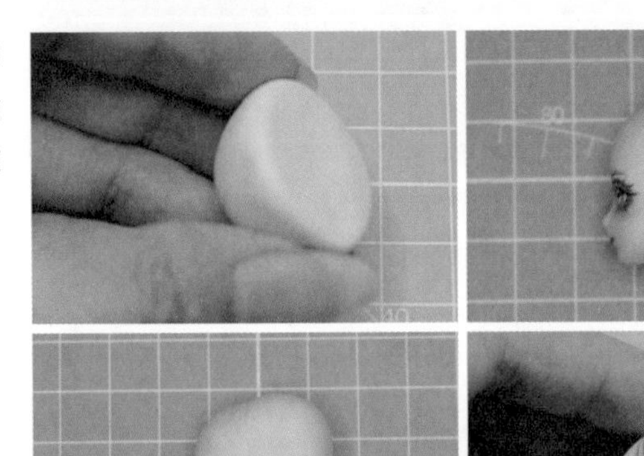

3.2 制作头发

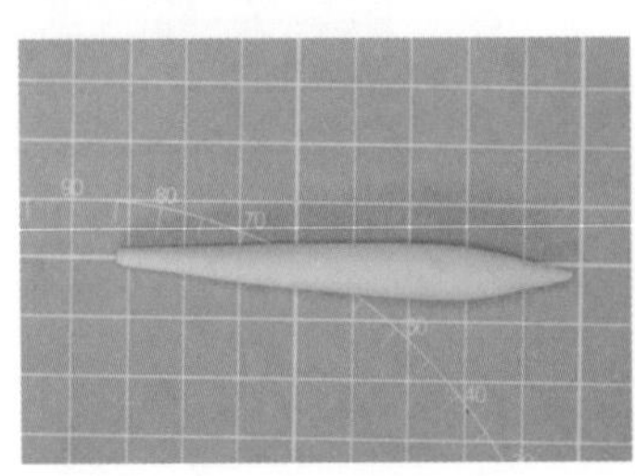

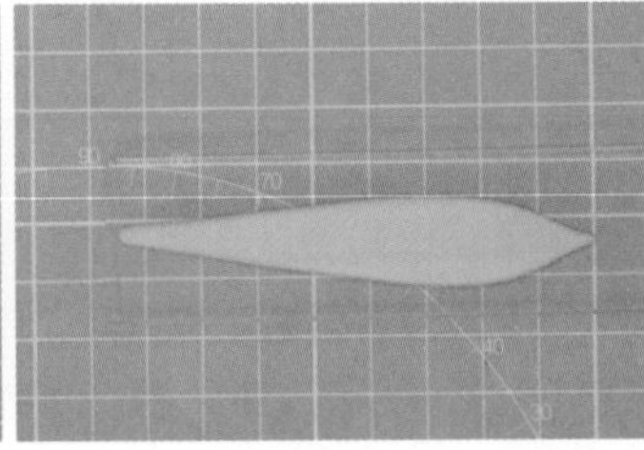

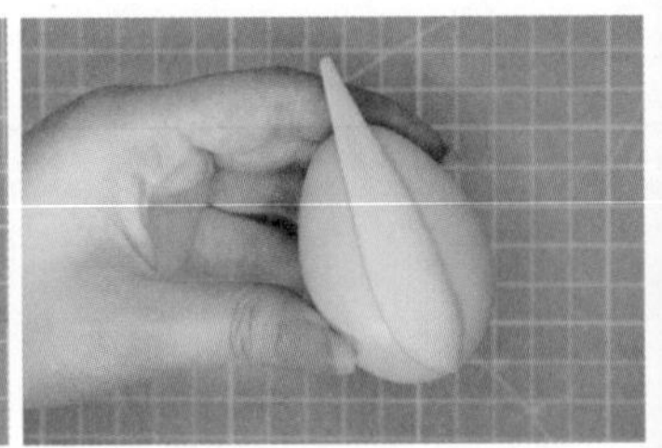

STEP 01 取淡黄色黏土搓成一头尖一头粗的形状，用压泥板压扁，然后贴在蛋形辅助器上。

STEP 02 用塑料刀在宽的一头压出纹理，取下后用直头细节剪剪出叉儿。完成一条头发的初步造型。

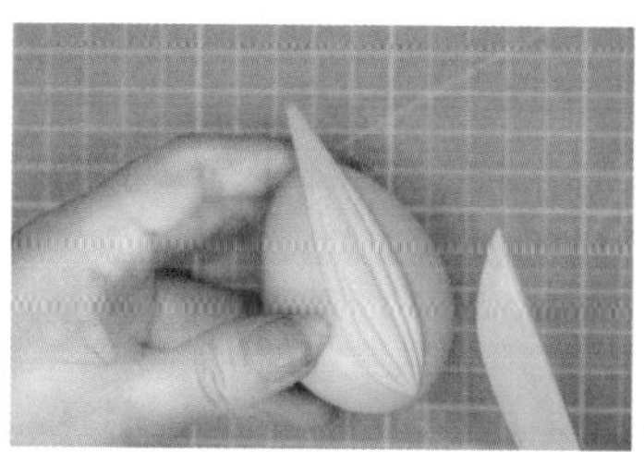

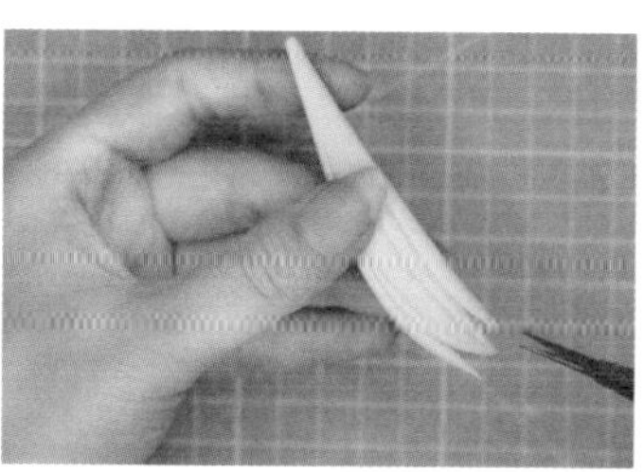

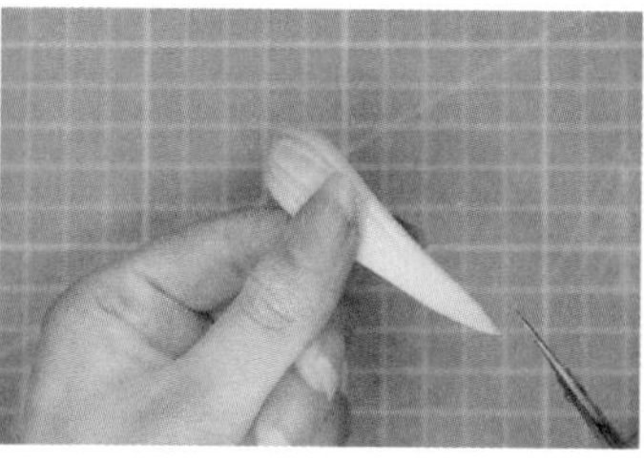

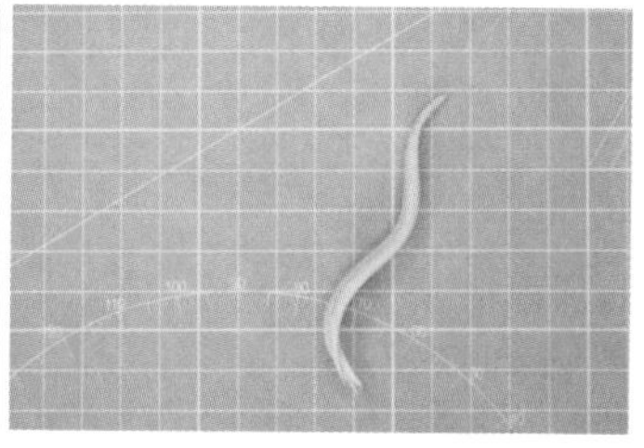

STEP 03 把细的一头贴在蛋形辅助器头小的一端，用于压出弧度，取下后用剪刀把细的一头修尖。然后把整条头发捏成波浪形。

小贴士

爱丽丝头部后面的大多数头发基本上都是用这种方法做出来的，差别无非是宽窄、分叉数量和发尾弯曲弧度，所以这种方法一定要熟练掌握哦，后面再制作类似形状的头丝时不赘述。

STEP 04 用同样的方法先制作5条头发，然后把它们逐条贴在爱丽丝的后脑上，注意尖端要并拢在一起，贴完这5条头发后，在头发下面垫一些PP棉，防止头发在没有晾干前塌下来。

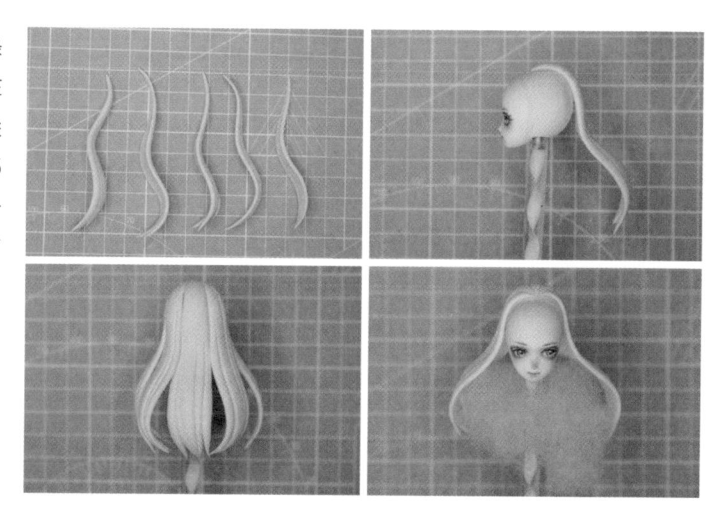

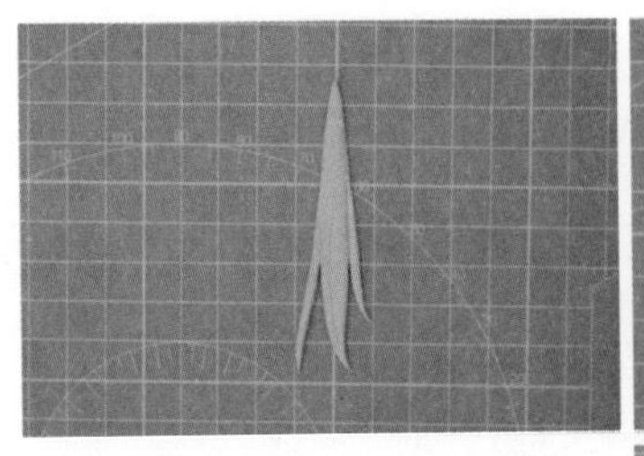

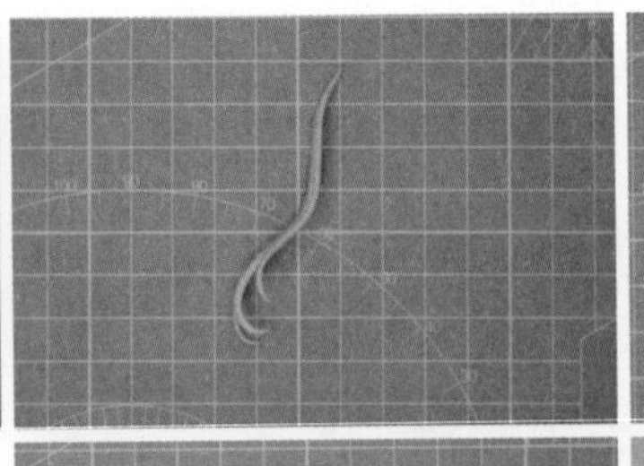

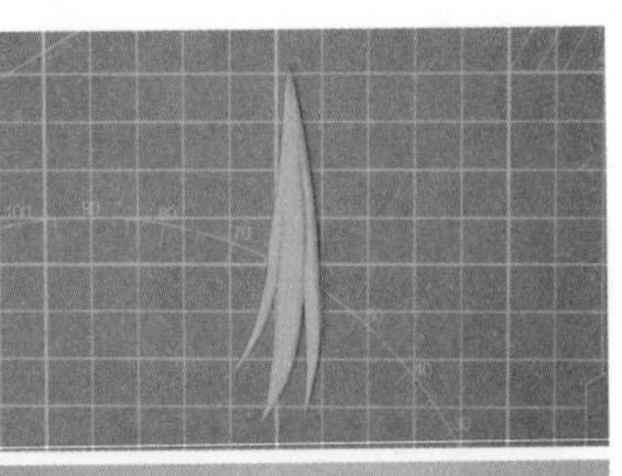

STEP 05 用同样的方法继续制作两条头发，注意一条是要右侧的分叉短，一条是要左侧的分叉短，发尾的分叉弯曲成自然弧度。然后把这两条头发贴在头部两侧。

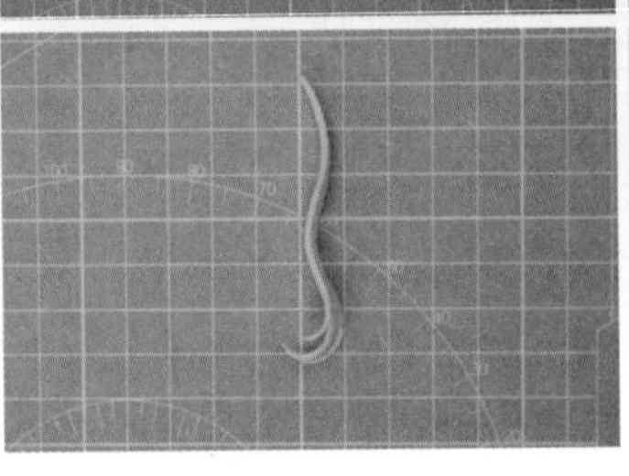

小贴士

我们完成了第一层头发的制作。第一层头发相当于"地基",确定了整个发型的基本形状,所以第一层做好之后,稍微晾干一些,让它大致定型之后再继续制作后面的部分。

STEP 06 现在开始制作第二层的头发。用淡黄色黏土做两条短一些的头发，贴在后脑两侧，注意和第一层的错开。

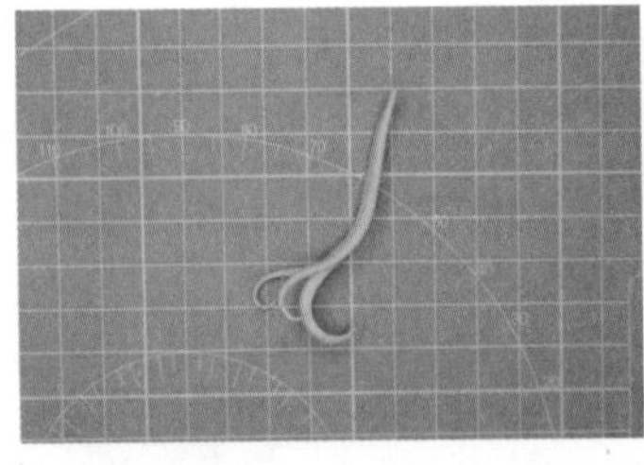

STEP 07 侧面的头发也用同样的方法，但是发尾的分叉扬起的幅度稍微大一点儿，左右两侧各贴一条。

STEP 08 重复第7步,再贴两条头发，第二层头发就贴完了。

小贴士

第二层一共6条头发，注意这6条头发正好和第一层的5条交错，但和第一层汇聚于同一个点。

STEP 09 现在开始制作第三层头发，用淡黄色黏土做两条非常细的单根头发，贴在脸颊两侧。

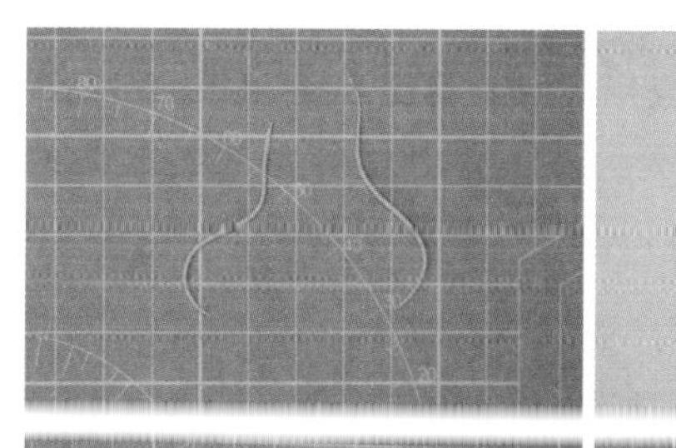

STEP 10 取淡黄色黏土搓成细条，压扁，用塑料刀压出纹路，然后剪出两根分叉，捏成图上箭头所指的弧度。

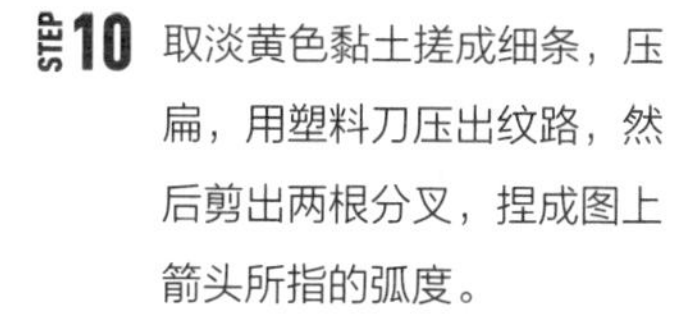

STEP 11 用同样的方法做一条对称的细条，然后分别贴在脸颊两侧。

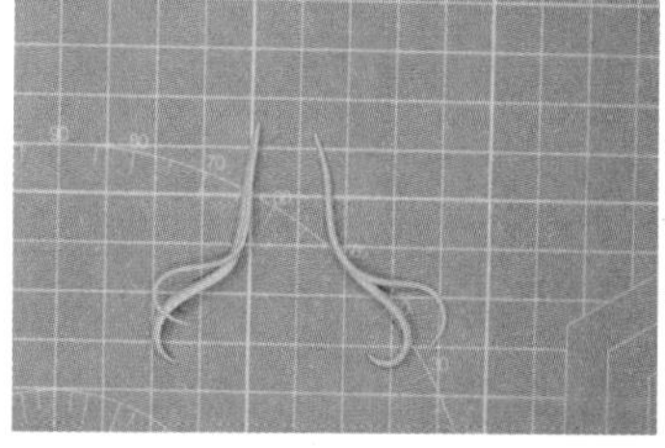

STEP 12 用同样的方法再做 5 条，如图所示贴在后脑勺，盖住第二层头发的接缝。第三层头发制作完成。

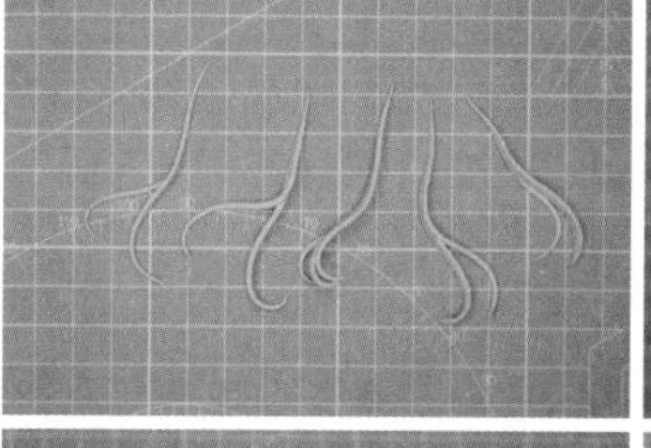

小贴士

第三层头发整体要比前两层头发更细、发尾弯曲弧度更大，这样可以让头发看起来更细致和蓬松。

STEP 13 现在开始刘海的制作。在前额贴一块三角形的淡黄色黏土，用塑料刀压出纹理。

STEP 14 用淡黄色黏土捏一个两头尖的 S 形，在蛋形辅助器上压扁，用塑料刀压出纹路，取下后用细节剪剪出分叉，贴在前额左侧。

STEP 15 用同样的方法做一片形状大致对称的 S 形刘海，贴在前额右侧。

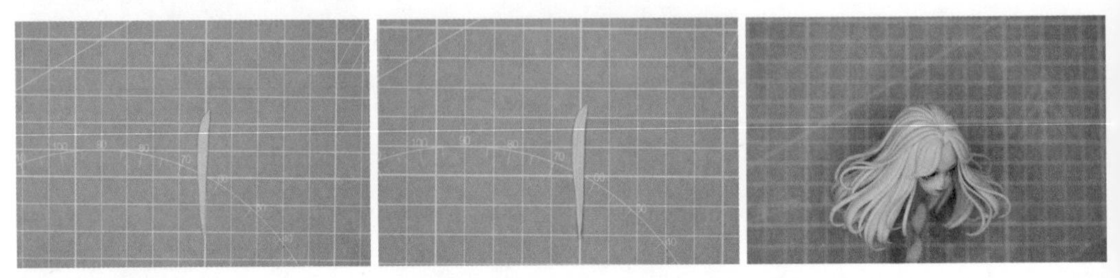

STEP 16 取淡黄色黏土搓成细条，压扁，用塑料刀压出纹路，上端贴在左侧刘海的上方，下端向后飘。

STEP 17 用同样的方法在右侧刘海的上方贴一条淡黄色细条。

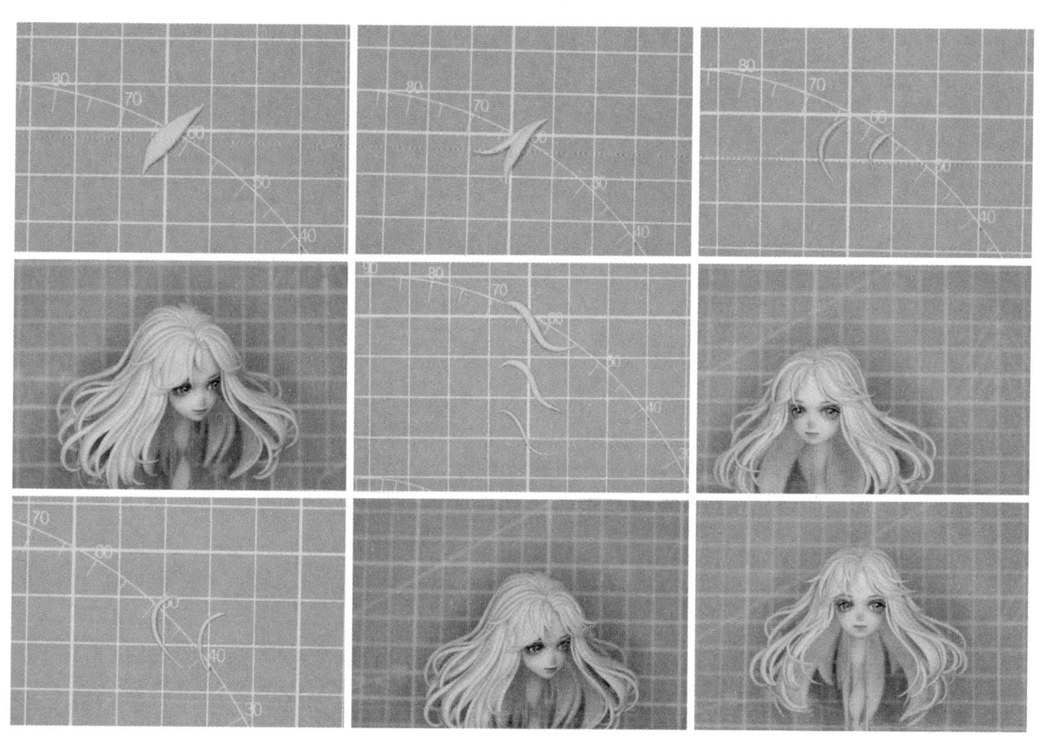

STEP 18 用淡黄色黏土做一些非常细小的发丝，贴在刘海上，以增加刘海的层次感。

小贴士

随着头发的增多，我们的爱丽丝也逐渐好看起来了呢！因为这些发丝特别细小，所以需要特别耐心地去固定，如果用手不好拿起来，可以用牙签来辅助。发丝数量可以根据情况调整，只是要注意尾端都要向右飘，这样会有刘海被微风吹起的样子。

STEP 19 用淡黄色黏土捏一个梭形，在蛋形辅助器上压扁，用塑料刀压出纹路，取下后贴在爱丽丝的头顶。这就是黏土手办头发组合部分，发片的基本制作方法。

STEP 20 用淡黄色黏土搓几条细丝，贴在头顶的发片上。

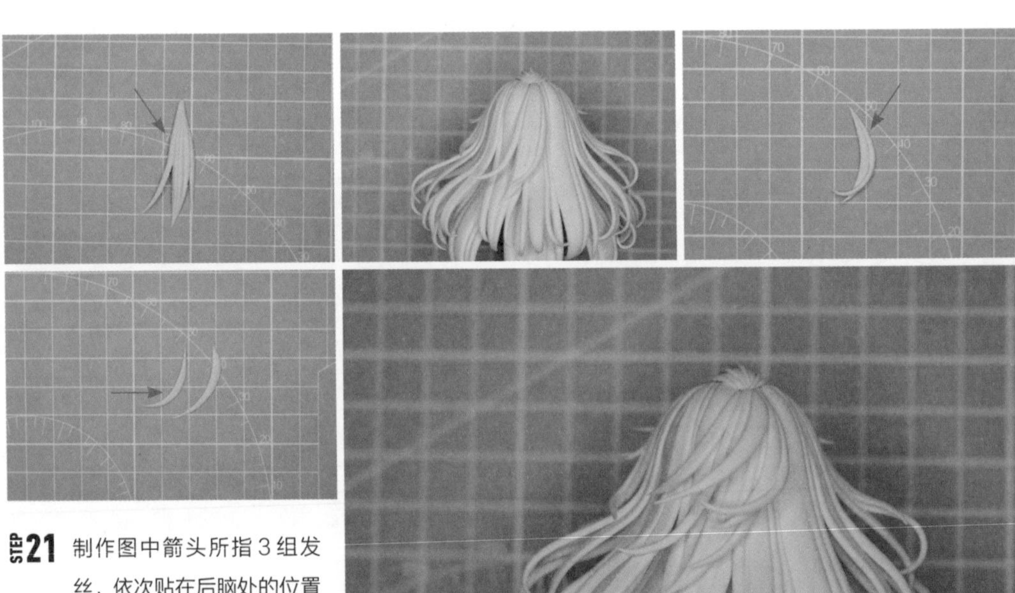

STEP 21 制作图中箭头所指 3 组发丝，依次贴在后脑处的位置与头顶发片衔接，作为公主头的马尾部分。

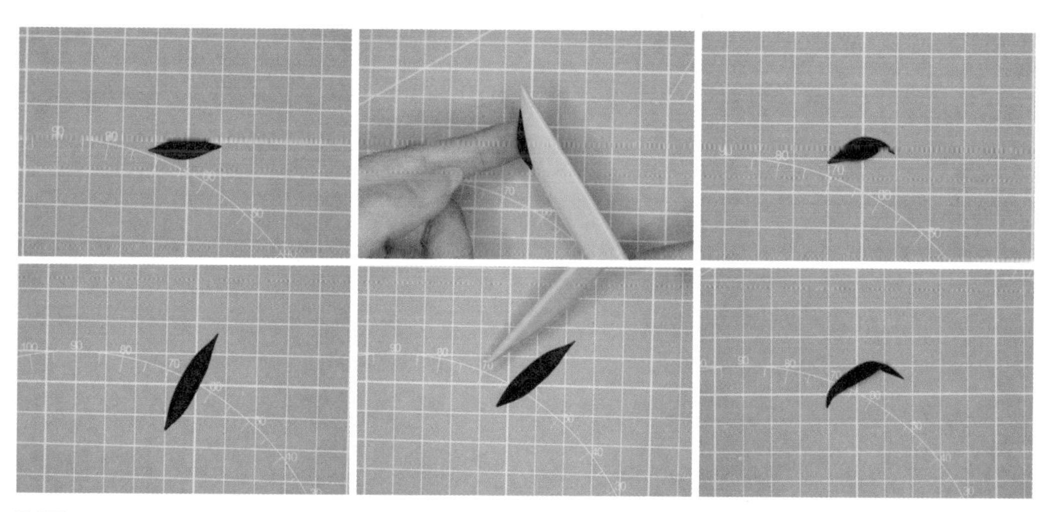

STEP 22 用黑色黏土搓成梭形，用塑料刀在梭形中间压出印子，然后把其中一个尖端折弯一点儿。用同样的方法再做一片稍长一点儿的梭形。

STEP 23 在头顶发片与马尾的连接处贴一小块黑色黏土圆点，然后把第 22 步做的两片梭形贴在黑色黏土圆点左右两侧，做成蝴蝶结发饰。

STEP 24 用貂毛笔给头发阴影处扫上一些橙色色粉，不要扫太多。

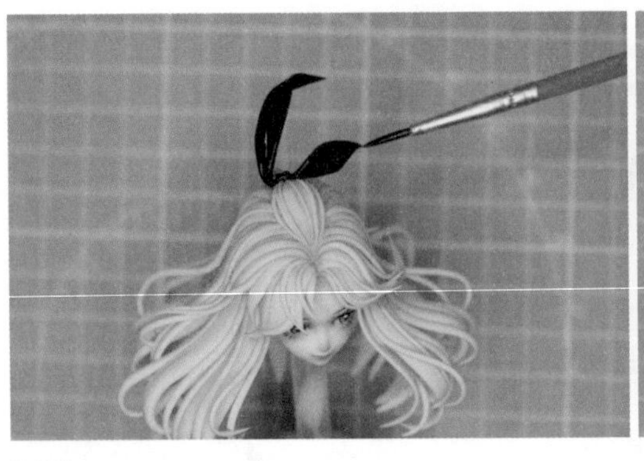

STEP 25 给蝴蝶结涂一层亮油。头部就完成啦！

3.3 制作腿部

关注绘客公众号，
输入 54321，
下载此处教学视频
（爱丽丝 03-04）

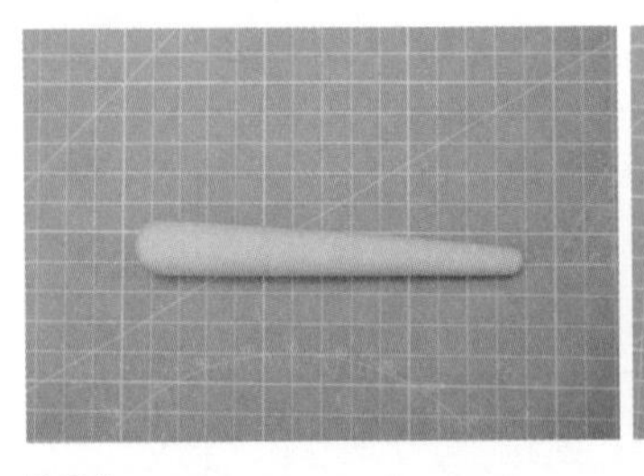

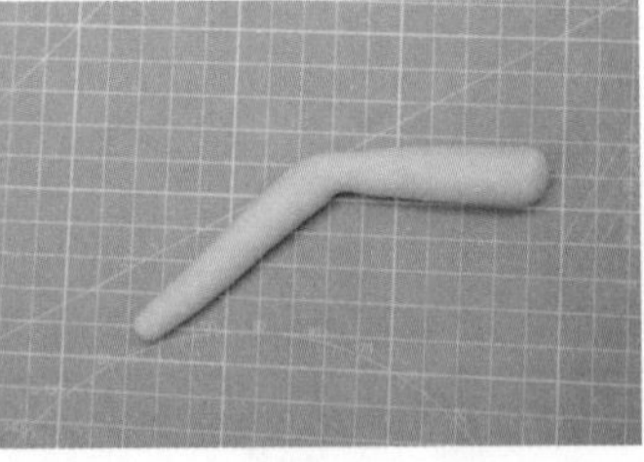

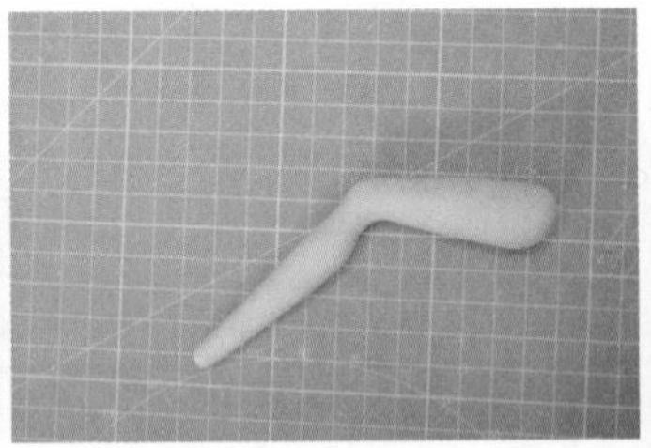

STEP 01 取肤色黏土搓成一头粗一头细的柱状，在中间偏上的位置搓出大腿和膝盖的分界，然后在中间偏下的位置搓出膝盖和小腿的分界。

STEP 02 在脚踝的位置用手指推出脚后跟，然后把脚踝搓细，捏出脚部的大概形状。

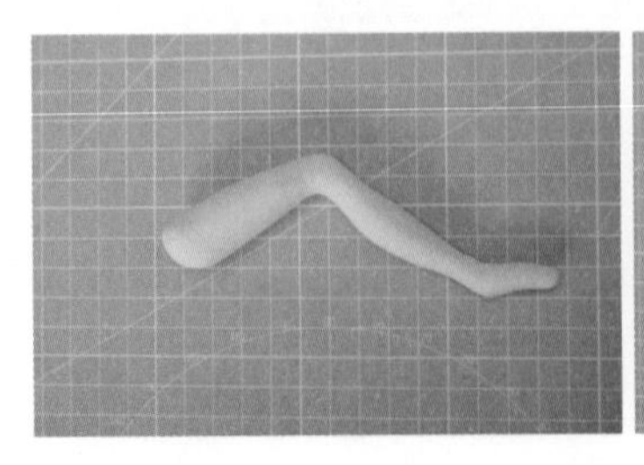

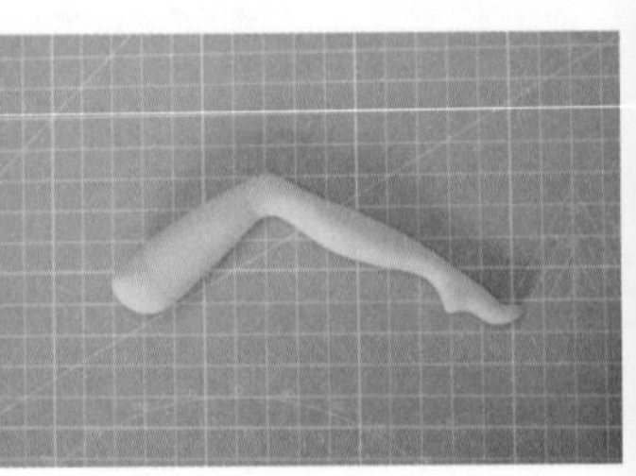

STEP 03 用细节针耐心地推出踝关节的凸起部分，然后把脚尖的底部擀平。

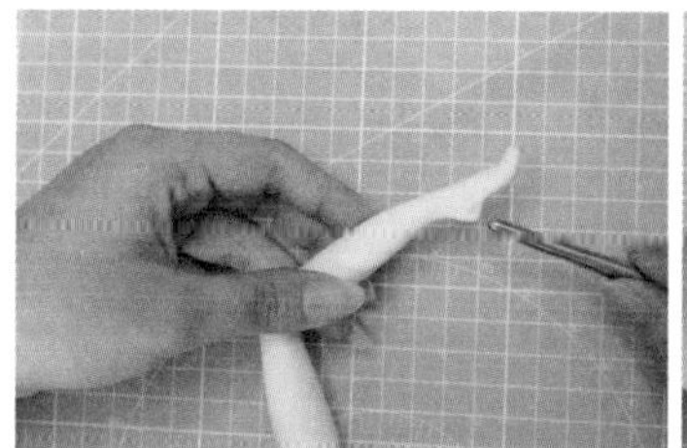
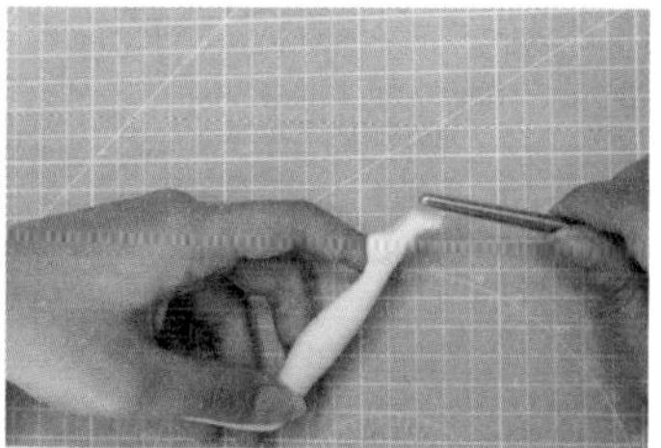

STEP 04 用细节针压出膝盖的轮廓和腿弯曲后的凹陷。

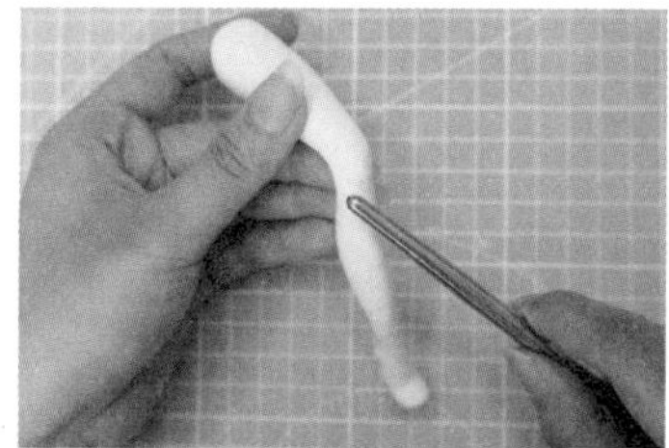
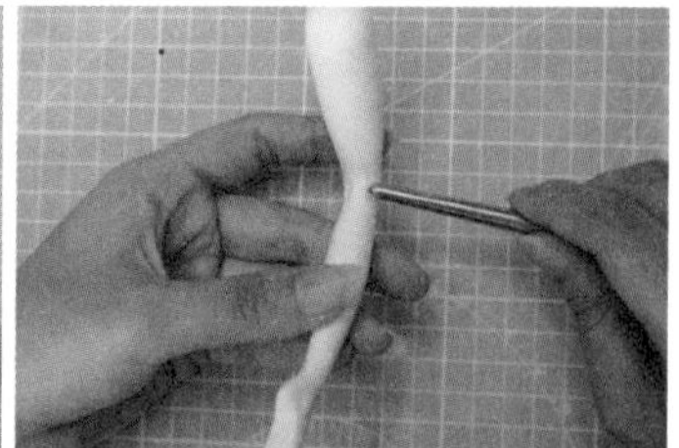

STEP 05 用同样的方法制作另一条腿，另一条腿相对更直立一些。待黏土晾到半干的时候，给直立的腿插入铜棒作为骨架。

小贴士

制作腿部需要对黏土做很多塑形操作，所以建议在制作前给黏土加水将其调得湿一点儿，这样可以延长一些操作时间，做的时候先确定大体形状再制作细节，尽量快速地制作完成，不然很容易出现褶皱。

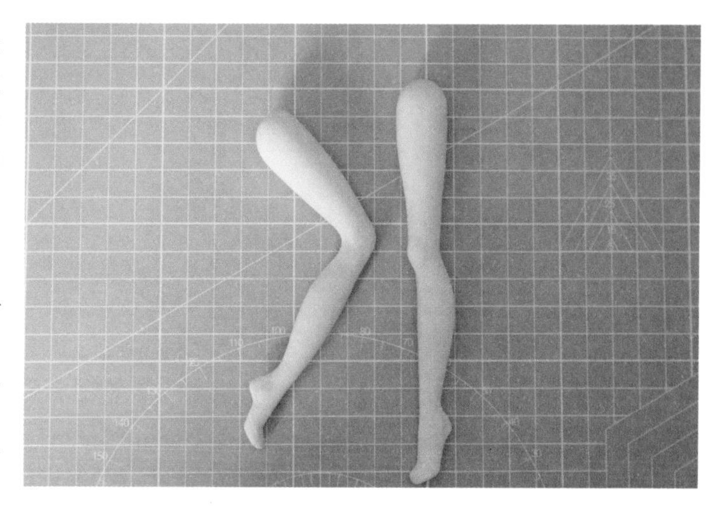

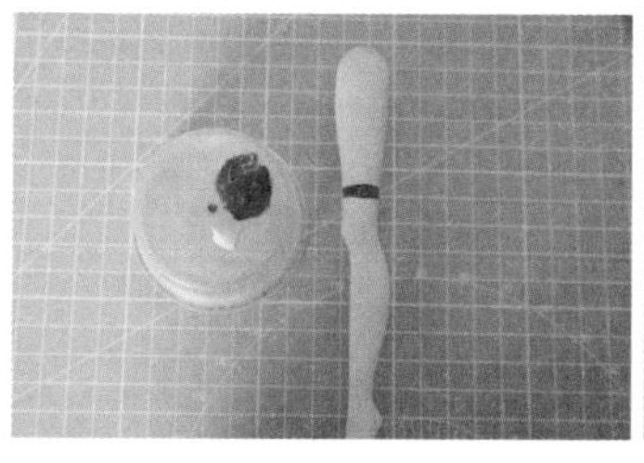
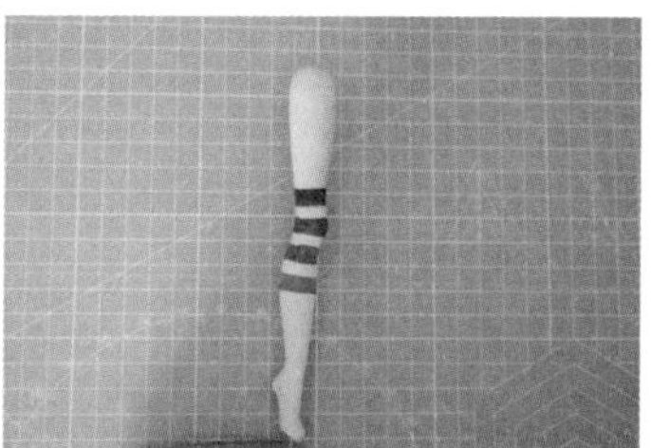

STEP 06 用酞菁蓝丙烯颜料在稍直立腿的膝盖偏上的位置画上第 1 个圈，然后在酞菁蓝丙烯颜料中加入一些白色颜料，调匀后在膝盖处画第 2 个圈，再加入一些白色颜料，调匀后在第 2 个圈下面画第 3 个圈。依此类推，这样颜色就会逐渐变浅，达到渐变的效果，以增加颜色的层次感。

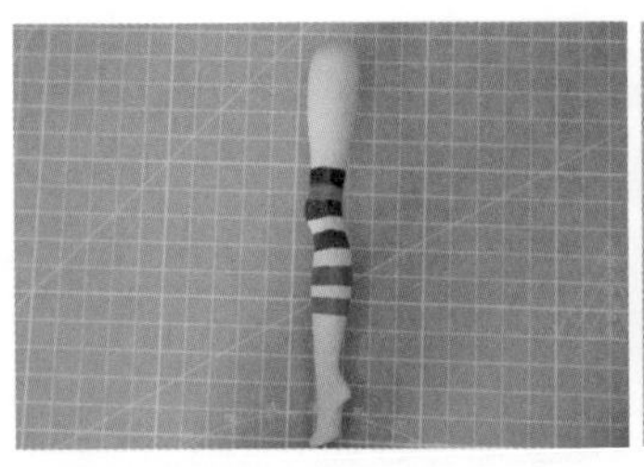

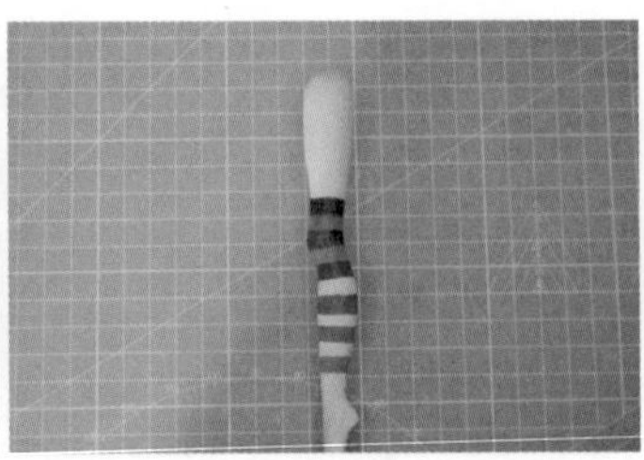

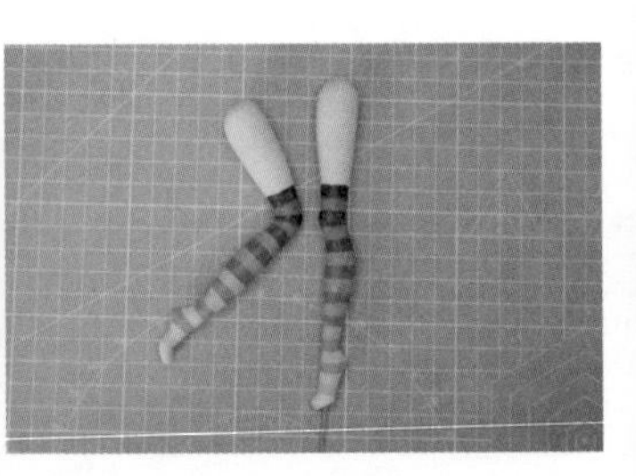

STEP 07 画完第 5 个圈的时候，在第 1 个圈和第 2 个圈之间画上和第 5 个圈同样颜色的圈。画完第 6 个圈的时候，在第 2 个圈和第 3 个圈之间画上和第 6 个圈同样颜色的圈。依此类推画完整条腿，直到脚掌与脚趾交界处为止。渐变色的条纹袜就画好了。用同样的方法给稍弯曲的腿画上条纹袜。

STEP 08 在袜子的上端用面相笔蘸取黑色丙烯颜料后画一圈小小的半圆，再在半圆之间画一圈三角形，然后画一圈大半圆，最后在三角形顶端及两侧点一些黑色的小点。蕾丝花边就画好了。

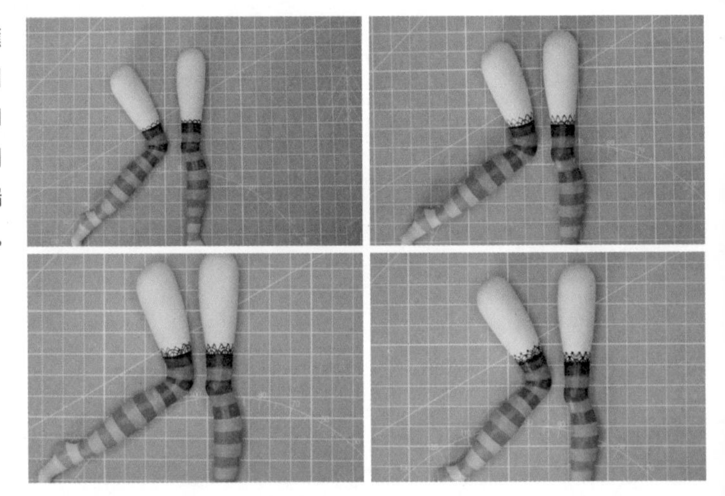

STEP 09 用黑色黏土搓一根长条，用压泥板压扁，围在脚边，超过脚掌的长条部分剪掉。

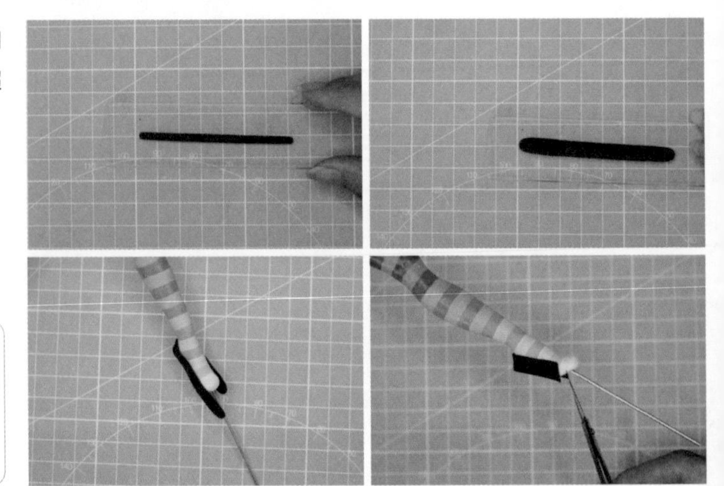

关注绘客公众号，
输入 54321，
下载此处教学视频
（爱丽丝 03-10）

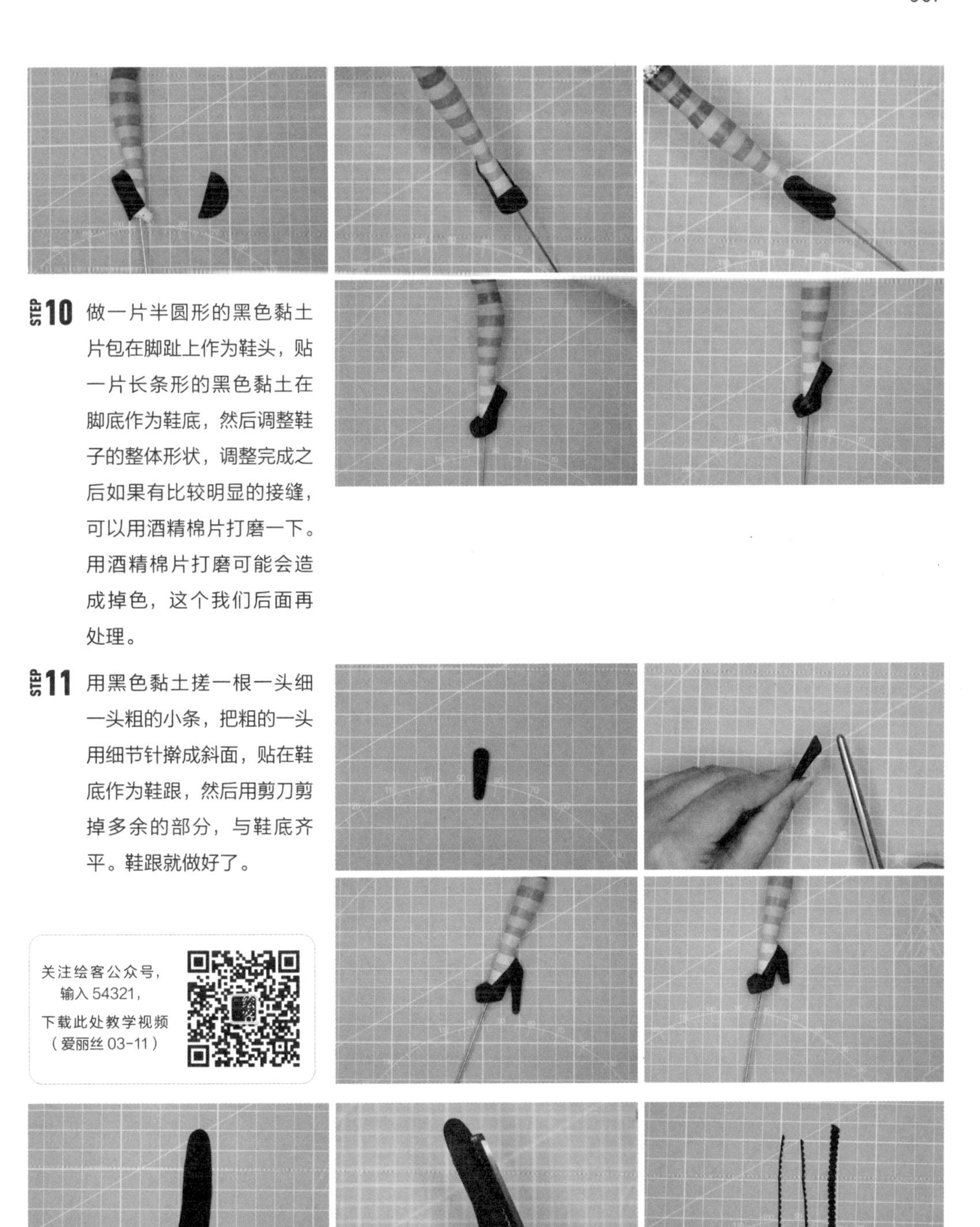

STEP 10 做一片半圆形的黑色黏土片包在脚趾上作为鞋头，贴一片长条形的黑色黏土在脚底作为鞋底，然后调整鞋子的整体形状，调整完成之后如果有比较明显的接缝，可以用酒精棉片打磨一下。用酒精棉片打磨可能会造成掉色，这个我们后面再处理。

STEP 11 用黑色黏土搓一根一头细一头粗的小条，把粗的一头用细节针擀成斜面，贴在鞋底作为鞋跟，然后用剪刀剪掉多余的部分，与鞋底齐平。鞋跟就做好了。

关注绘客公众号，
输入 54321，
下载此处教学视频
（爱丽丝 03-11）

STEP 12 用黑色黏土擀一片长条，用花边剪剪出一些细花边。

STEP 13 把花边贴在鞋口和脚踝处。

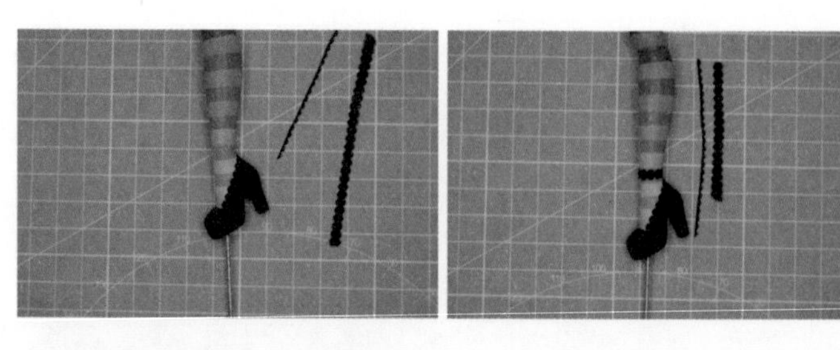

STEP 14 用硅胶领带蝴蝶结模具翻两个黑色黏土小蝴蝶结贴在鞋面和脚踝正面花边上。

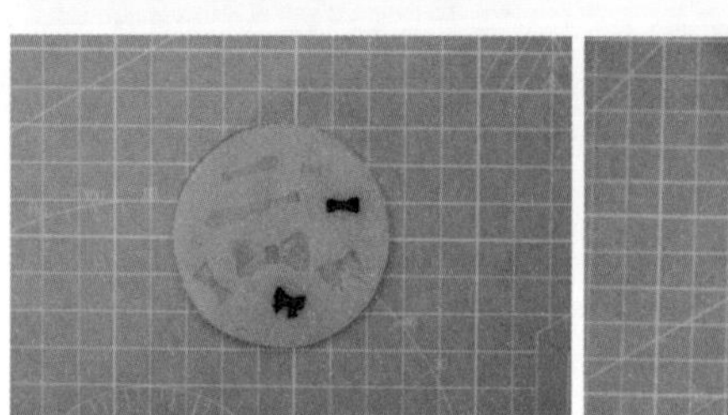

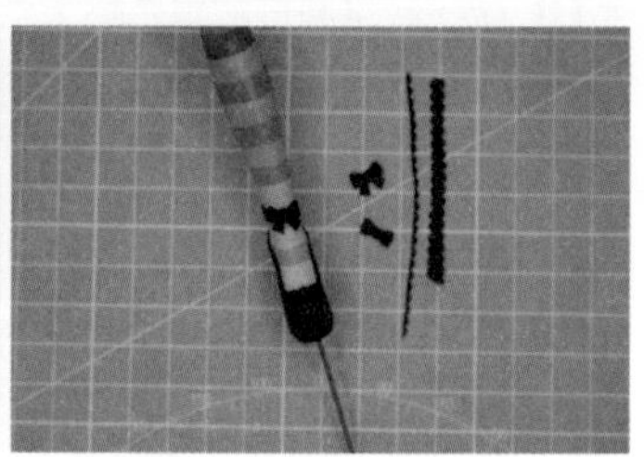

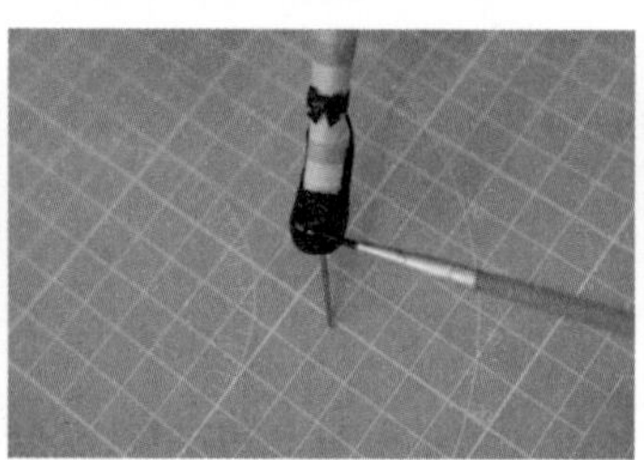

STEP 15 在亮油里加入一些黑色丙烯颜料并调匀，涂在鞋面上，这样可以遮盖第 10 步打磨后掉色的痕迹，并让鞋子有漆皮的质感。用同样的方法为另一只脚制作鞋子及脚踝处装饰。

3.4 制作身体

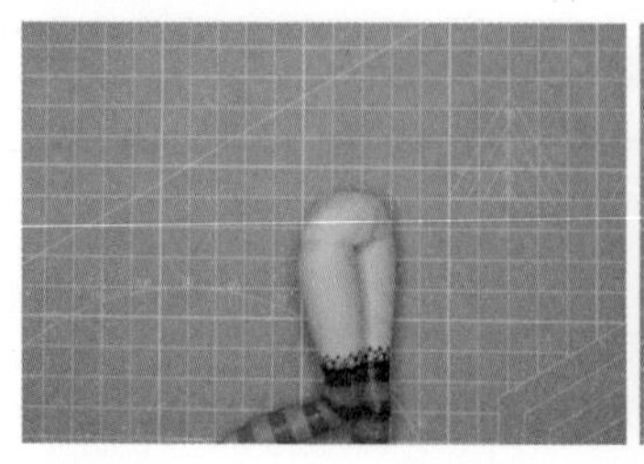

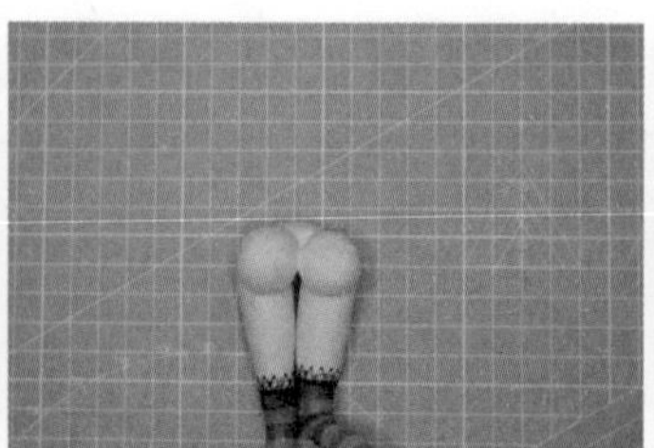

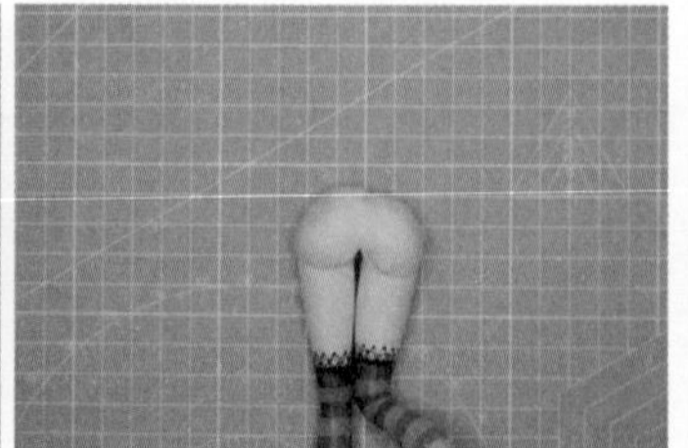

STEP 01 用一块肤色黏土把两条腿连接在一起，在后方贴两个肤色黏土半球，然后捏成臀部的形状。

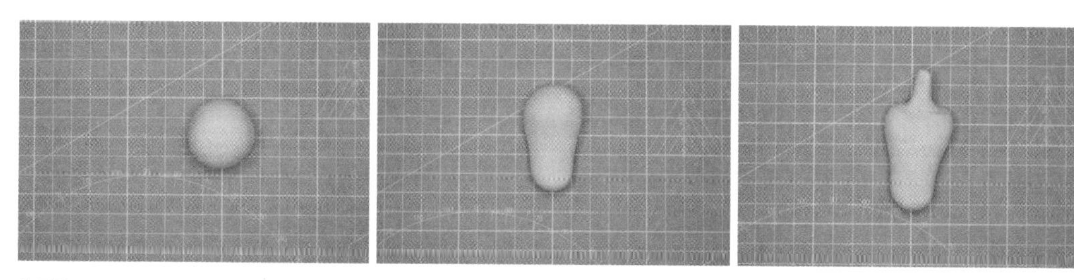

STEP 02 取肤色黏土先搓成一个光滑的球，然后搓出腰部，再从上端捏出脖子的形状。

STEP 03 用剪刀从两边剪出两条上臂的初步造型，然后调整形状。

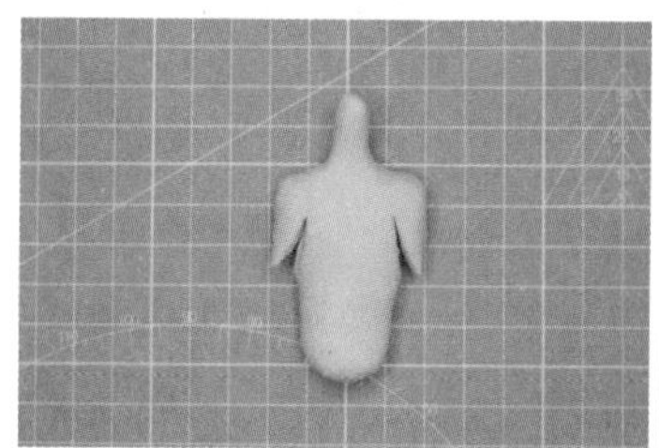
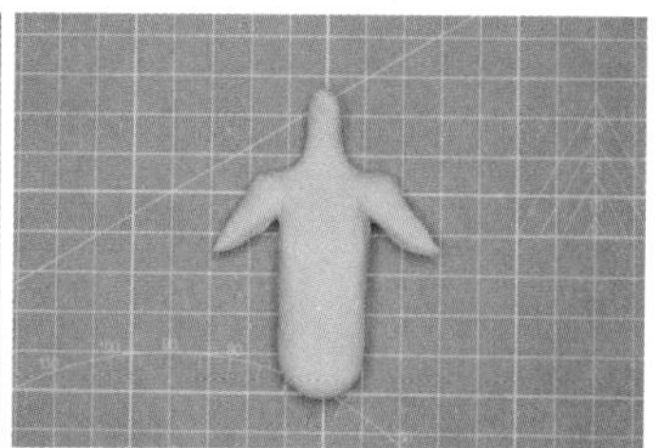

STEP 04 用细节针把锁骨和胸锁乳突肌的轮廓推出来，然后转到侧面调整出身体侧面的曲线。

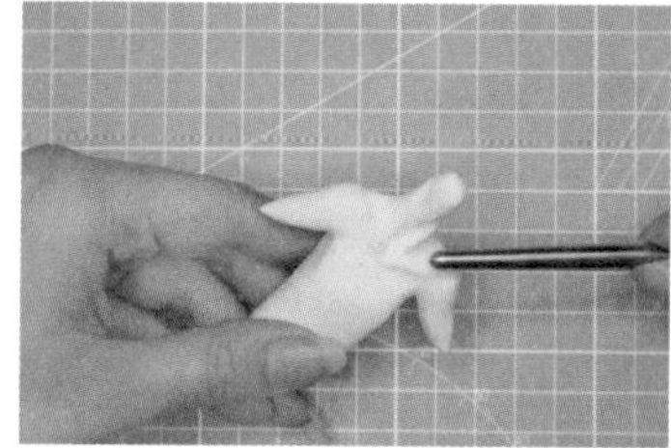
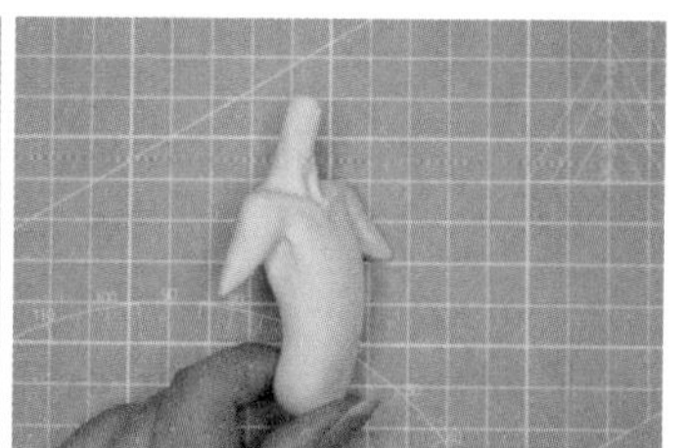

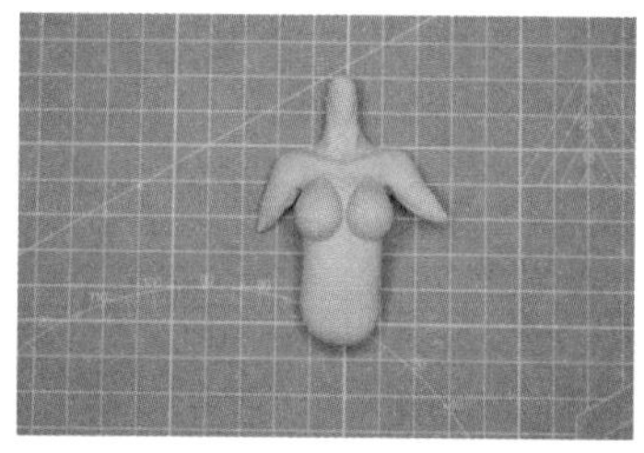
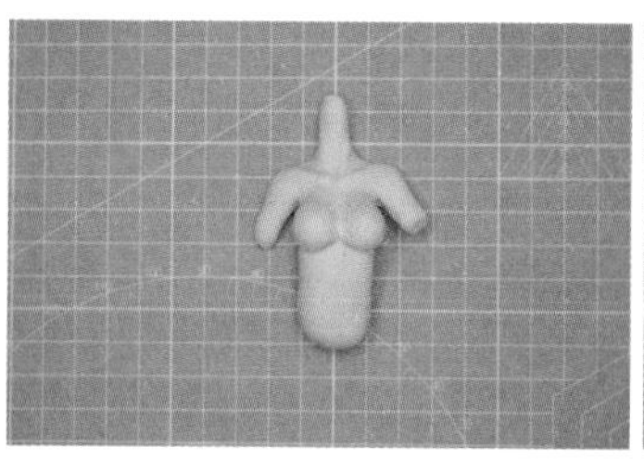
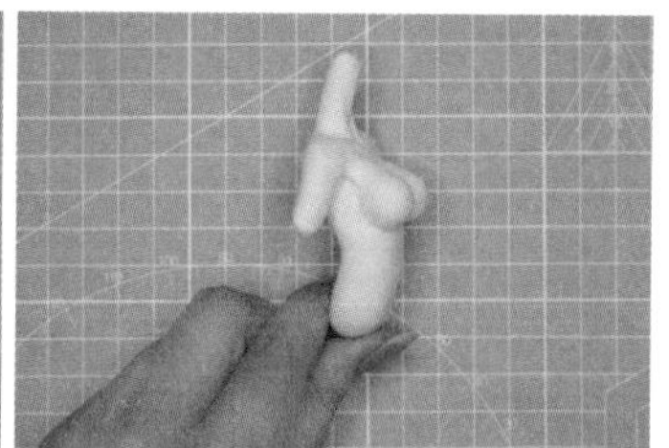

STEP 05 用肤色黏土搓两个半球贴在胸部，然后用细节针蘸一点儿抹平水把接缝尽量抹平，等稍微晾干定型一些再用酒精棉片仔细打磨一遍，使其更光滑。

STEP 06 把身体和腿部连接起来，不平整的地方可以用肤色黏土填补，再用酒精棉片打磨，使其更光滑。

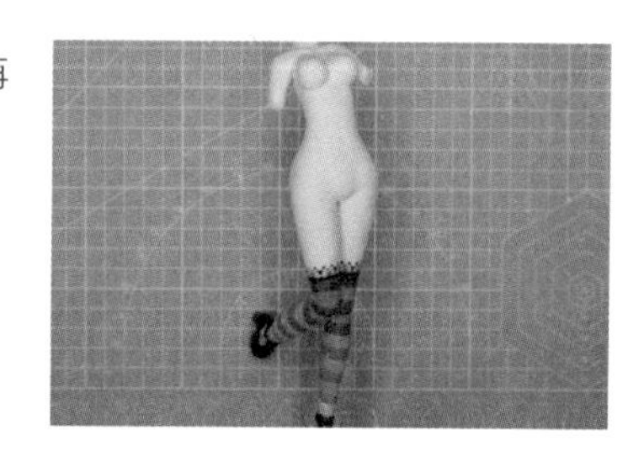

3.5
制作南瓜裤

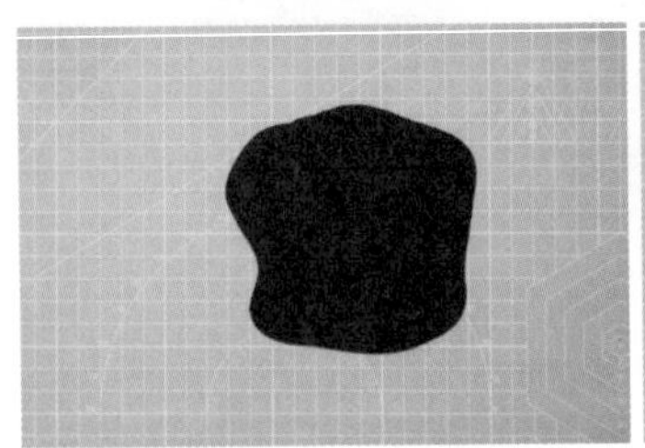

STEP 01 用黑色黏土擀一片薄片，切成环形，套在人物腰部。

STEP 02 将边缘叠成多个褶子贴在腿上，后面多余的部分剪掉后贴平整，然后用刀片把裤子边缘切齐。完成南瓜裤的初步造型。

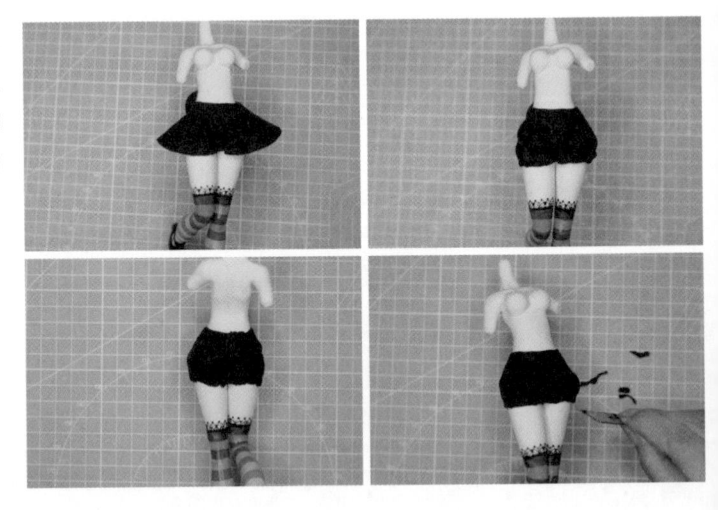

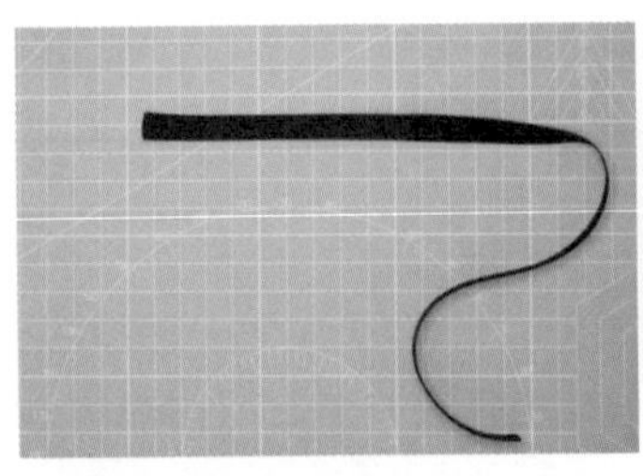
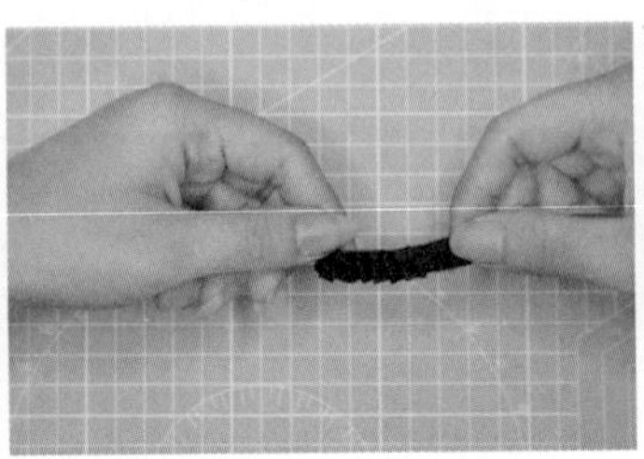
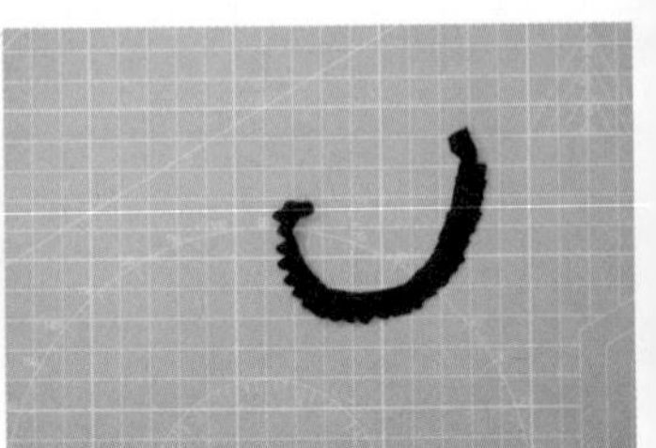

STEP 03 取黑色黏土擀片之后切成长条，如果单根不够长可以把两根拼在一起，然后叠成花边。

STEP 04 把叠好的花边围在南瓜裤的下方。南瓜裤制作完成。

3.6 制作裙子

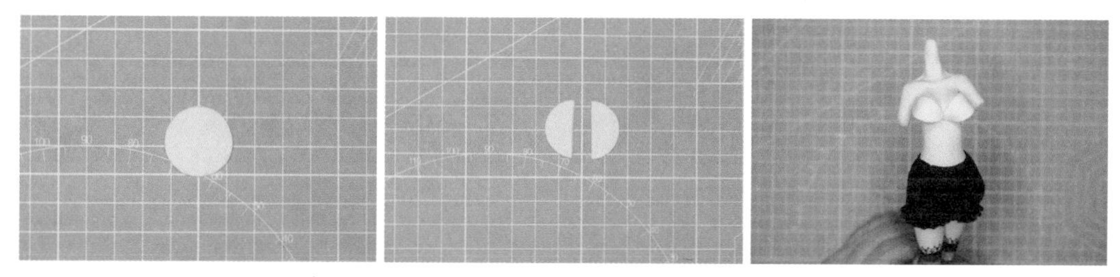

STEP 01 用白色黏土擀一个小圆片，然后从中间切成两半，贴在人物胸部。

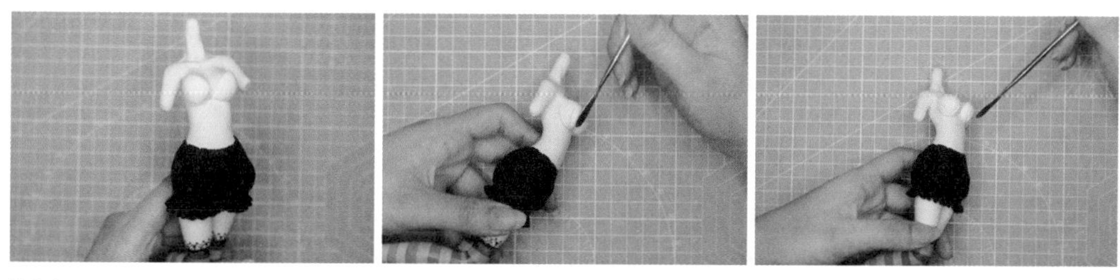

STEP 02 把半圆片下方包起来，然后用开眼刀压出褶皱。

STEP 03 用白色黏土搓一根长条，一端固定在胸部上方，然后用牙签做成图中箭头所指的褶皱花边。另一边用相同的方法做出褶皱花边。

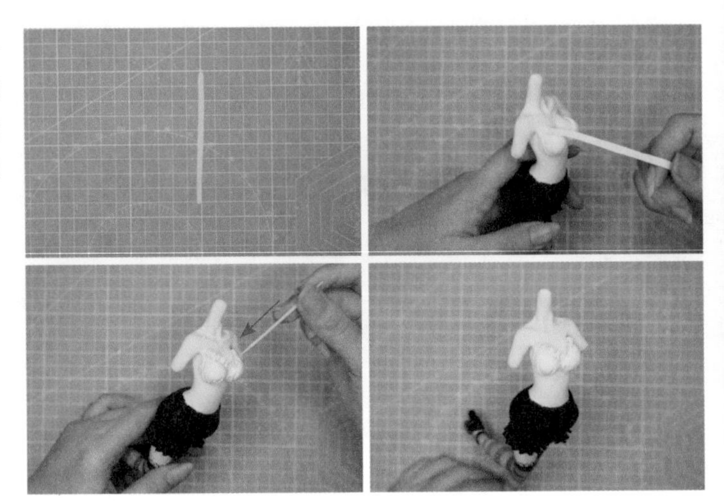

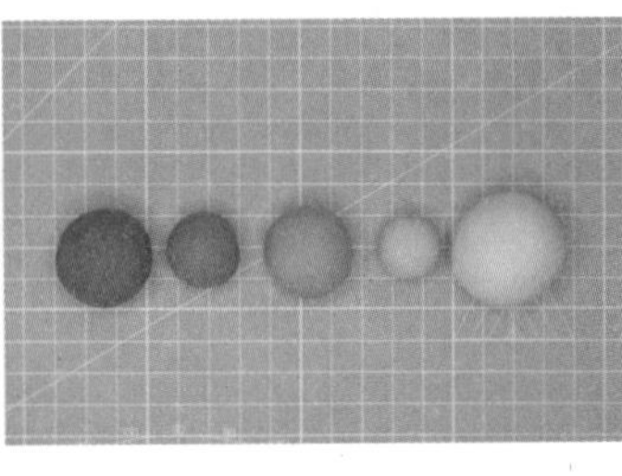

1 号蓝 =80% 白色黏土 +20% 天蓝色黏土

2 号蓝 = 天蓝色黏土

3 号蓝 =90% 天蓝色黏土 +10% 深蓝色黏土

4 号蓝 =50% 天蓝色黏土 +50% 深蓝色黏土

5 号蓝 =10% 天蓝色黏土 +90% 深蓝色黏土

STEP 04 取出深蓝色、天蓝色、白色黏土，然后按右侧所示比例调出 5 种渐变蓝色的黏土。这里把它们按照颜色由浅到深暂时命名为1号蓝、2 号蓝……依此类推。

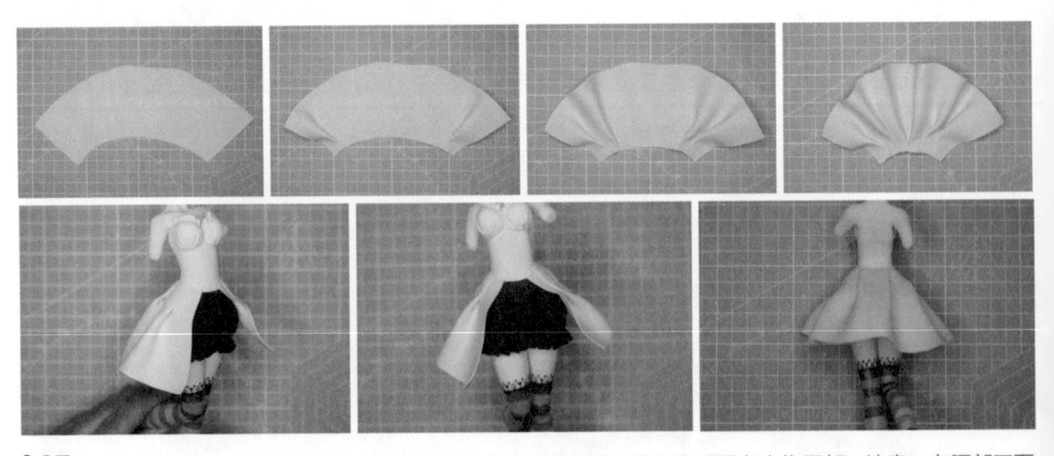

STEP 05 取1号蓝擀成薄片，然后切成扇形，从两边向中间叠褶子，叠好之后围在人物腰部。注意，在腰部正面留一个小缺口。第一层裙摆完成了。

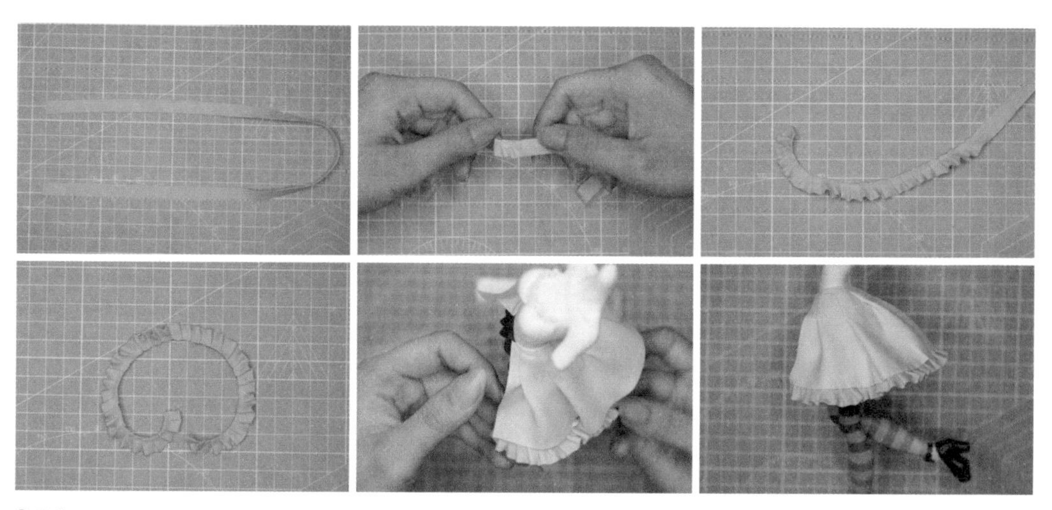

STEP 06 取2号蓝擀片之后切成长条，如果单根不够长可以把3根拼在一起，然后叠成花边，贴在第一层裙摆下。

STEP 07 取3号蓝擀成薄片，然后切成比1号蓝宽度略窄的长条，从两边向中间叠褶子，先叠上端，再对应叠下端，叠好后贴在第一层裙摆下，两边的边缘相比第一层裙摆边缘要向后一些。第二层裙摆完成了。

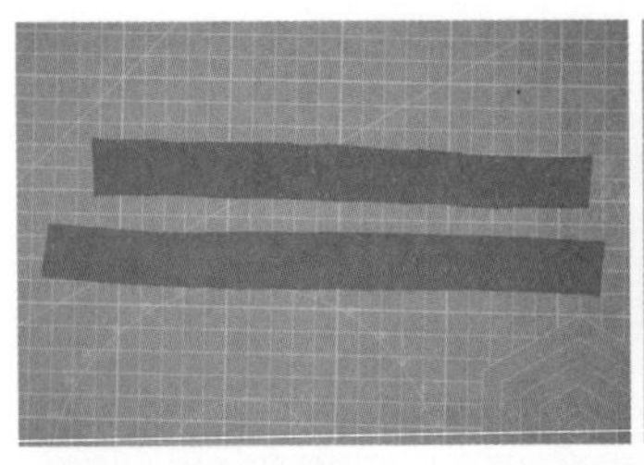

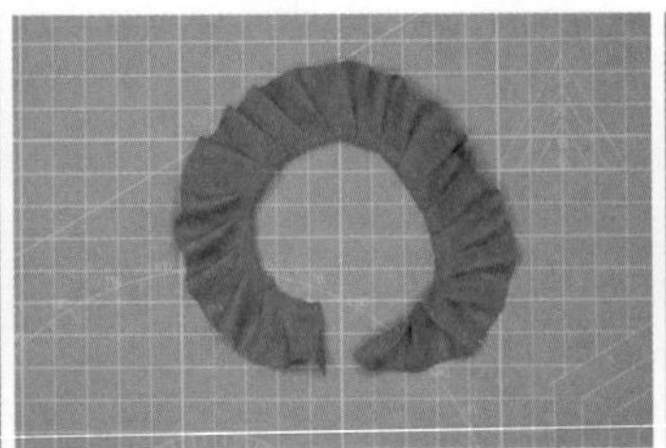

STEP 08 取4号蓝擀片之后切成两根长条，如果单根不够长可以把两根拼在一起，然后叠成花边，贴在第二层裙摆下。

STEP 09 取5号蓝擀片之后切成长3条，如果单根不够长可以把3根拼在一起，然后叠成花边，贴在第二层裙摆下作为第三层裙摆。

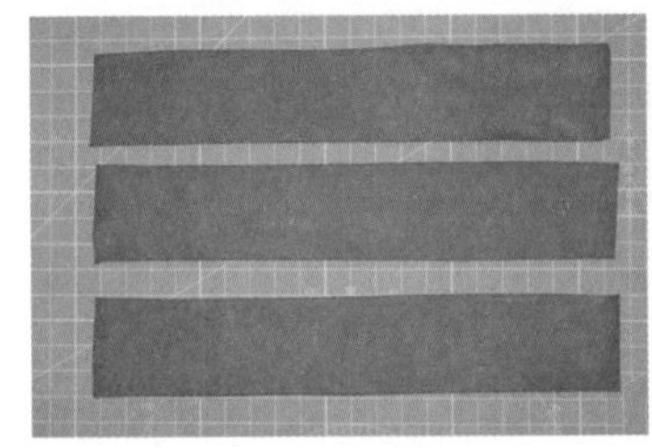

STEP 10 调整裙摆形状，让它整体向左飘一些，然后在裙摆下塞进PP棉定型。

小贴士

在擀很大的黏土薄片时，建议在黏土下面垫上透明文件夹，这样可以比较容易地把整片黏土揭起来。切割形状可以选用塑料刀或者长刀片，根据自己习惯选择即可。

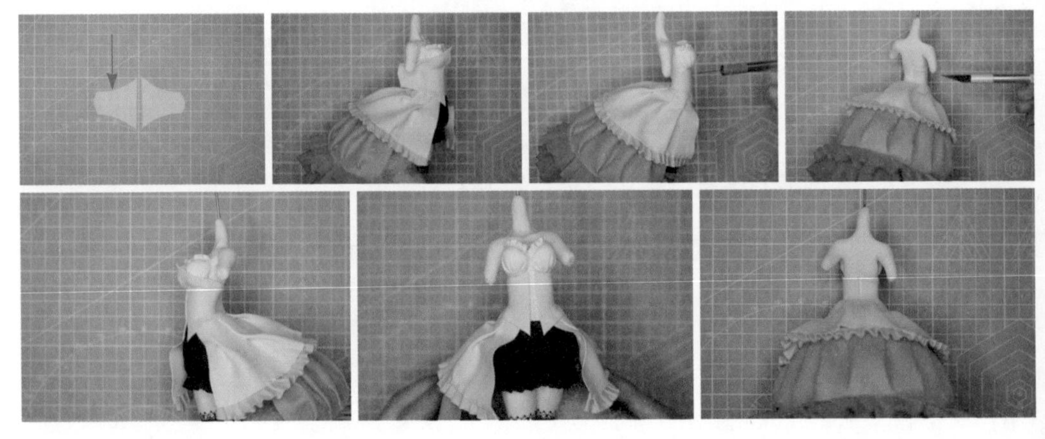

STEP 11 取1号蓝擀成图中箭头所指的薄片，然后从中间切成两片，分别包裹贴在身体两侧，注意，身后两片间留一条上下宽度相等的小缝。身前两片间留一条上窄下宽的小缝。然后用美工刀切掉多余的部分。

STEP 12 用花边剪剪两条黑色黏土细花边，花边向外，分别贴在腰封前方左右两边。

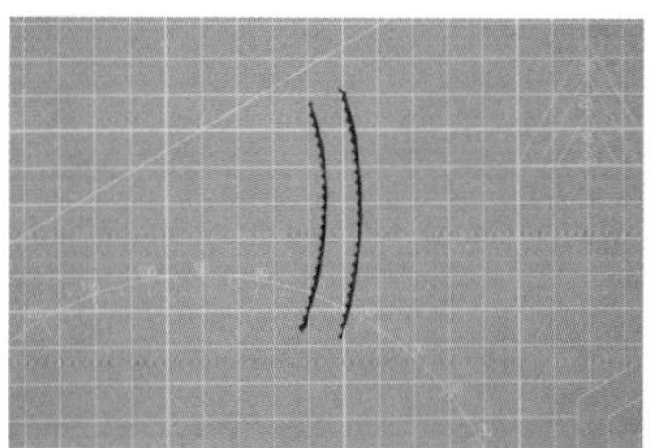

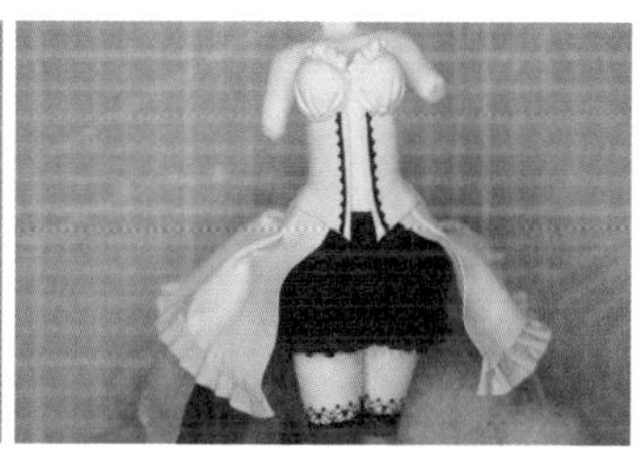

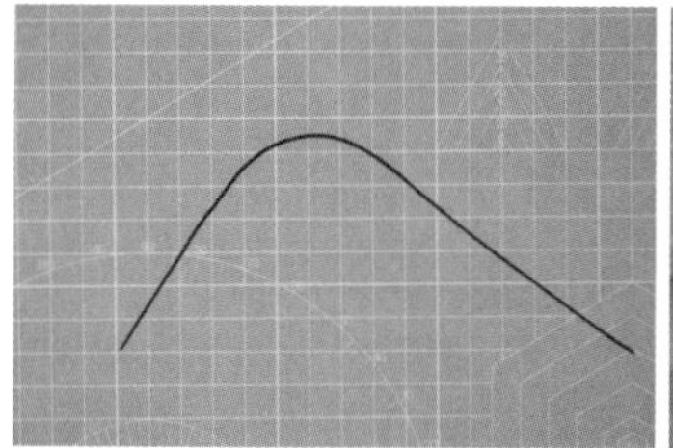

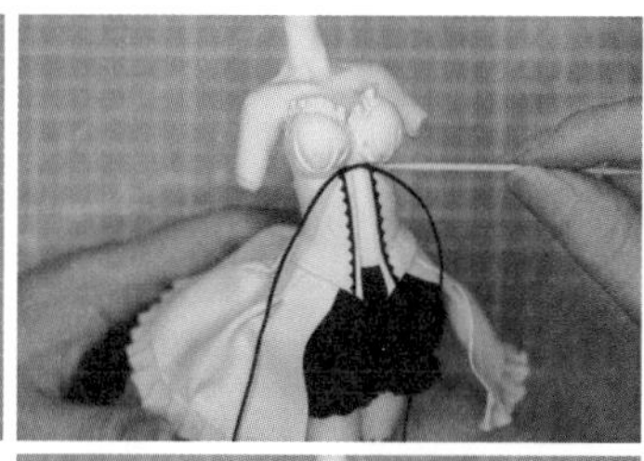

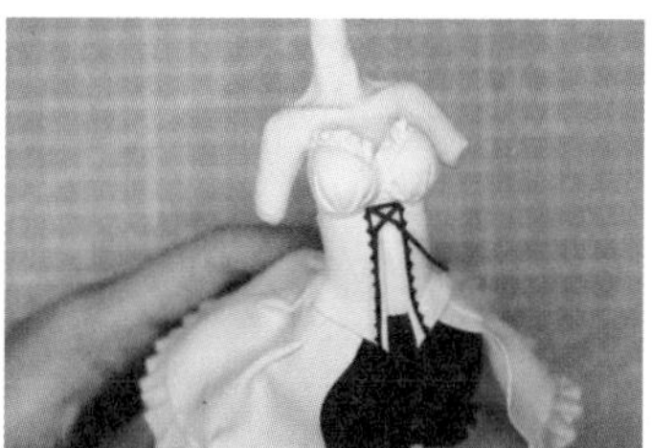

STEP 13 搓一根黑色黏土细条，从细条中间用牙签把它交错固定在腰封前方两侧的花边上，尾部多余的部分剪掉。

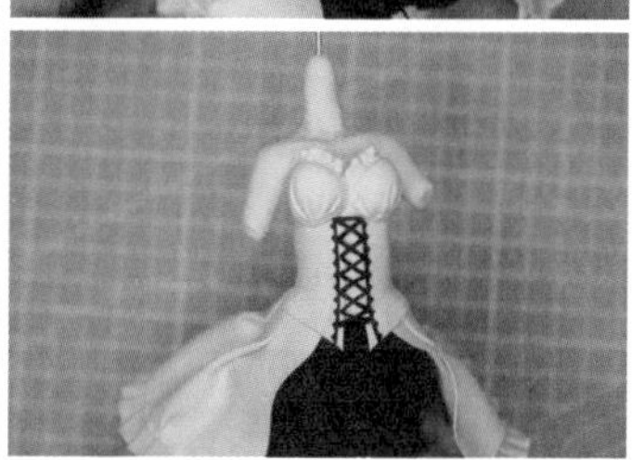

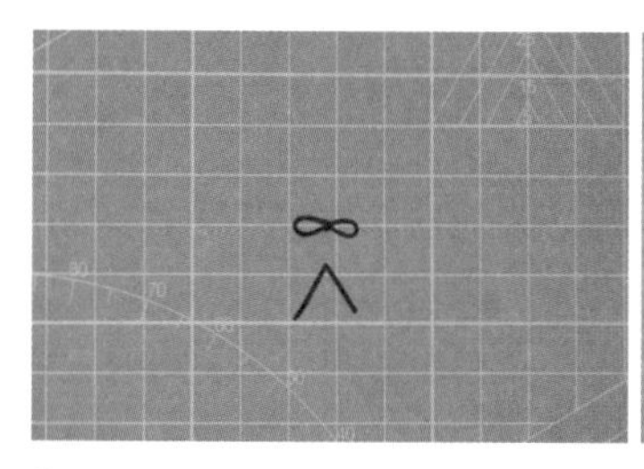

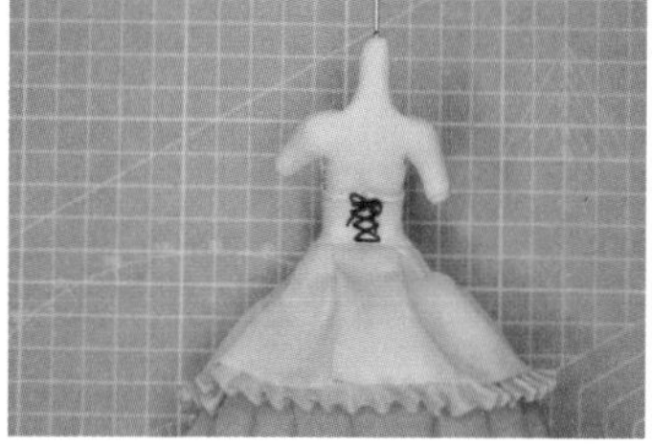

STEP 14 用黑色黏土细条做一个小小的蝴蝶结贴在腰封中间的南瓜裤上。用同样的方法在背后也做一排抽带，并将蝴蝶结贴在抽带最上方。

STEP 15 在腰封上方左右两侧贴上花边向下的黑色黏土细花边。

STEP 16 用硅胶巴洛克模具翻图中箭头所指的两块花纹，分别贴在腰封下方的两侧。用硅胶领带蝴蝶结模具翻一个小蝴蝶结贴在腰封上方正中间。

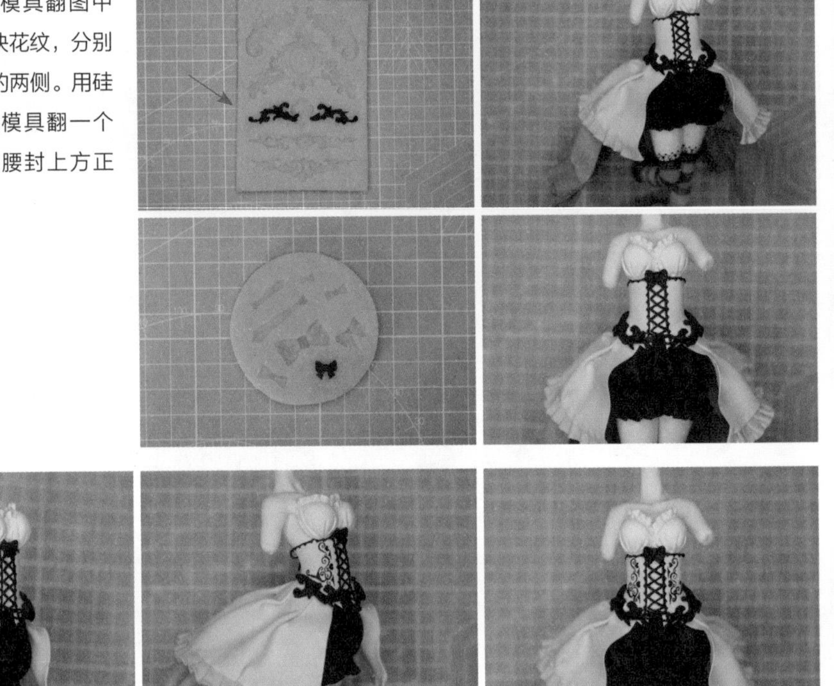

STEP 17 用面相笔蘸取黑色丙烯颜料后，画一些对称的花纹在腰封的两侧。

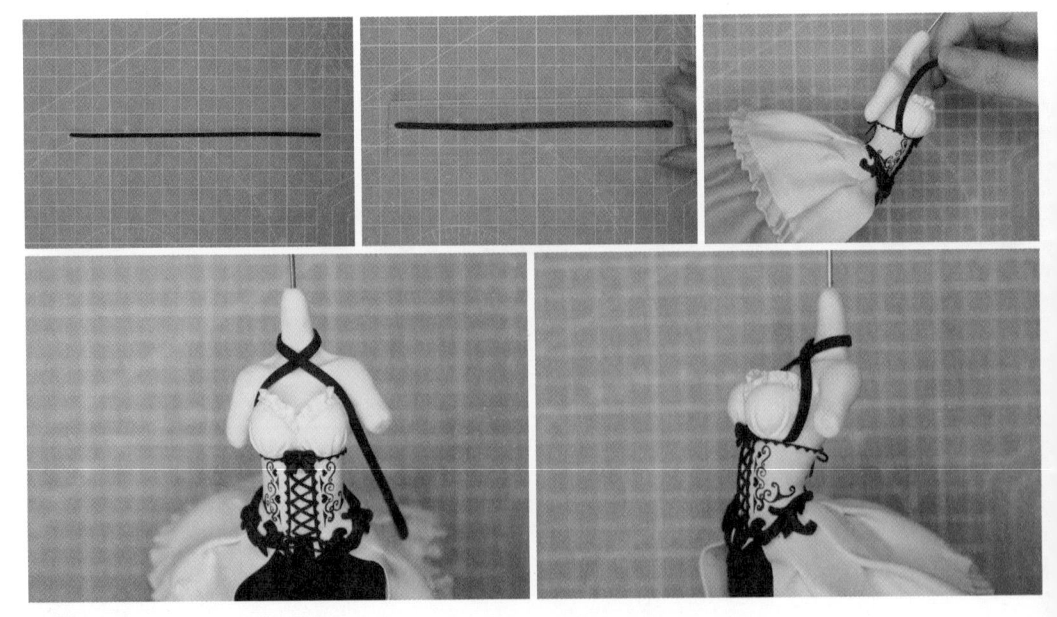

STEP 18 用黑色黏土搓一根细条，用压泥板压扁，如图所示交叉贴在脖子上。裙子就做好啦～

3.7
制作裙摆装饰物

STEP 01 取黑色黏土搓成细长的梭形，用压泥板压扁，然后从中间斜着剪开，用细节针压出一些纹理。这是蝴蝶结的下半部分。

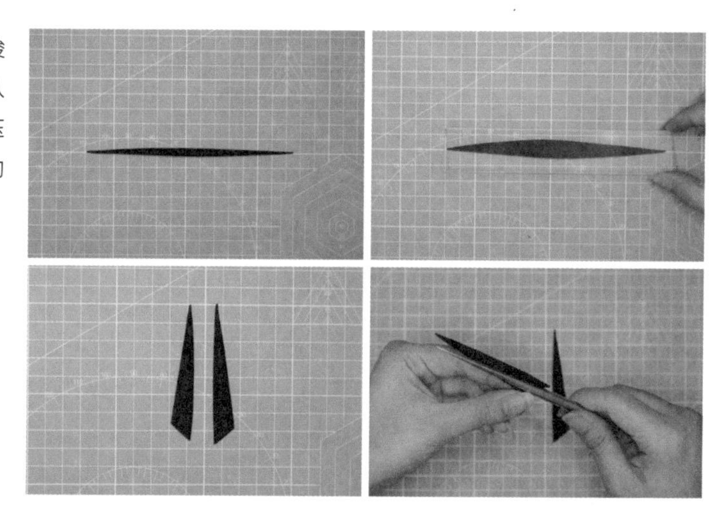

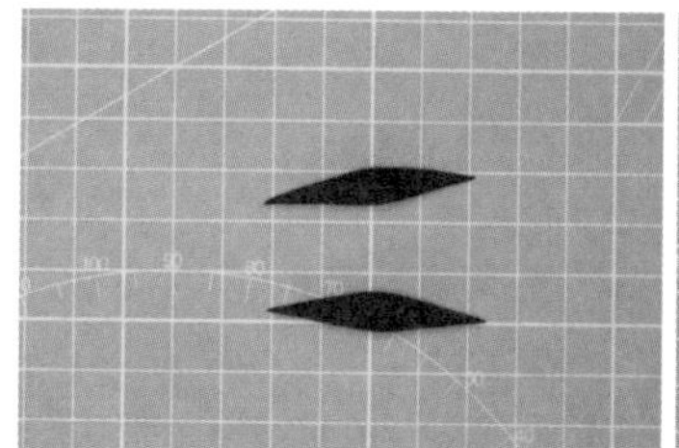

STEP 02 再做两个短一些的梭形，压扁之后把两头对折。这是蝴蝶结的上半部分。

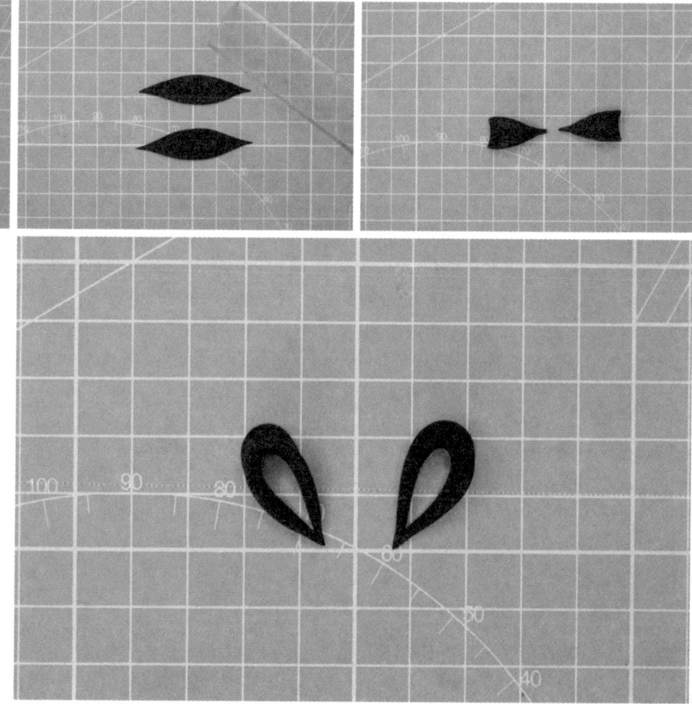

STEP 03 把蝴蝶结上半部分两个零件连接起来，用黑色黏土搓一根小条包住连接部分，并用细节针压一些褶皱，然后把蝴蝶结的下半部分分别贴在连接部分的两侧。蝴蝶结就制作完成了。

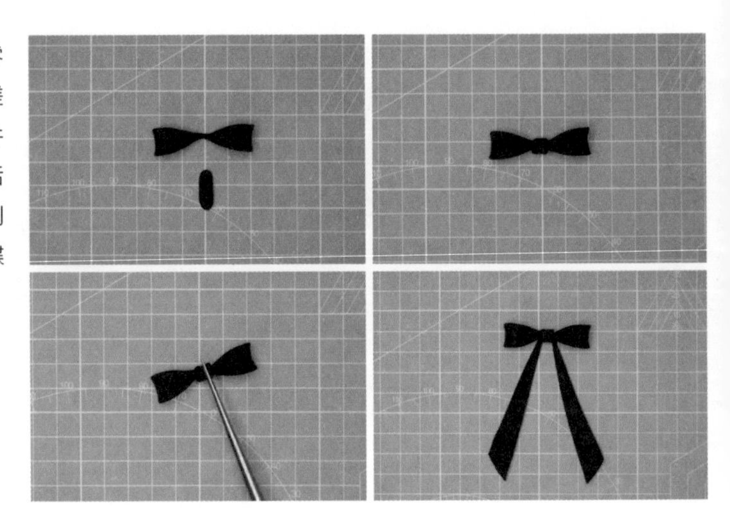

STEP 04 把蝴蝶结贴在爱丽丝的后腰腰封略偏下的位置，并把蝴蝶结下半部分分别弯出一些弧度。

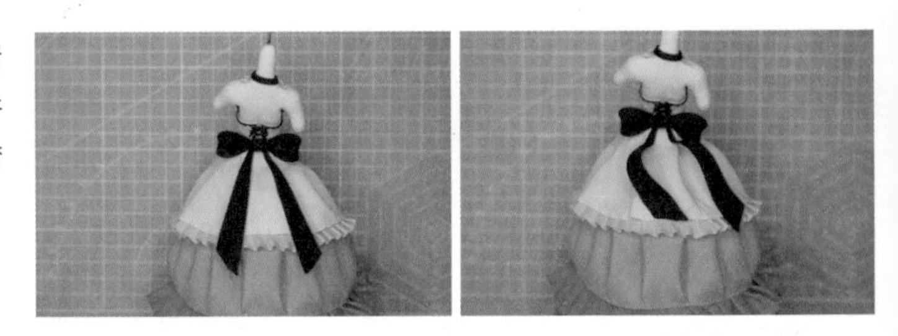

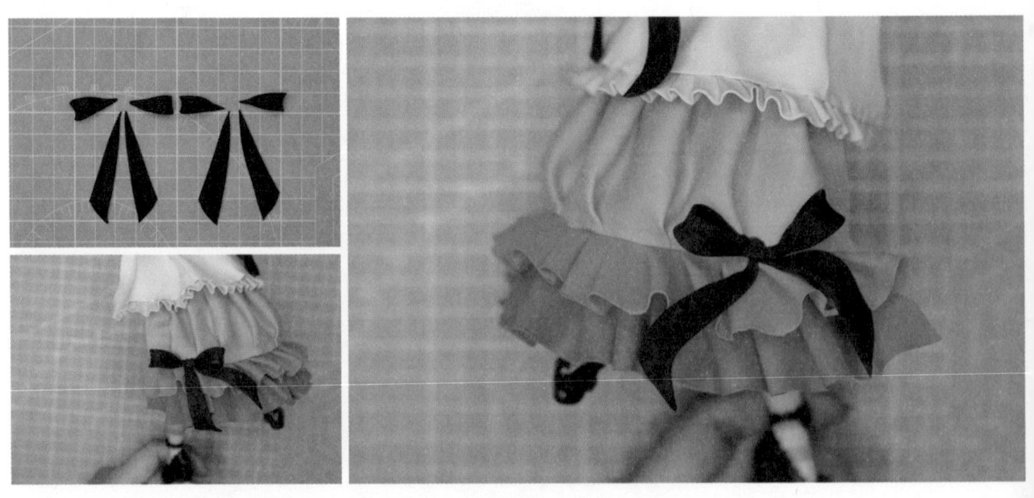

STEP 05 用同样的方法制作两个略小一些的黑色黏土蝴蝶结上下部分，不用做中间的连接部分，把它们分别贴在第二层裙摆的两侧，并把蝴蝶结下半部分分别弯出一些弧度。

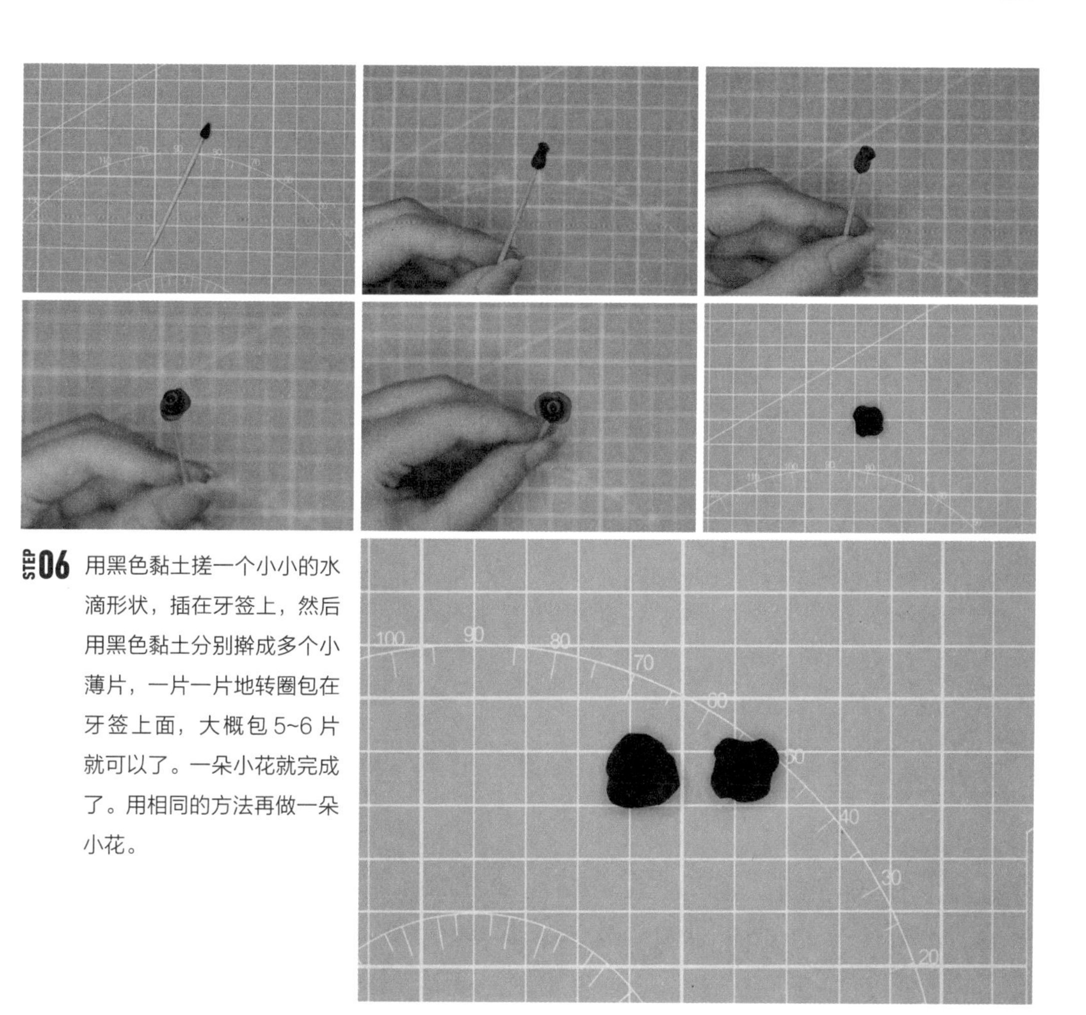

STEP 06 用黑色黏土搓一个小小的水滴形状，插在牙签上，然后用黑色黏土分别擀成多个小薄片，一片一片地转圈包在牙签上面，大概包 5~6 片就可以了。一朵小花就完成了。用相同的方法再做一朵小花。

STEP 07 把两朵小花分别贴在裙摆上的两个蝴蝶结的中间连接位置上。

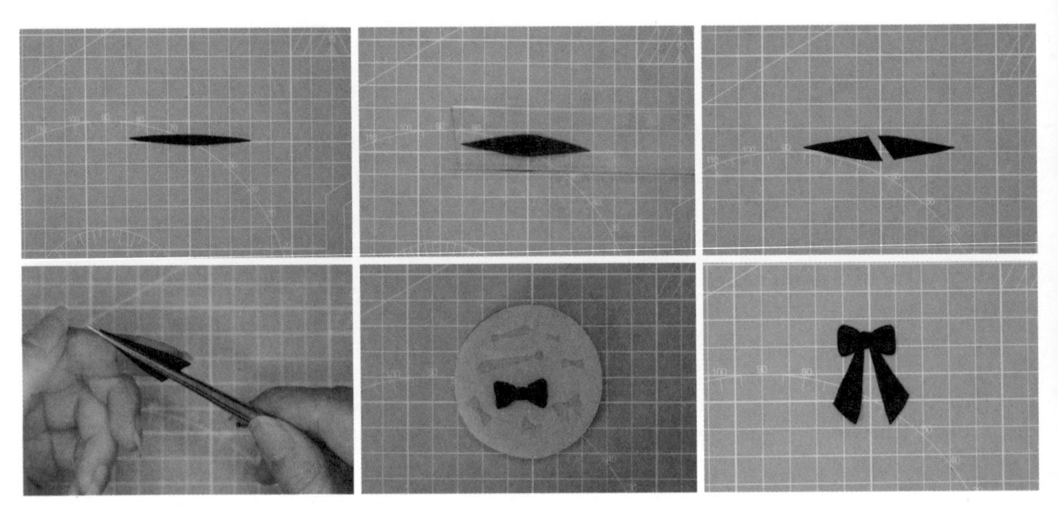

STEP 08 取黑色黏土搓成梭形，用压泥板压扁，然后从中间斜着剪开，用细节针压出一些纹理。这是蝴蝶结的下半部分。用硅胶领带蝴蝶结模具翻出一个蝴蝶结，把蝴蝶结的下半部分分别贴在蝴蝶结中间连接位置的两侧。一个扁蝴蝶结就做好了。

STEP 09 用同样的方法再做 3 个扁蝴蝶结，并均匀地贴在第二层裙摆的内侧。

STEP 10 再用硅胶领带蝴蝶结模具翻 4 个小蝴蝶结，分别贴在第一层裙摆的两侧。

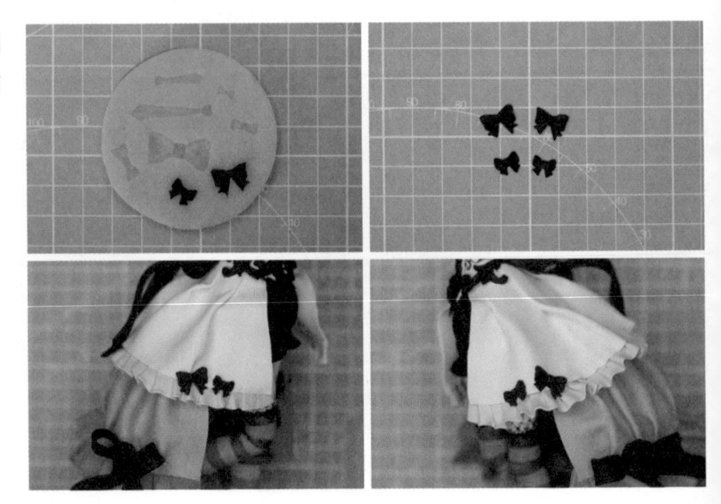

3.8 制作手和手臂

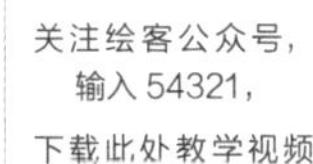

STEP 01 取肤色黏土搓成一头粗一头细的形状，细的一头用压泥板稍稍压扁。

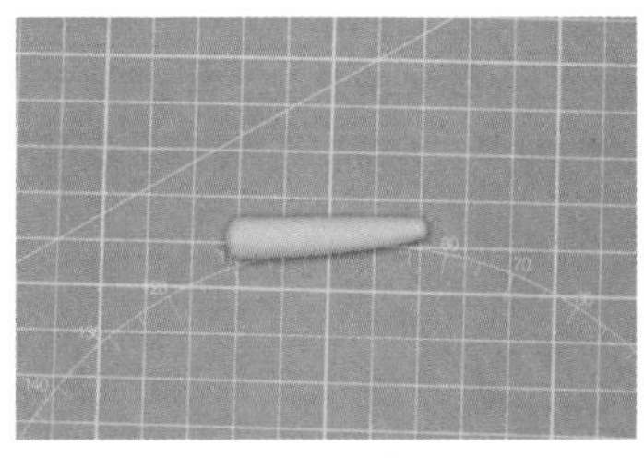

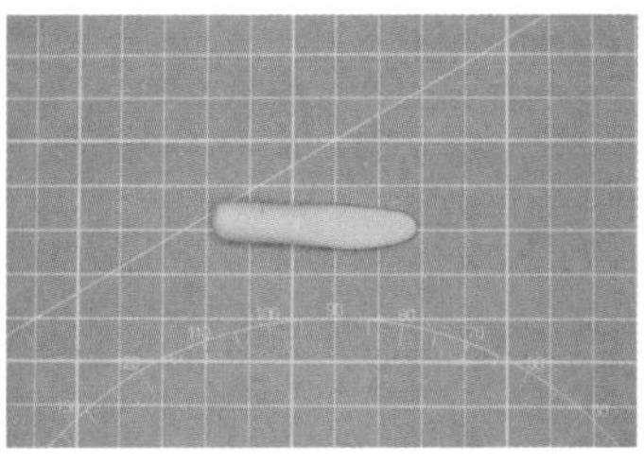

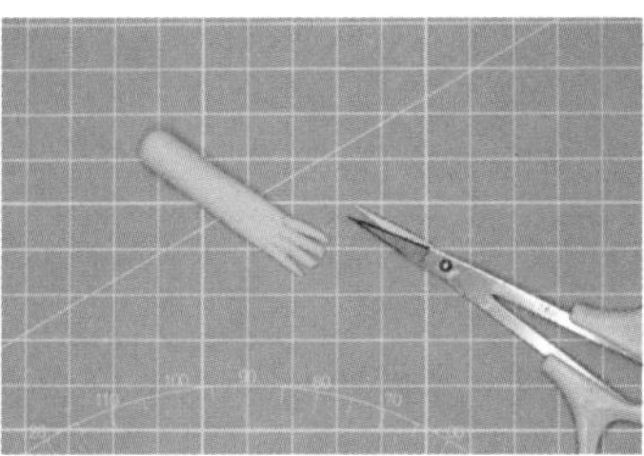

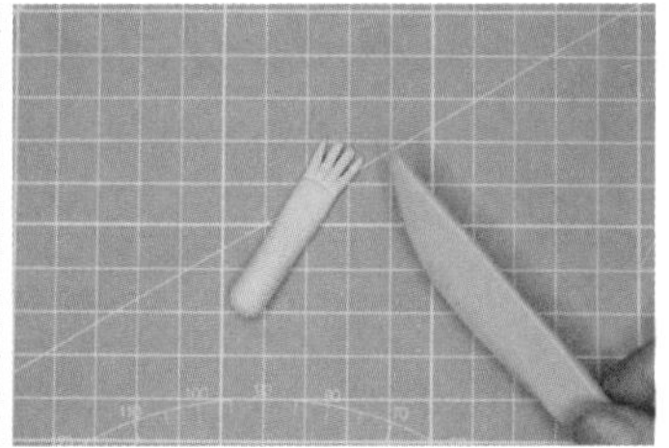

STEP 02 用塑料刀压出手指缝，然后用剪刀沿着手指缝剪开，做出 4 根手指的基本形状。用塑料刀在手指和手掌的分界处压一条印子。

STEP 03 用肤色黏土搓一个保龄球瓶形状，贴在手上作为大拇指，然后把手腕处搓细，调整一下手指和手掌的形状，注意手指的形态。

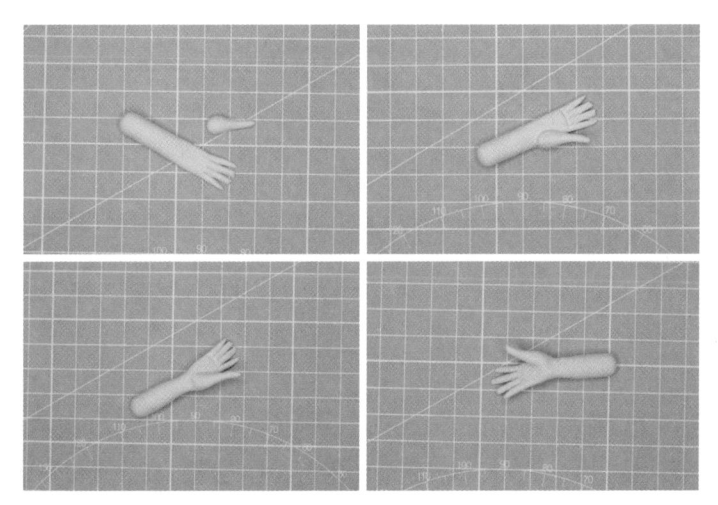

STEP 04 将手指调整成需要的动作，用细节针加强一下手背的“骨感”，待晾干后用酒精棉片打磨一下接缝和指尖，使其更为光滑。

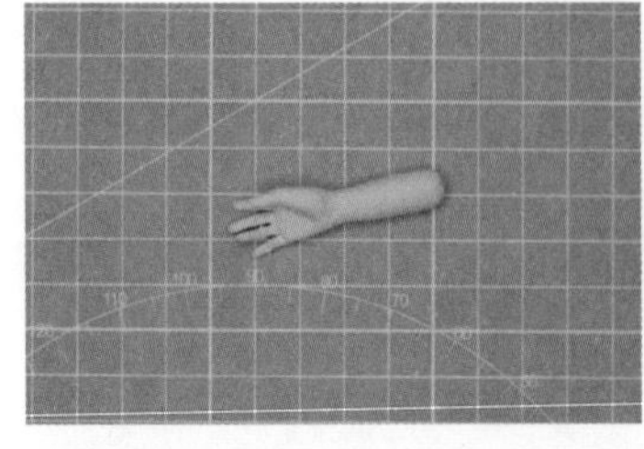

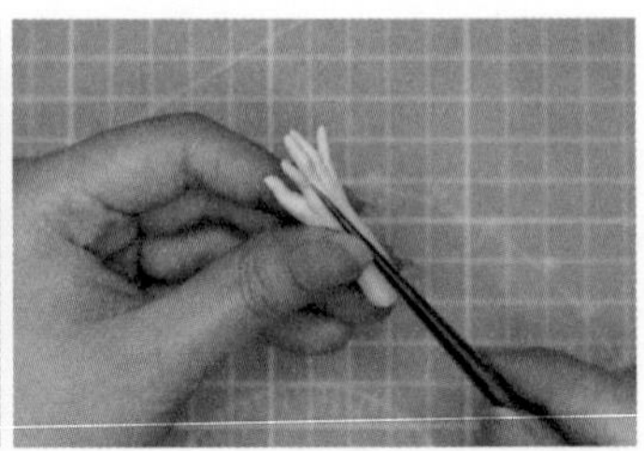

STEP 05 用同样的方法制作另一只手。

小贴士

制作手的时候要注意5根手指的长短关系以及大拇指的手掌的连接位置。可以一边做一边参考自己的手。

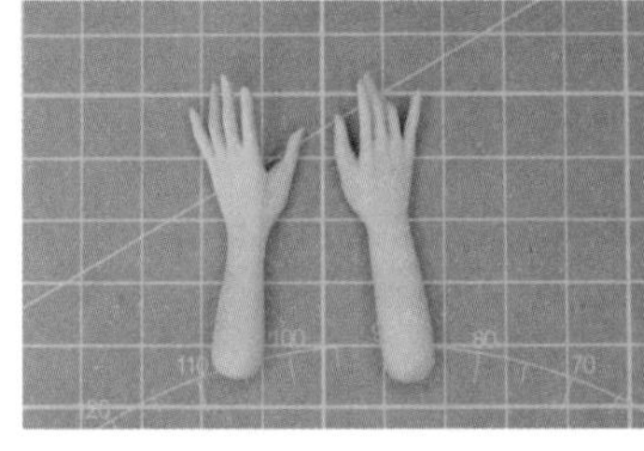

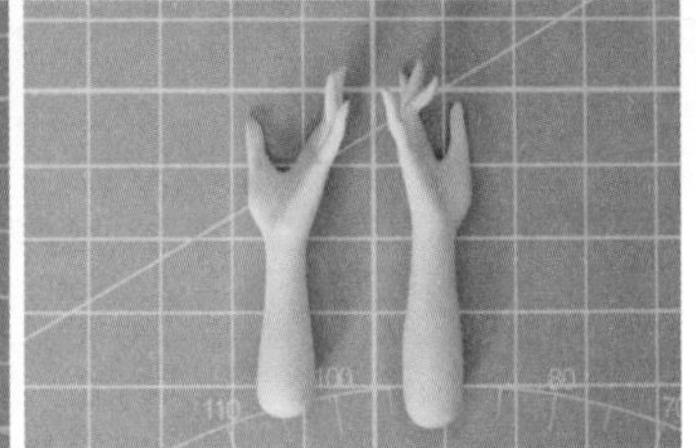

STEP 06 用粉色颜料给爱丽丝的手指甲涂上粉嫩的“指甲油”。

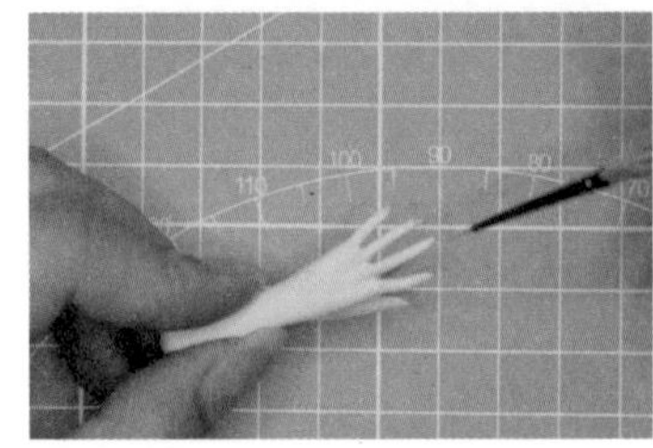

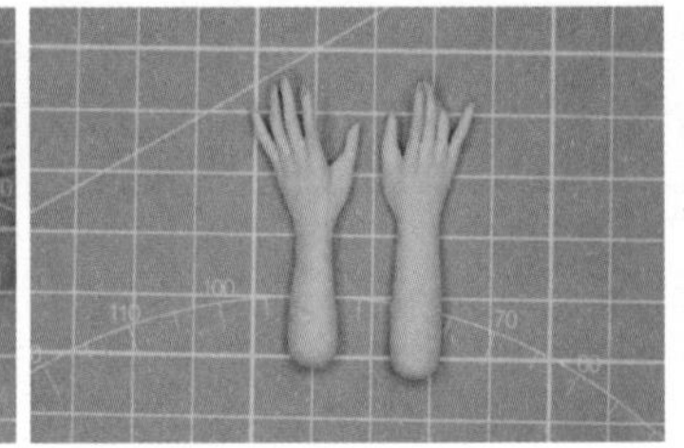

STEP 07 用粉色色粉扫一下指关节和指尖等位置，可以让皮肤看起来更白皙。

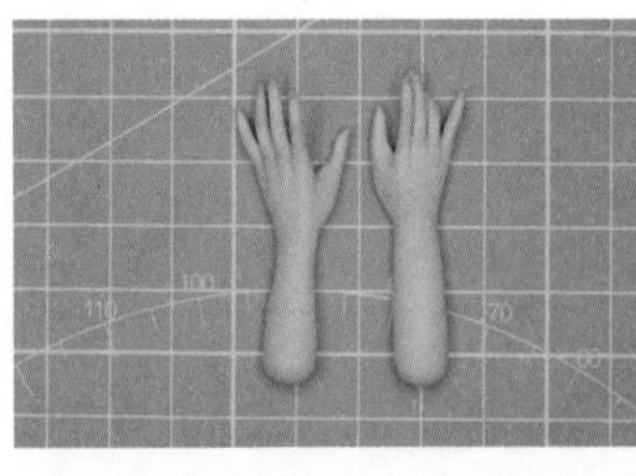

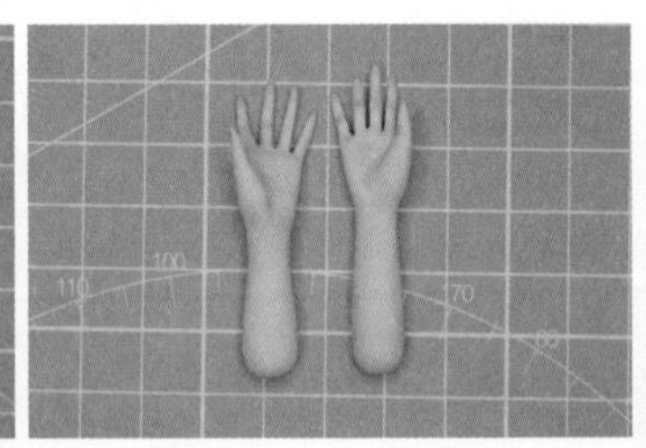

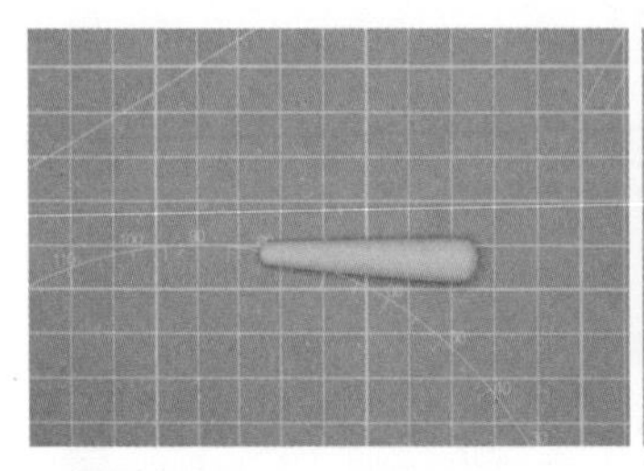

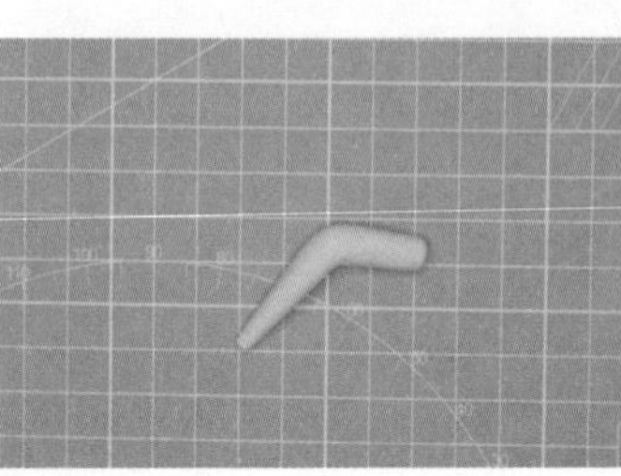

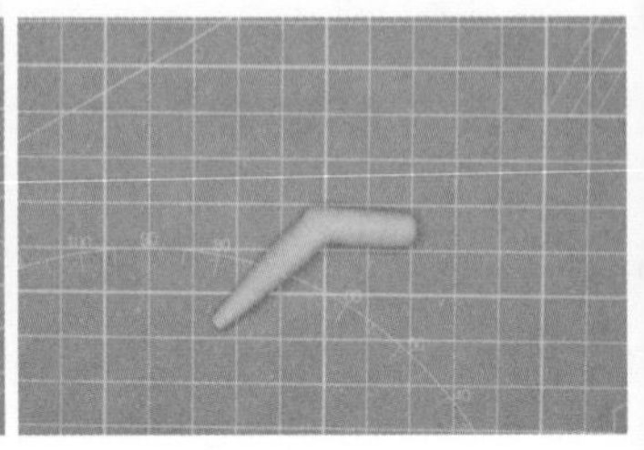

STEP 08 用肤色黏土搓成一头细一头粗的柱形，然后折弯，再捏出手肘。完成一条手臂初步造型。

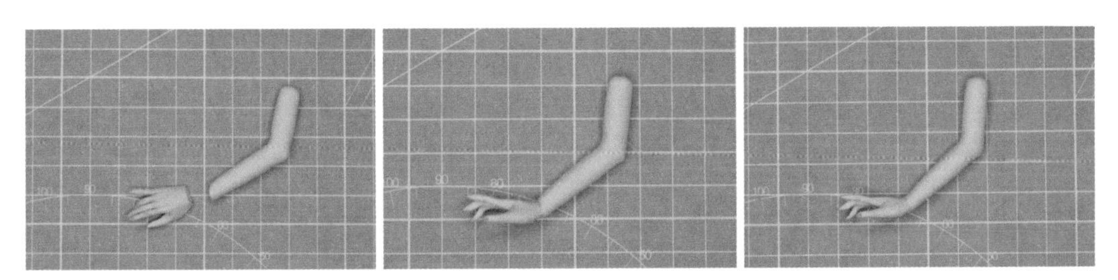

STEP 09 把手和手臂都从合适的位置切平，粘在一起，然后调整手腕让它和手平滑的衔接。

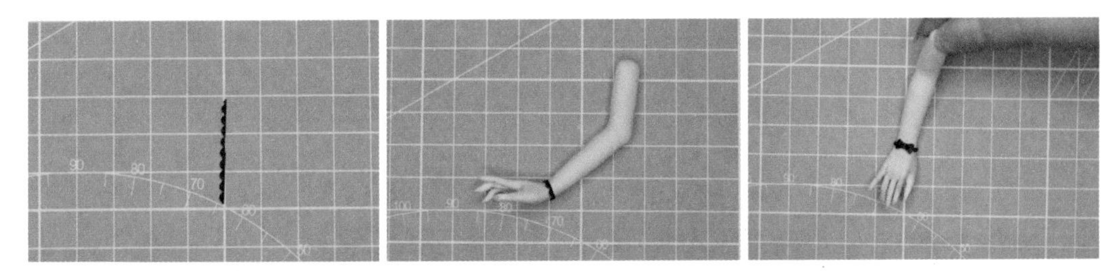

STEP 10 用花边剪剪一小条黑色黏土花边围在手腕接口处，然后在手腕上贴一个小蝴蝶结。

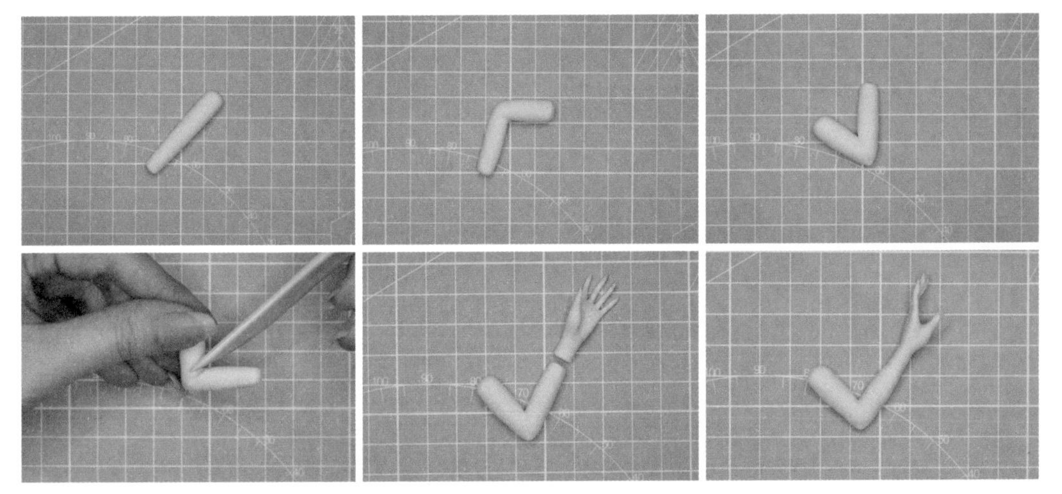

STEP 11 用类似的方法制作另一条手臂，只是折弯的幅度需要大一些，折弯处可以用塑料刀调整一下形状。

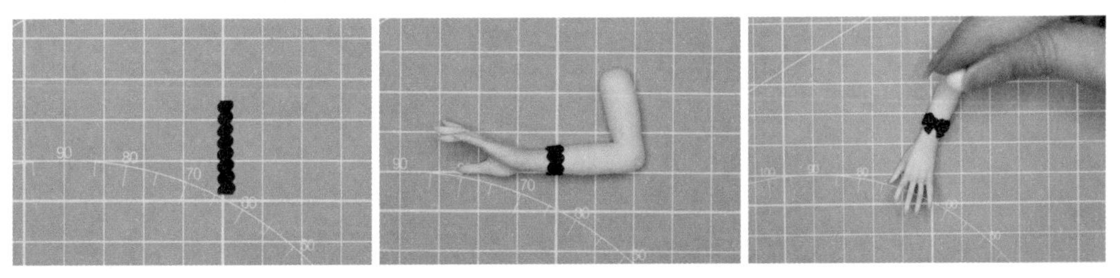

STEP 12 用类似的方法做好另一只手腕的装饰。

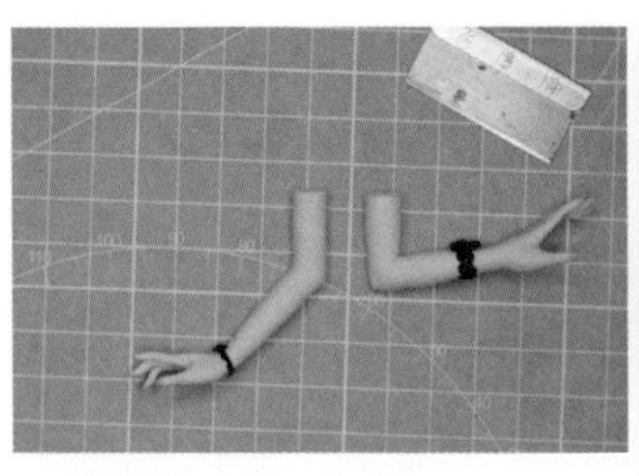

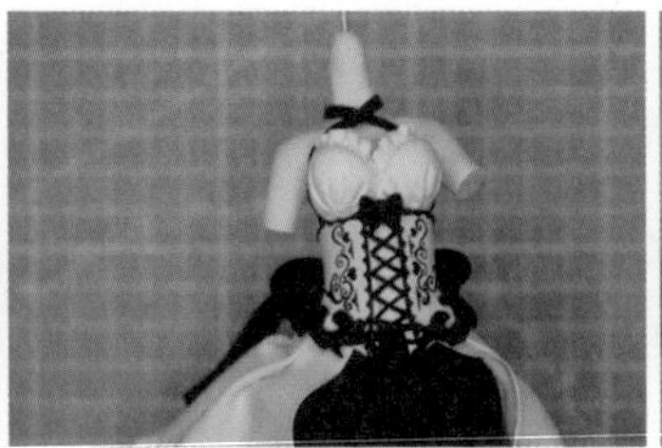

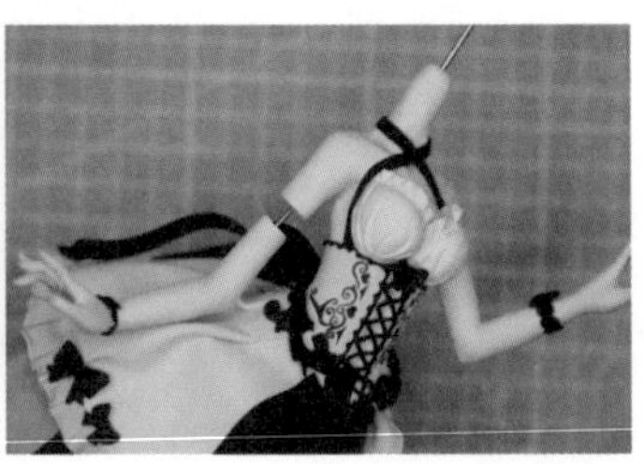

STEP 13 把两条手臂上方切齐，插一小截铜棒把手臂和身体连接起来。

STEP 14 搓一根白色黏土长条，稍稍压扁一点儿，围在手臂与身体的接口处，用工具压出一些褶皱。一个袖口就完成了。用相同的方法做另一边的袖口。

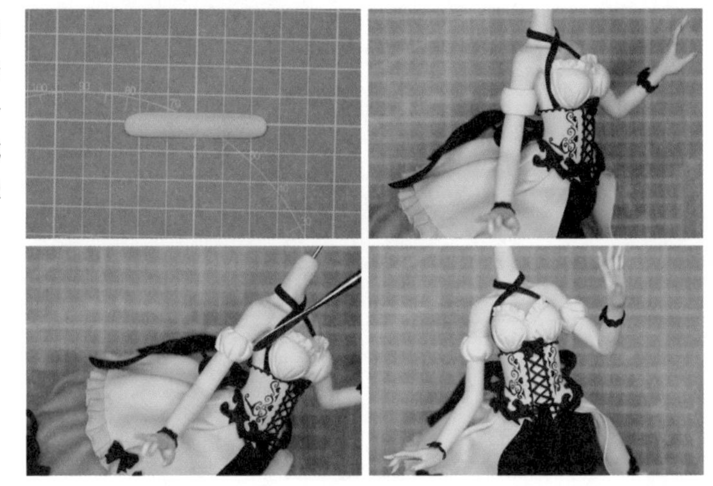

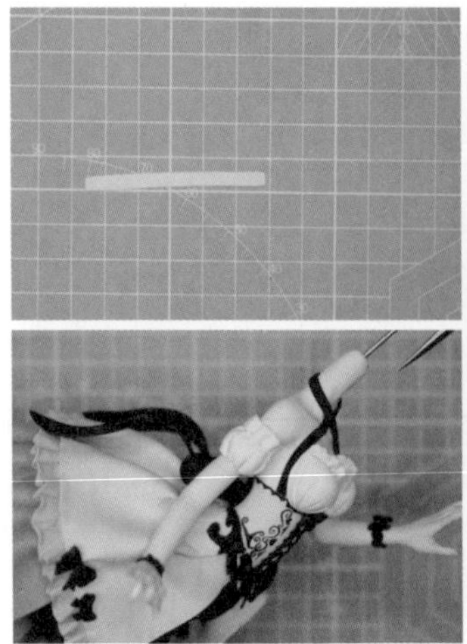

STEP 15 搓一根白色黏土长条，然后压扁，贴在袖口上方并捏成花边。用相同的方法做另一边袖口花边。

STEP 16 用花边剪剪一条黑色黏土花边，以花边向下的方式围在袖口下方，然后用硅胶领带蝴蝶结模具翻两个黑色黏土小蝴蝶结，并分别贴在袖口两侧的花边与袖口连接处。

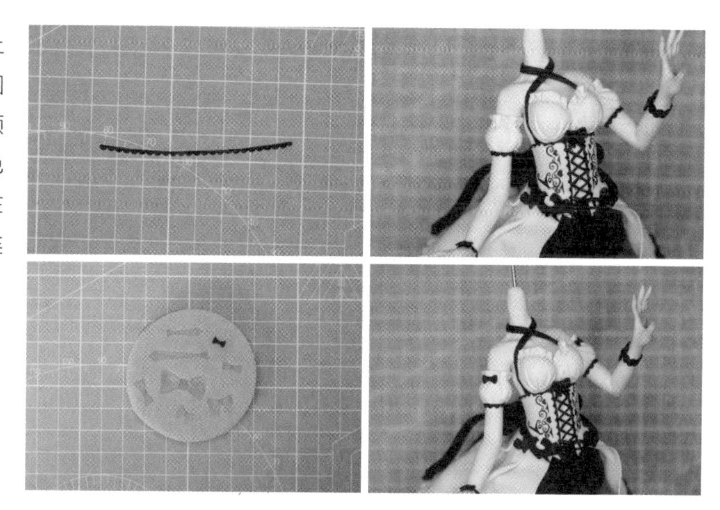

STEP 17 用化妆刷给人物的皮肤扫一些粉色色粉，注意不要扫太多。

STEP 18 把头部装在脖子上，如果不稳可以在脖子里插一根铜棒，注意头的角度稍微倾斜一点儿，头向下低一点儿。人物主体制作完成！

3.9 制作蘑菇

STEP 01 取黏土搓成球，用丸棒向内压出凹坑。蘑菇盖就完成了。

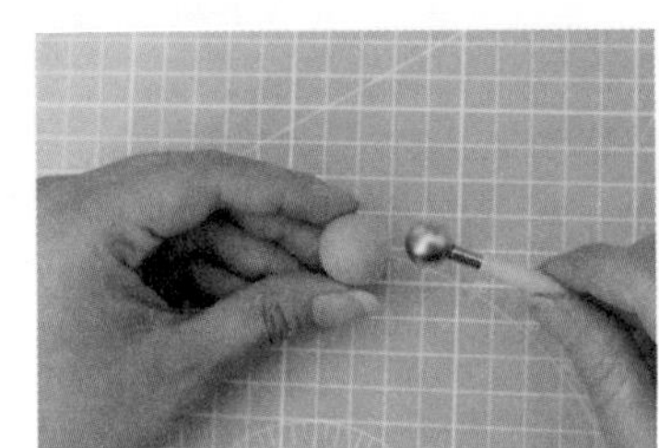
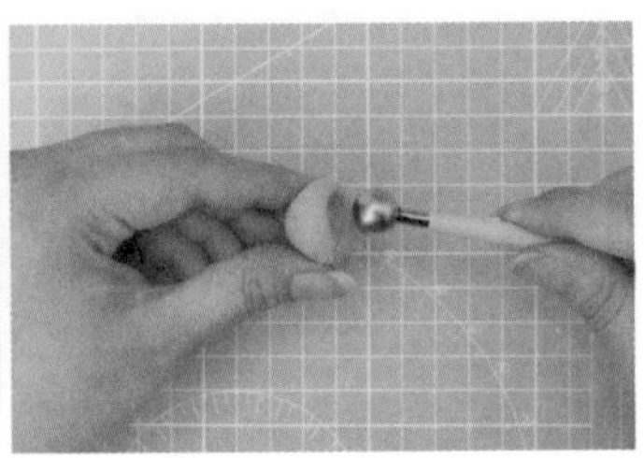

STEP 02 用压泥板搓一根一头粗一头细的蘑菇杆，将细的一端粘在蘑菇盖下方的凹坑里。一朵小蘑菇就做好了。

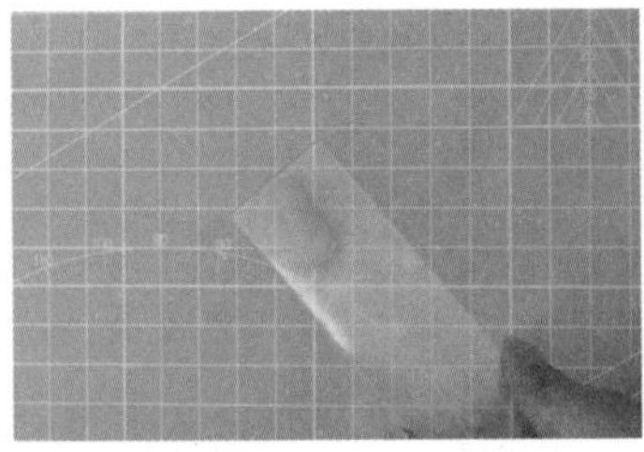
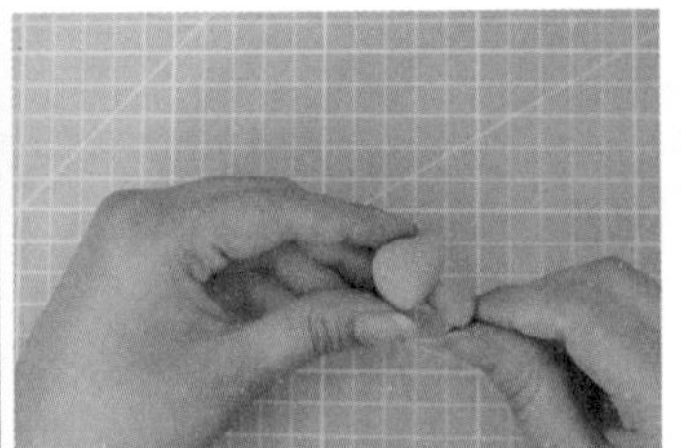

STEP 03 取黏土搓成球压在桌上，底部压平，做成半球形。

STEP 04 用细节针先在底部压一圈凹槽，然后用塑料刀在凹槽内划出自中心点呈放射状的印子。蘑菇盖的初步造型完成了。

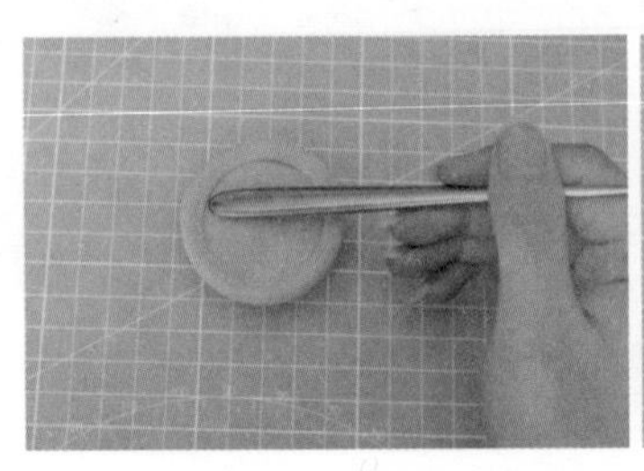
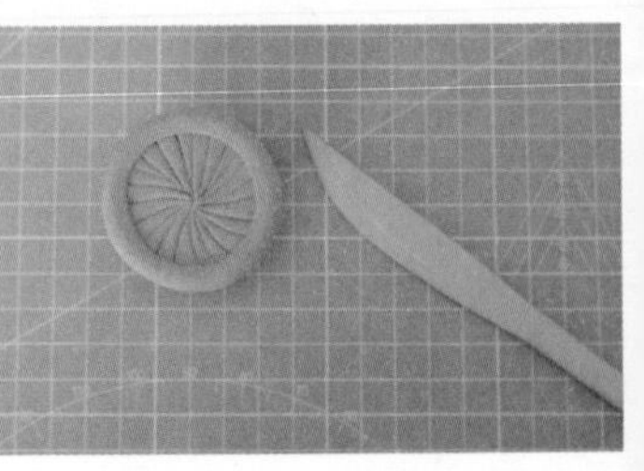

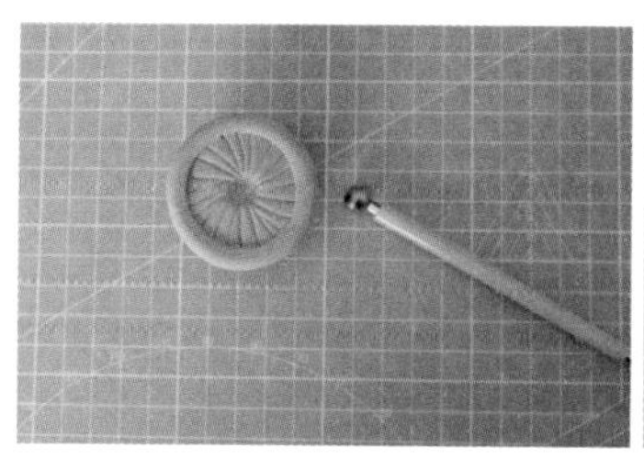

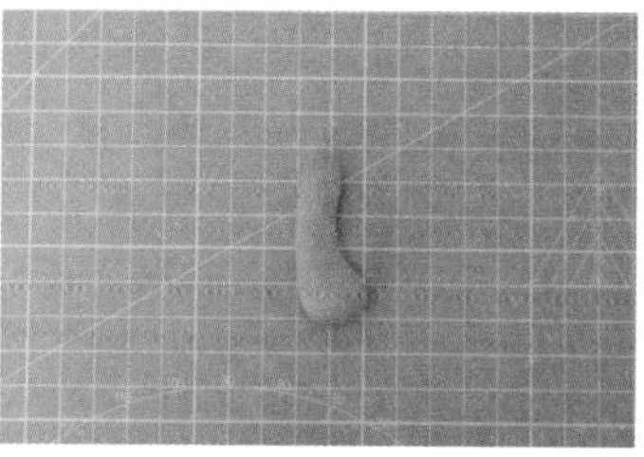

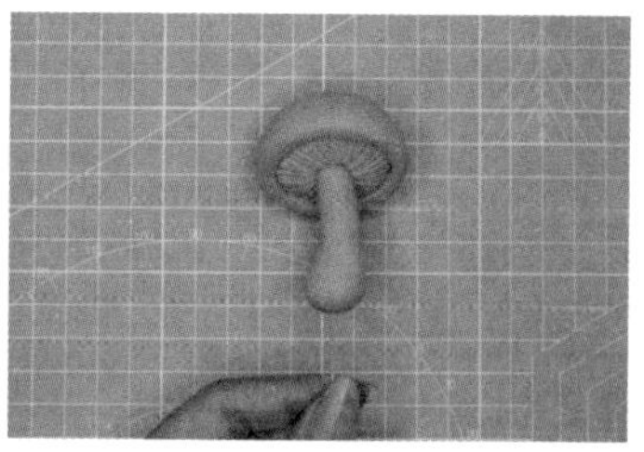

STEP 05 用丸棒在蘑菇盖中间向内压一个坑，然后搓一根底部粗一些的蘑菇杆，用铁丝把菌柄和菌盖穿在一起。一朵大蘑菇就做好了。

STEP 06 用类似的方法做一堆大大小小的蘑菇和一些蘑菇盖，在蘑菇柄中插入铁丝作为骨架。

小贴士

可以用白色、咖啡色、黄色这 3 种颜色的黏土自由组合，调出 2~3 种颜色比较接近的黏土来做蘑菇。可以等黏土稍微晾干一些再给蘑菇穿铁丝，不然容易把蘑菇弄变形。

STEP 07 给蘑菇上色参考一：在蘑菇盖上从中间向四周刷色，刷完一圈，注意边缘留一些位置不要刷。然后在第一层颜料彻底干了之后再涂第二层的白点。

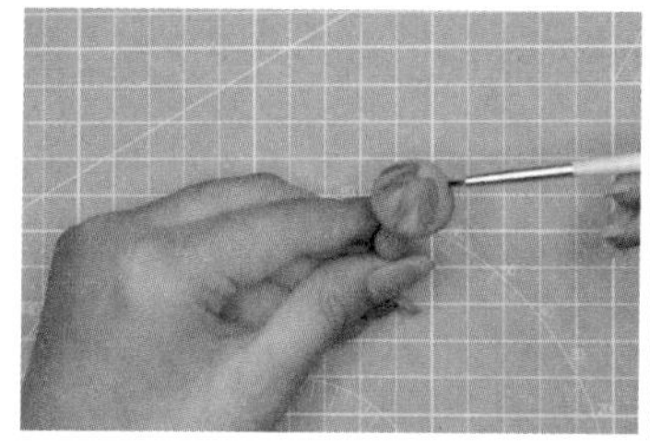

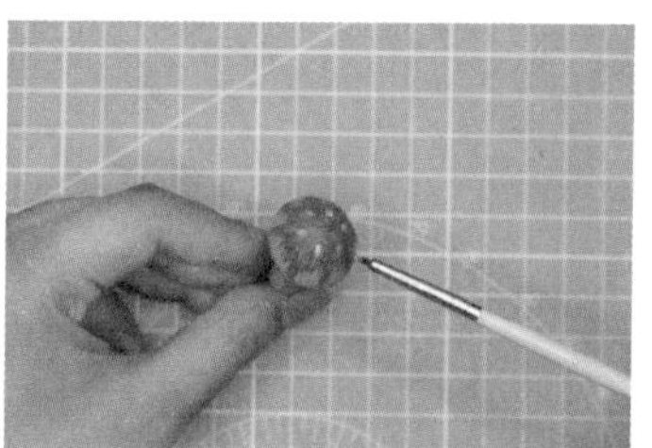

STEP 08 给蘑菇上色参考二：在蘑菇盖上从中间向四周刷色，然后用熟褐色丙烯颜料在蘑菇杆的两端刷一点儿颜色。

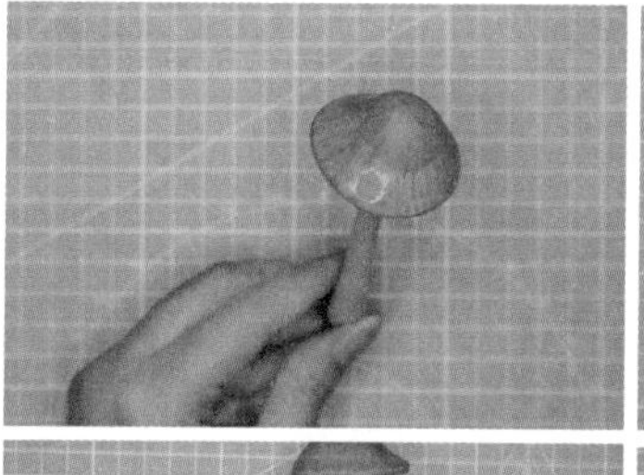

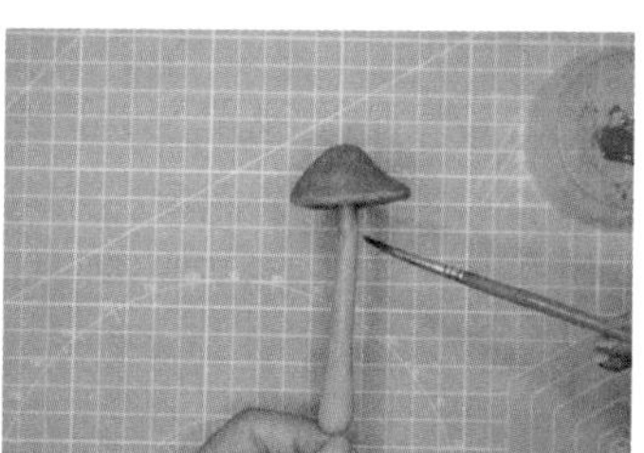

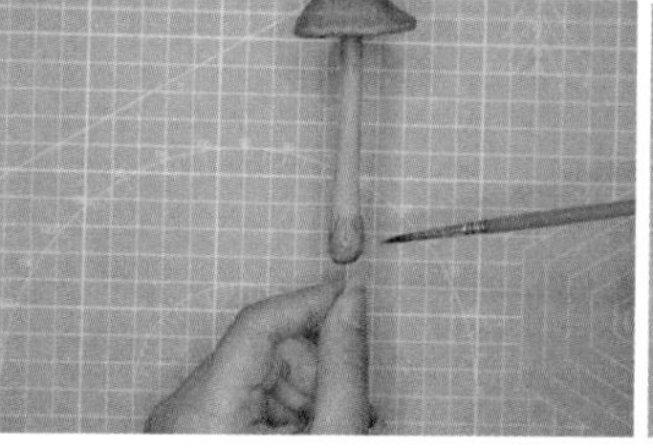

小贴士

可以用红色、熟褐色、土黄色这 3 种颜色的颜料自由组合，调出 2~3 种颜色给蘑菇盖上色，图案可以自由发挥。给蘑菇盖上色建议用比较干的颜料，不要涂得太均匀，可以留下一些笔痕，这样看起来会比较逼真。

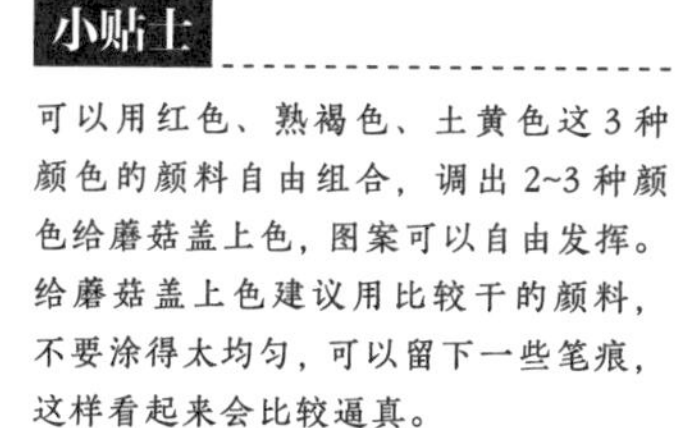

3.10 制作草藤

STEP 01 用墨绿色（绿色 + 白色 + 黑色）黏土搓一根一头尖一头粗的长条，用塑料刀以约 45° 斜着从粗端到尖端转圈压出纹路，压完之后把它从尖端开始卷起来，只卷一部分。一根草藤就做好了。

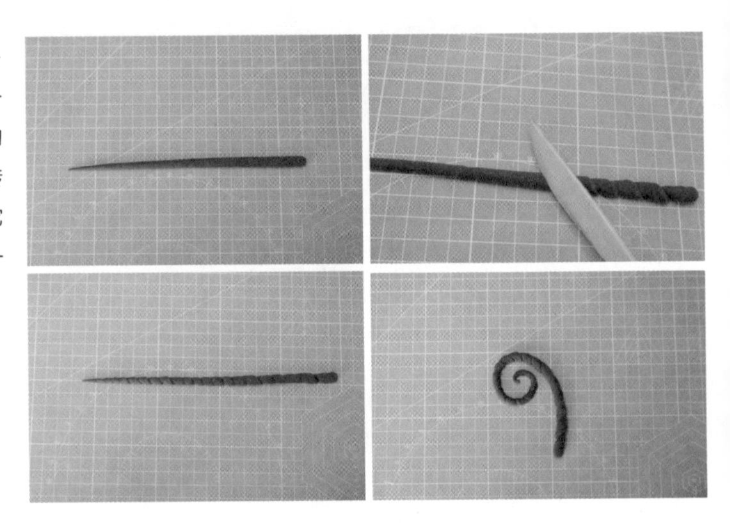

STEP 02 用类似的方法做 4 组颜色渐变的草藤，等晾到半干的时候给尾端都插上铁丝作为骨架。

STEP 03 给其中的两组用黑色色粉和咖啡色色粉上色。

STEP 04 给草藤刷上亮油然后静置晾干。

草藤的颜色可以用绿色、白色和黑色黏土自由组合来调色，以增加草藤的层次感。

3.11 制作地台

STEP 01 准备一块干透的墨绿色（绿色+白色+黑色）黏土，用美工刀切出3块4cm×4cm×1.8cm的长方体作为底座。

STEP 02 在切好的长方体下面垫一张纸，在长方体上面挤一些白乳胶，用棉签涂匀。

STEP 03 把枯草粉、黄绿色草粉和深绿色草粉混合在一起，这样颜色看起来会更自然。

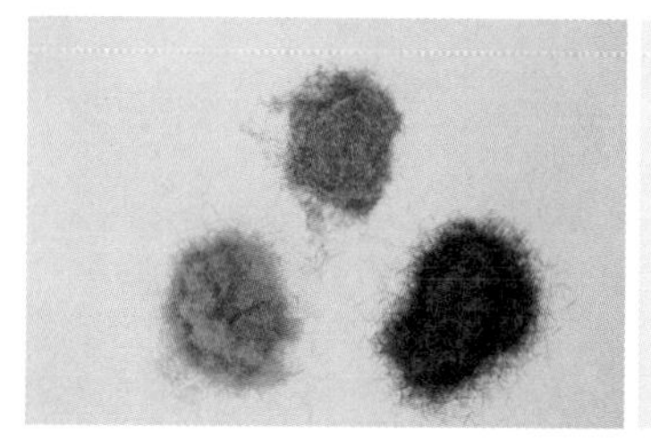

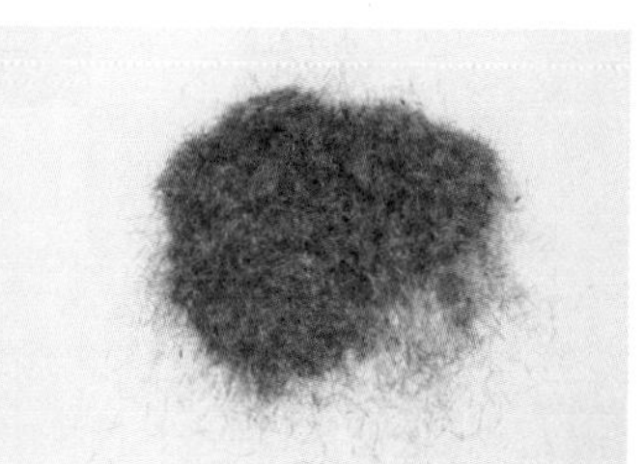

STEP 04 在黏土块上撒一些混合好的草粉，等白乳胶晾到半干的时候，把底座拿起来在纸上轻轻敲一敲，把浮在上面没有粘紧的草粉敲下来，然后用于把剩下的草粉按紧一点儿。

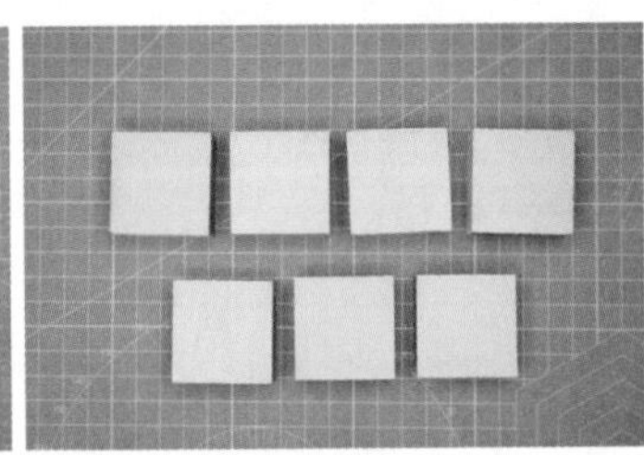

STEP 05 准备 12 块正方体底座砖，用丙烯颜料把其中 7 块涂成白色，剩余 5 块涂成黑色。

STEP 06 用酒精胶把底座砖以黑白相间的方式粘在一起，注意第一排最右侧和第三排两侧预留出来。

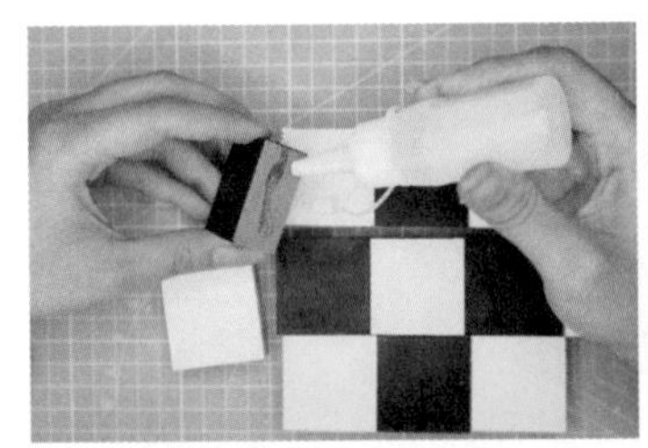

STEP 07 把 3 块草地粘在第 6 步预留的位置，然后在缝隙中补一些混合好的草粉。地台制作完成。

3.12 制作楼梯

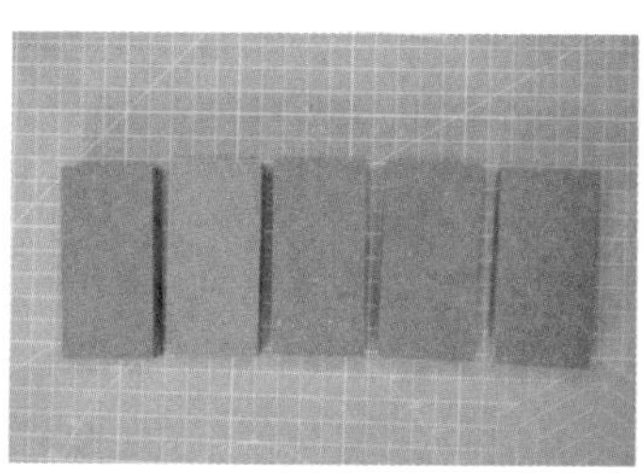
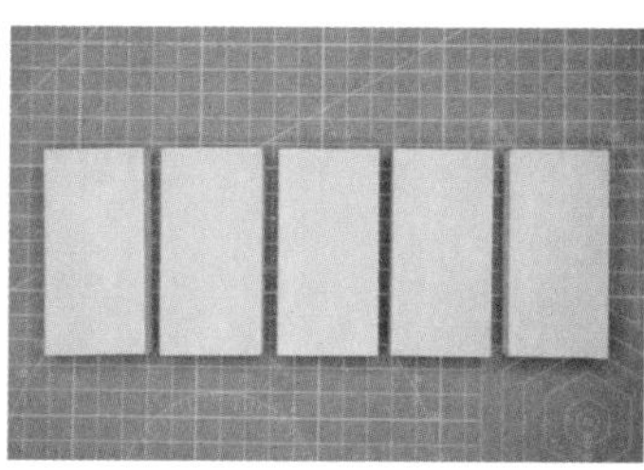

STEP 01 准备 5 块长方体底座砖，用白色丙烯颜料涂成白色，然后用手钻在一角打孔。

STEP 02 用酒精胶把底座砖一层一层粘成扇形，可以在下方先垫几块底座砖用来辅助固定。

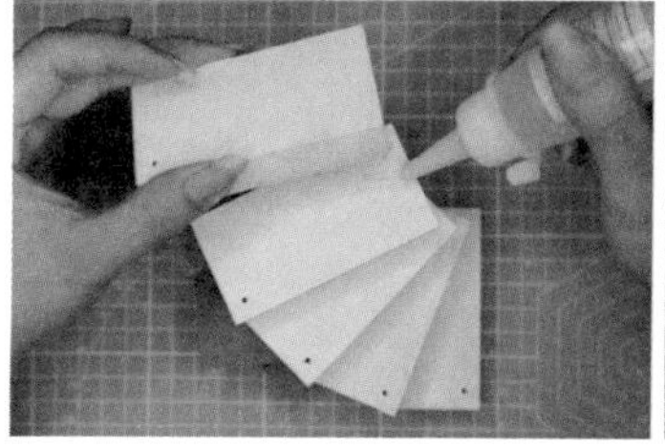

STEP 03 用硅胶巴洛克模具翻一些白色黏土花纹。

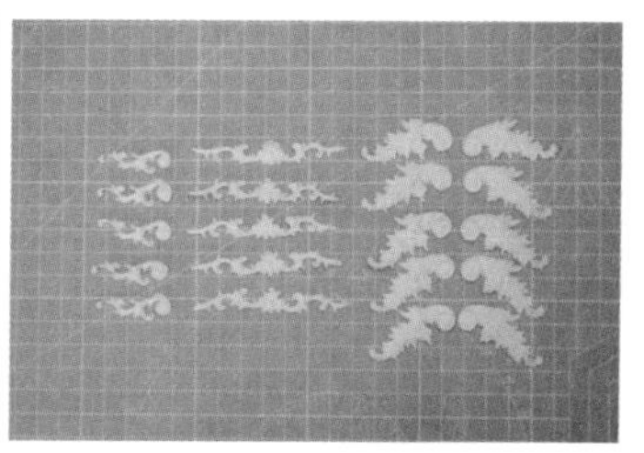

STEP 04 如右图所示贴上花纹。楼梯初步造型就完成了。

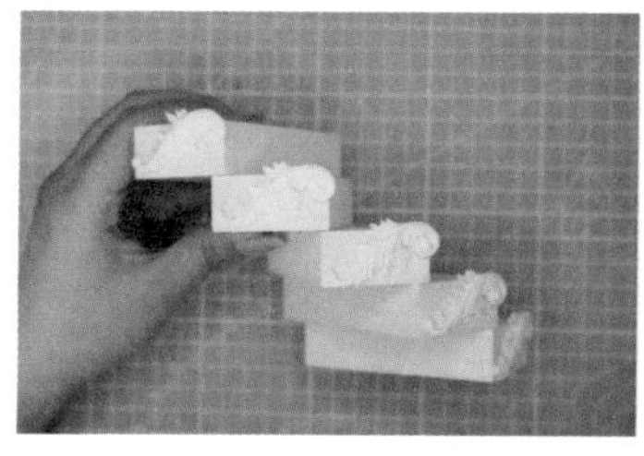

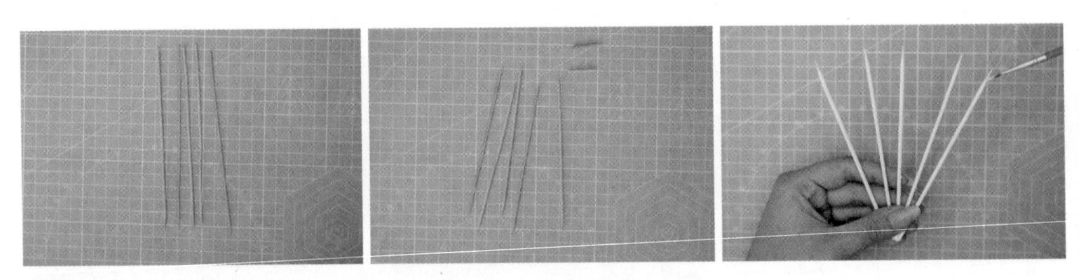

STEP 05 准备 5 根竹签，剪成 12cm 长，用白色丙烯颜料涂成白色。

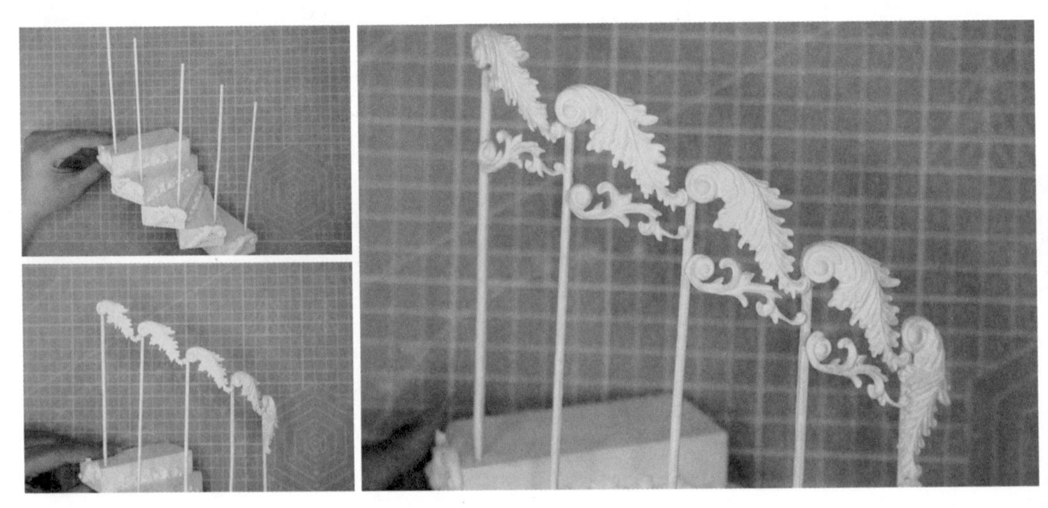

STEP 06 把竹签插在楼梯上打的孔中，然后如上图所示贴上花纹。楼梯栏杆就完成了。

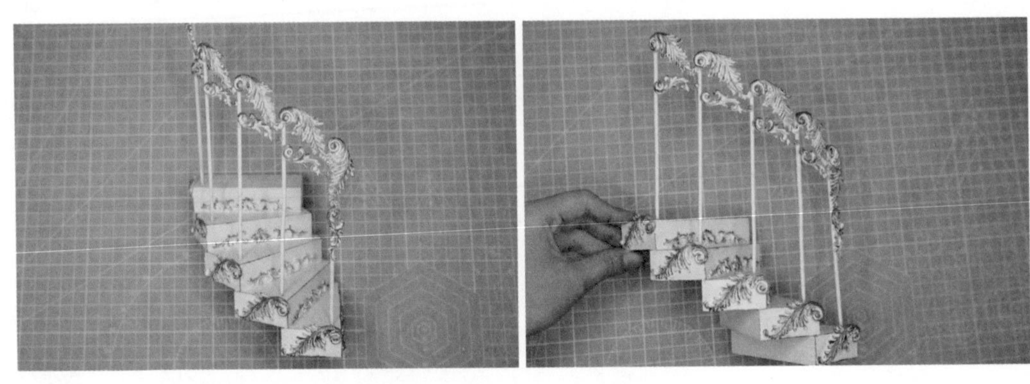

STEP 07 在花纹凸起处扫上青铜色丙烯颜料。楼梯制作完成。

3.13
制作底座和整体组合

STEP 01 准备一个窗框，用白色丙烯颜料涂成白色，然后把它粘在地台后方。

STEP 02 把楼梯底面粘在地台上，侧后方粘在窗框上，注意楼梯砖侧面和窗框侧面要对齐。

STEP 03 在地台上用手钻打一个孔，然后把爱丽丝腿部的骨架插入孔中，调整角度让爱丽丝的手可以扶在栏杆上。

STEP 04 如右图所示把前面做好的草藤插在草地上。

STEP 05 如右图所示把前面做好的蘑菇插在草地上。

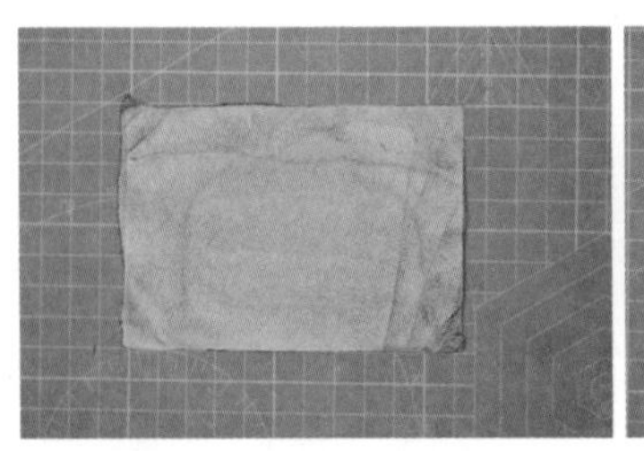
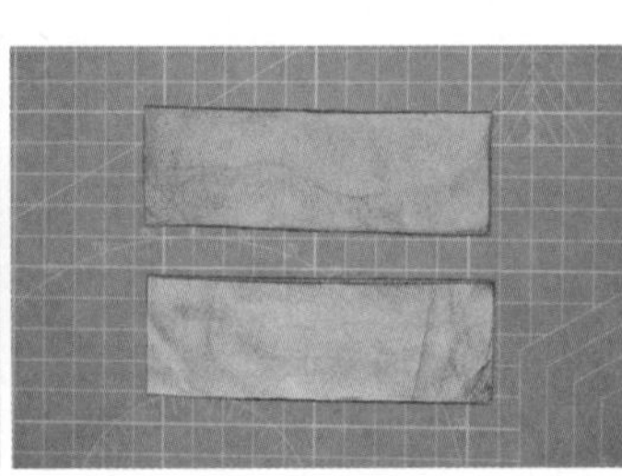
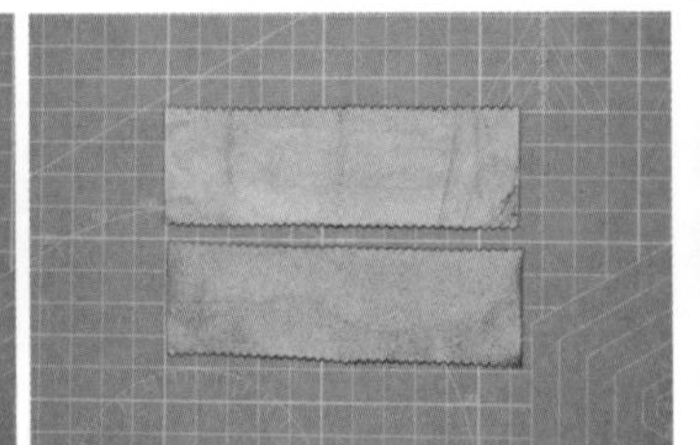

STEP 06 用金色树脂土擀一块长方形大薄片，从中间切开，然后用花边剪在边缘剪出花边。

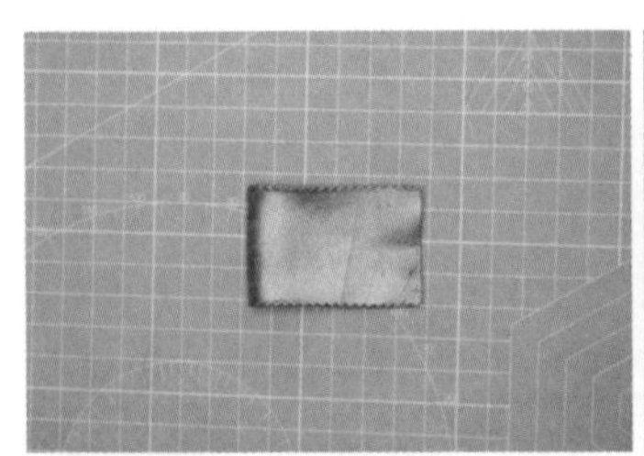
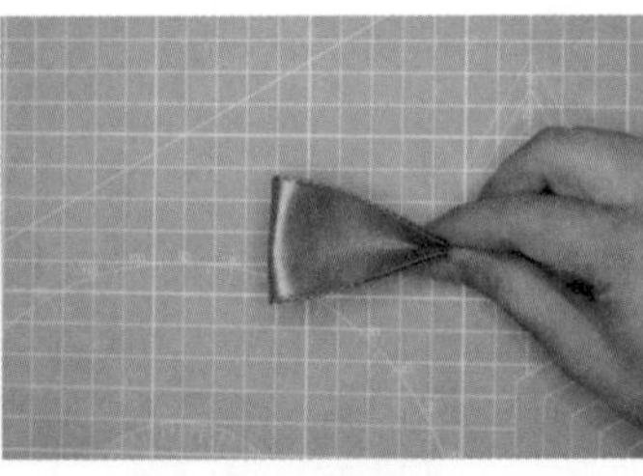

STEP 07 取其中一条，先对折，然后把一端叠起来。这是蝴蝶结的一部分。

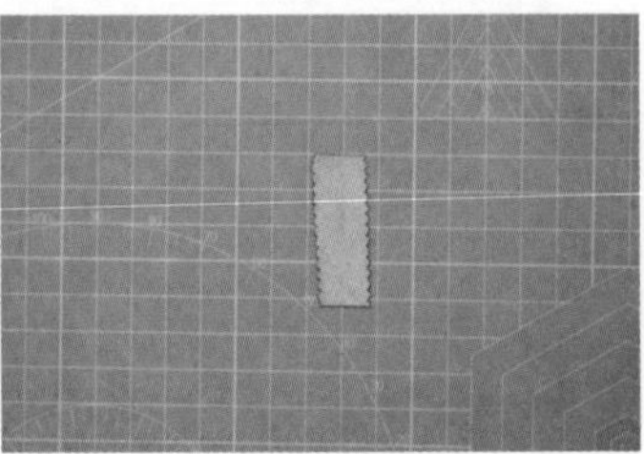

STEP 08 用同样的方法折好另一边，然后擀一片长条形的小薄片，用花边剪剪出花边，将其围在蝴蝶结中间。

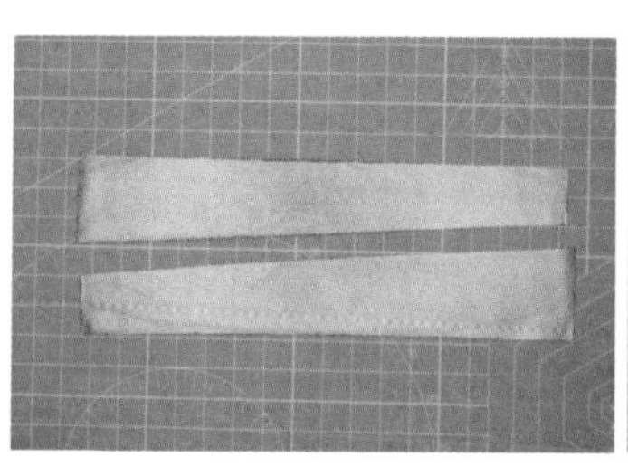
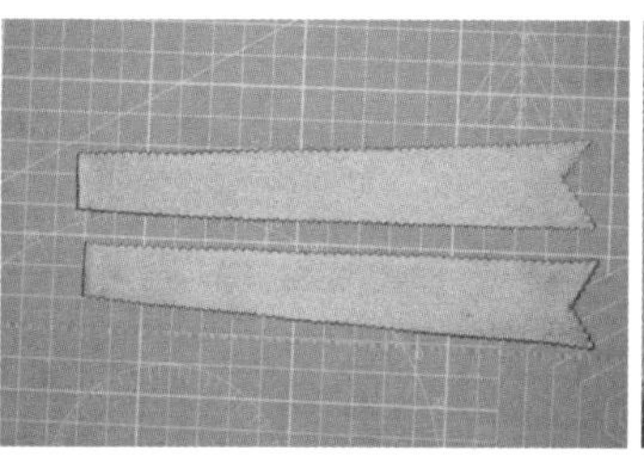

STEP 09 用金色树脂土擀一块长方形大薄片，从中间斜着切开，切成两条一头宽一头窄的长条作为缎带，然后用花边剪剪出花边，放在窗框两侧，用白乳胶固定缎带顶端。

STEP 10 把缎带折成上图箭头所指的样子并用白乳胶固定，沿窗框边缘剪掉缎带上方多余的部分，然后把蝴蝶结用白乳胶粘在窗框顶中间位置。

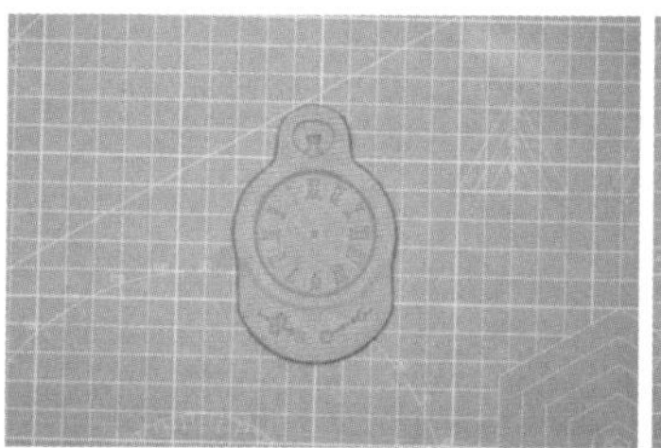
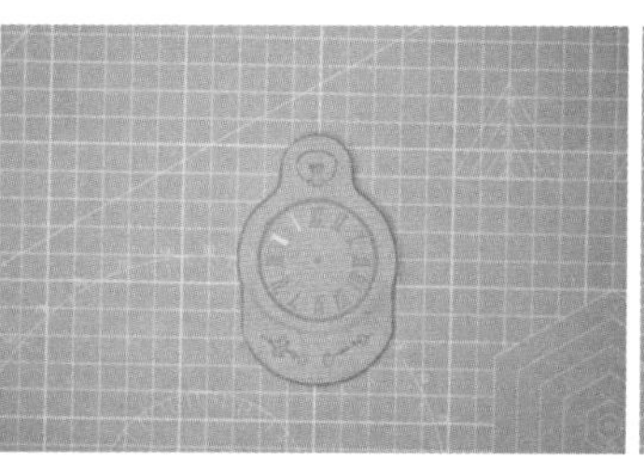
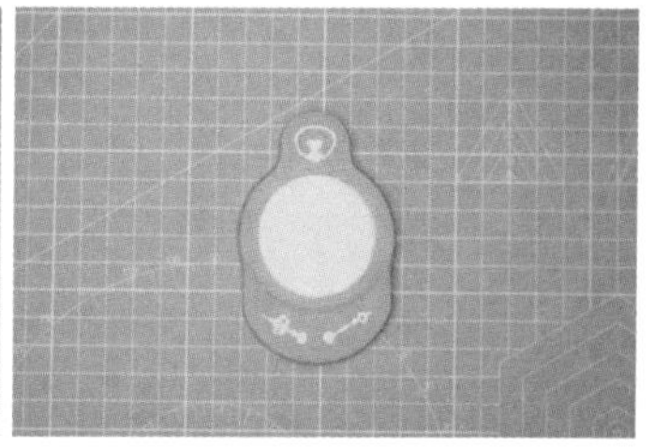

STEP 11 用硅胶钟表模具翻一个白色黏土怀表。注意，要先把怀表数字的部分一个一个都填满黏土，再把大面积的黏土填上，不然数字的部分可能翻不完整。

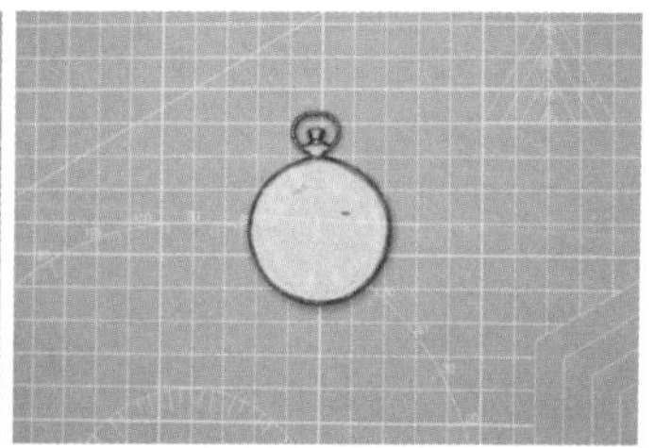

STEP 12 等黏土晾干后取出各部分零件，把表针和表环都用白乳胶粘在表盘上，然后用金色颜料给怀表表针、数字部分及表环等上色。

STEP 13 等颜料晾干了之后，用 UV 胶涂满整个表盘，然后用紫外线灯烤干。

STEP 14 用硅胶领带蝴蝶结模具翻一个金色树脂土小蝴蝶结，用 UV 胶把亚克力棒的一端粘在小蝴蝶结背面。

STEP 15 把亚克力棒穿过怀表的挂环，让小蝴蝶结在挂环的前方，然后把它固定在窗框上，把背面多余的亚克力棒剪断。

STEP 16 取金色树脂土擀成薄片，用花边剪剪一些细长条，逐条贴在图中所示的位置。

STEP 17 继续做一些细长条，贴在背景窗框下方和栏杆上作为装饰。

STEP 18 取金色树脂土擀成薄片，边缘用花边剪剪出花边，折成蝴蝶结，然后用白乳胶固定在图中箭头所指位置。

STEP 19 用类似的方法再做两个小一些的蝴蝶结，贴在栏杆上。

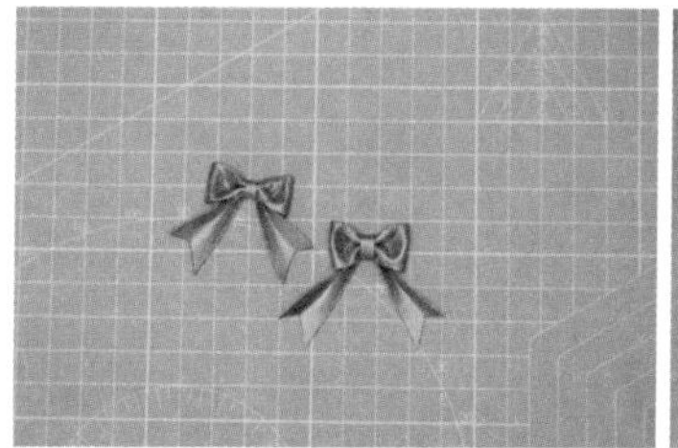

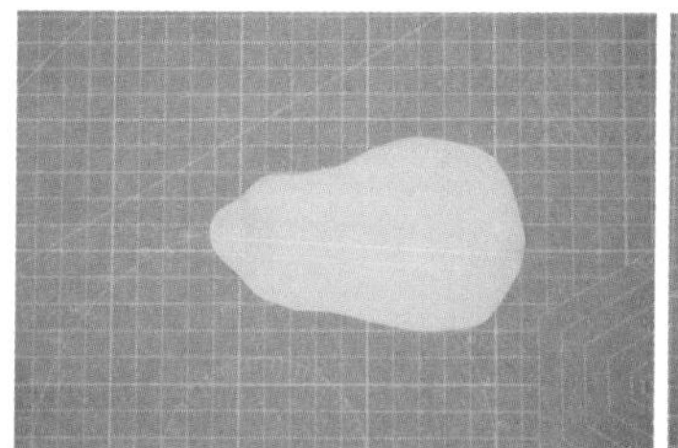

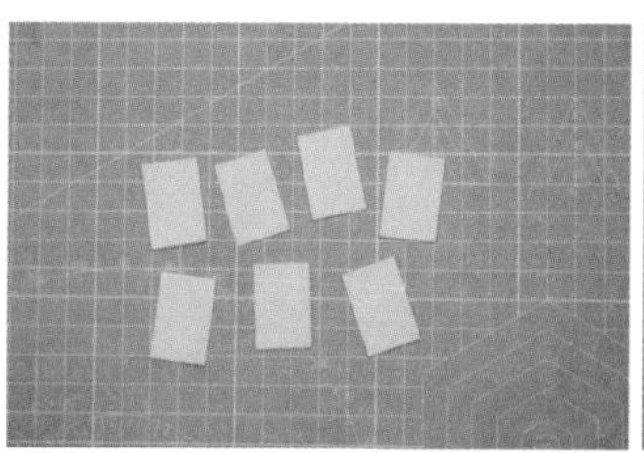

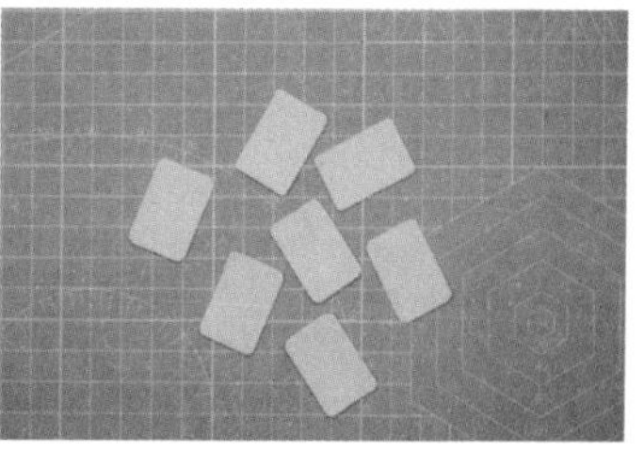

STEP 20 取白色黏土擀成薄片，切成一些小长方形薄片，然后用剪刀把薄片的四角剪成圆角。扑克牌道具的初步造型完成了。

STEP 21 用黑色颜料和红色颜料在上面画出扑克牌道具的图案。

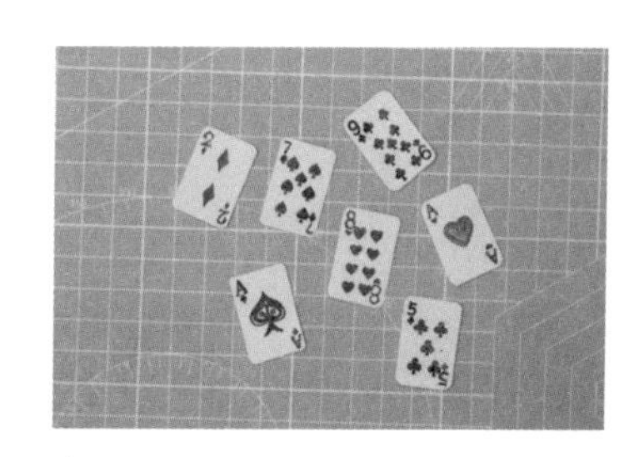

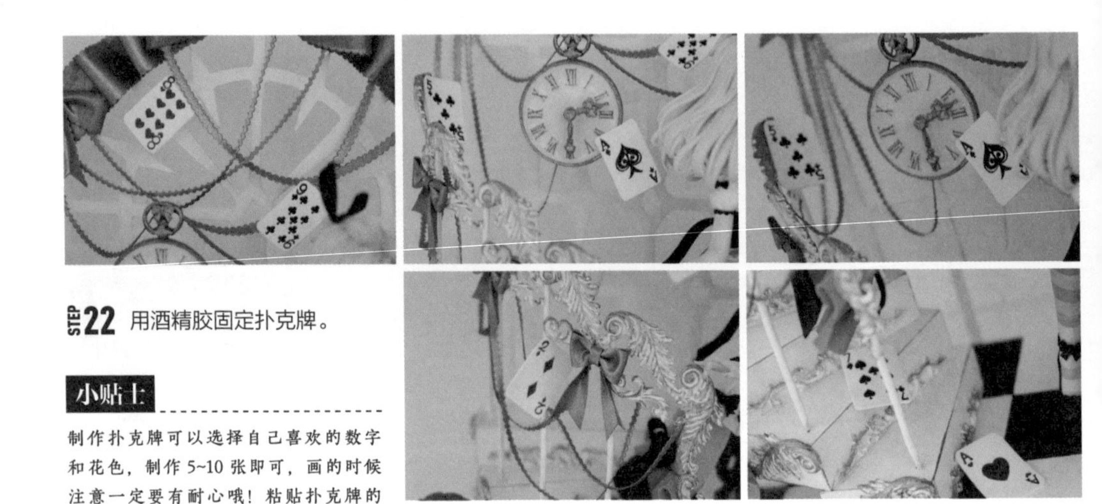

STEP 22 用酒精胶固定扑克牌。

小贴士

制作扑克牌可以选择自己喜欢的数字和花色，制作 5~10 张即可，画的时候注意一定要有耐心哦！粘贴扑克牌的时候注意位置稍分散些，角度不要都朝一个方向，这样看起来更有散落的效果。

STEP 23 用硅胶大写字母模具翻出 A、L、I、C、E 这 5 个黑色黏土字母。

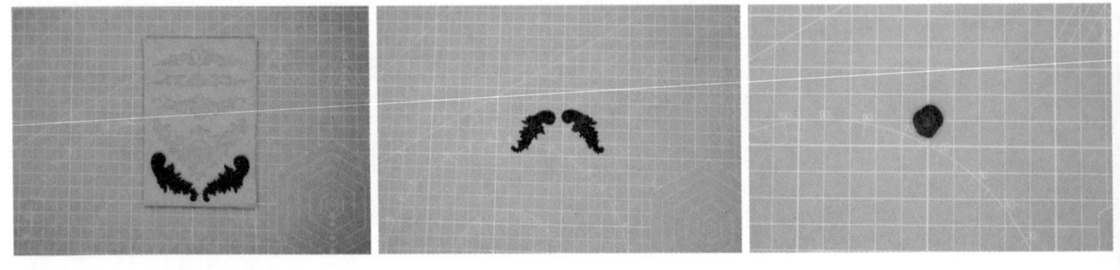

STEP 24 用硅胶巴洛克模具翻两个对称的黑色黏土花纹，再用“制作裙摆装饰物”中介绍的方法做一朵黑色黏土小花。

STEP 25 用黑色黏土搓两个小小的梭形，压扁，用塑料刀在中间压一个印子，然后用一小块黑色黏土把两个梭形的一端连接起来。小蝴蝶结就完成了。

STEP 26 把花纹、字母、小蝴蝶结、小花贴在底座上。

STEP 27 用青铜色丙烯颜料给花纹、字母、小蝴蝶结、小花的凸起部分上色。

CHAPTER FOUR

第四章

小提琴手

夜晚在星雾之森漫步的人们，偶尔会听到清澈悠扬的小提琴声。寻声而去，总能看到一个小提琴手在月光下沉醉的演奏。没有人知道他来自哪里，也没有人知道他是什么时候出现在星雾之森的。人们发现他的琴声飘过的地方，那些枯萎的植物正在焕发出新的生命力。

人物设计要点

❶ 角色的设定是一位少年，所以身形需要较成年人要纤细一些，面部轮廓也较成年男性柔和一些。

❷ 较深的肤色搭配浅亚麻色的发色，可以增加角色的“异域少年感”。

❸ 在服饰上采用整体简洁的设计，白色上衣加黑色裤子，突出自然与随性，但这样容易过于单调，所以在衣服前襟处增加金色的装饰，平衡细节与整体。

❹ 底座的设计为林中荒废的巴洛克风格花园的一角，与角色的风格比较相符。

❺ 制作藤蔓植物的时候需注意有茂盛的叶子也有枯萎的叶子，以表现藤蔓植物的生长过程。

4.1 绘制面部

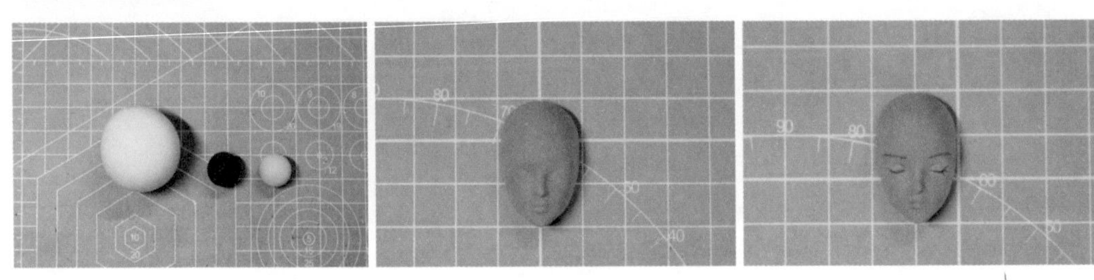

STEP 01 用白色、咖啡色和黄色黏土按照 6 ：1 ：1 的比例调配出日烧似的肤色黏土，然后翻一个正比翻模脸，用铅笔轻轻勾出五官的轮廓。

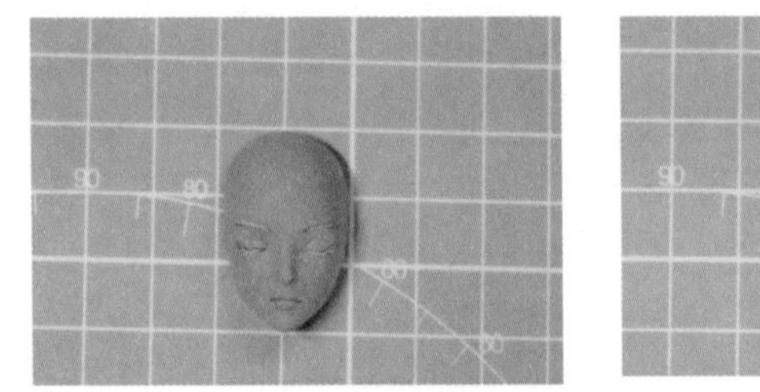

STEP 02 用白色颜料画出眉毛和睫毛的底色。

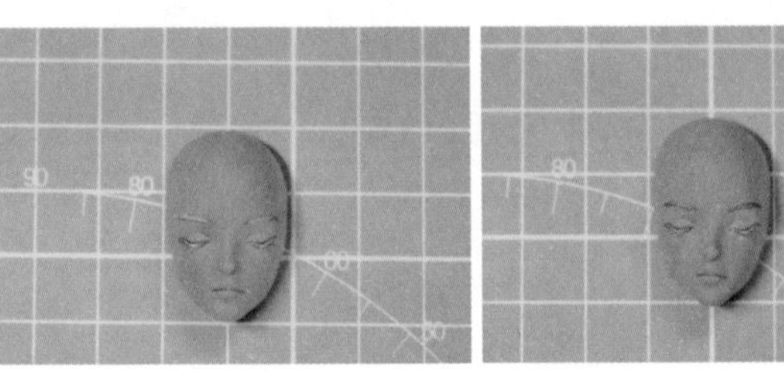

STEP 03 用熟褐色丙烯颜料勾勒出眉眼的轮廓。

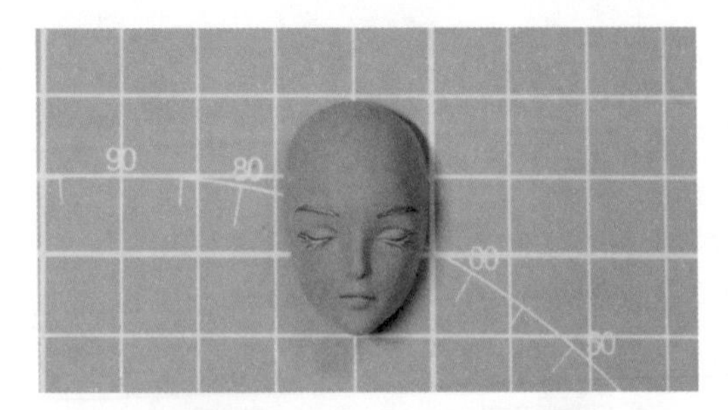

STEP 04 用熟褐色丙烯颜料和白色丙烯颜料调出一个淡一点儿的咖啡色，然后沿着眼窝上端画出眼窝的轮廓和双眼皮的轮廓。

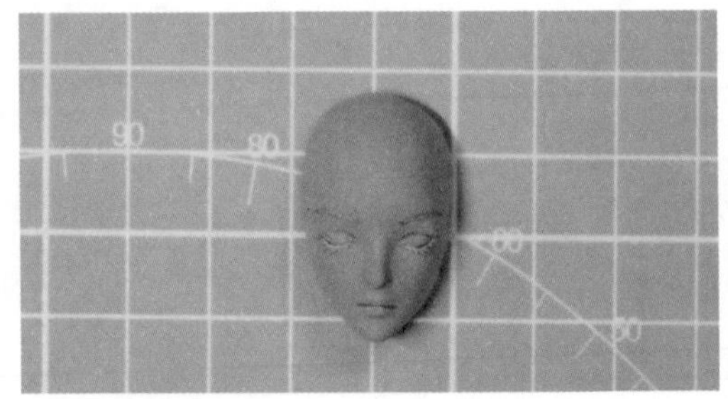

STEP 05 用白色丙烯颜料加强一下睫毛和眉毛的颜色。

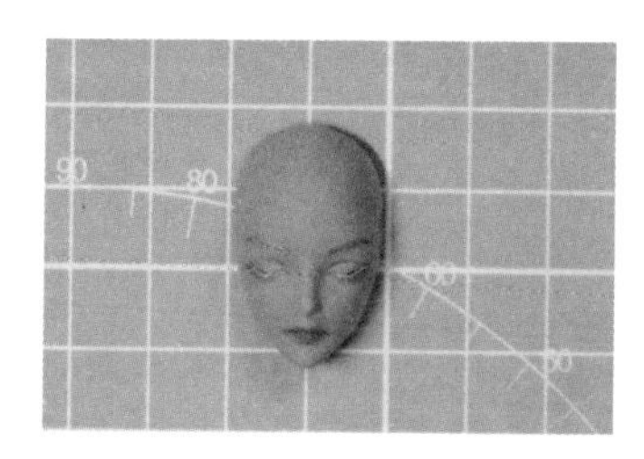

STEP 06 用红棕色色粉清扫嘴唇和眼下。

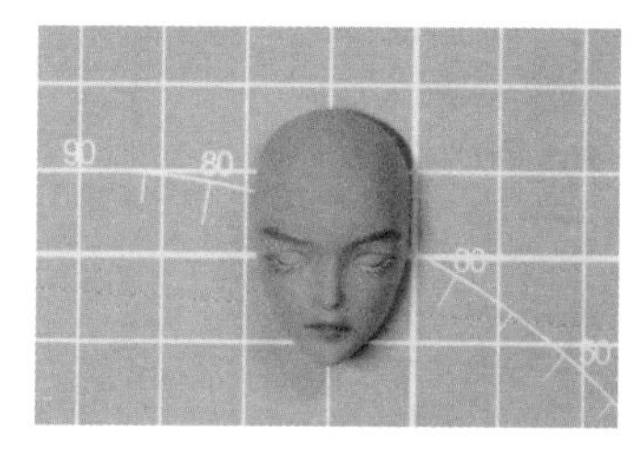

STEP 07 用深棕色色粉扫眉毛下方，以增加眉毛的体量。

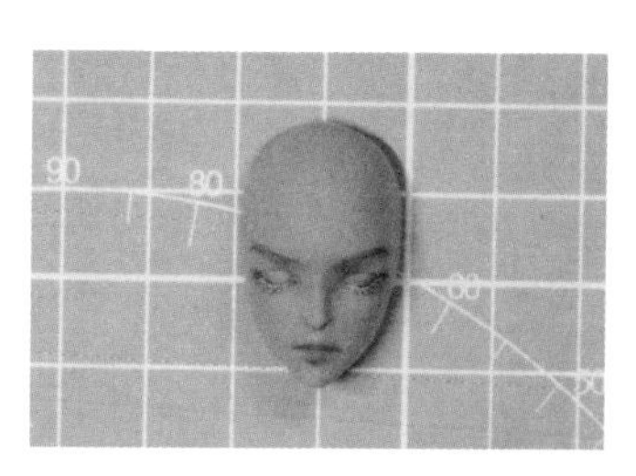

STEP 08 用棕色色粉晕染眼窝和唇下，以增强五官立体感。

4.2 制作后脑勺和耳朵

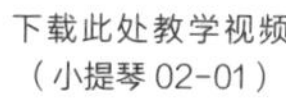

关注绘客公众号，
输入 54321，
下载此处教学视频
（小提琴 02-01）

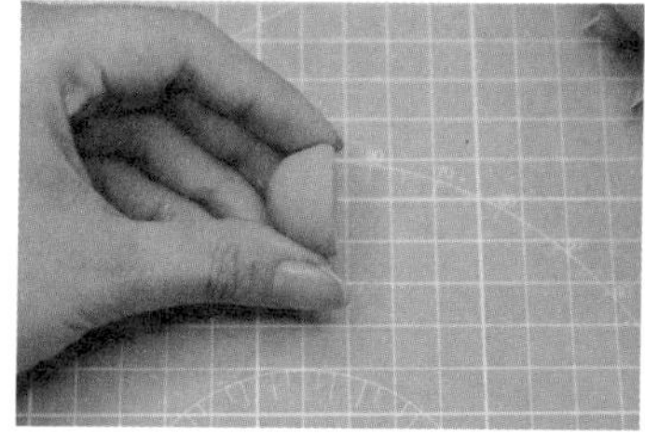

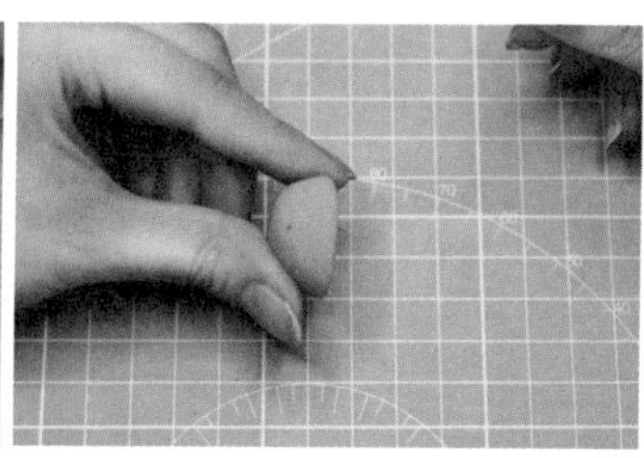

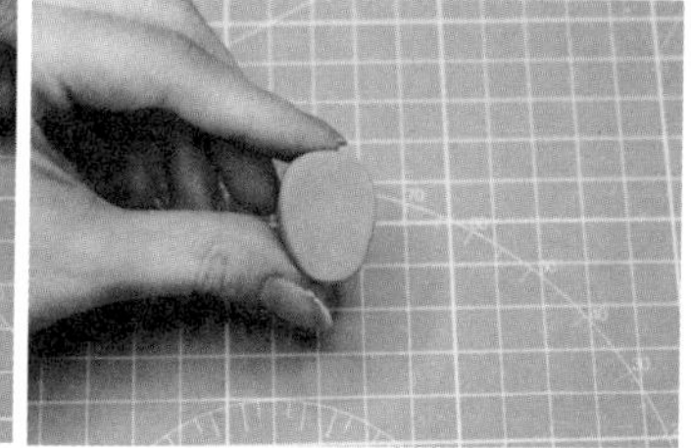

STEP 01 用日烧肤色黏土捏一个半球形，然后稍微捏长一点儿把横截面捏成一个椭圆。

STEP 02 在脸模的背面刷一点水，把半球贴在脸模的后面作为后脑勺。头部的初步造型就完成了。

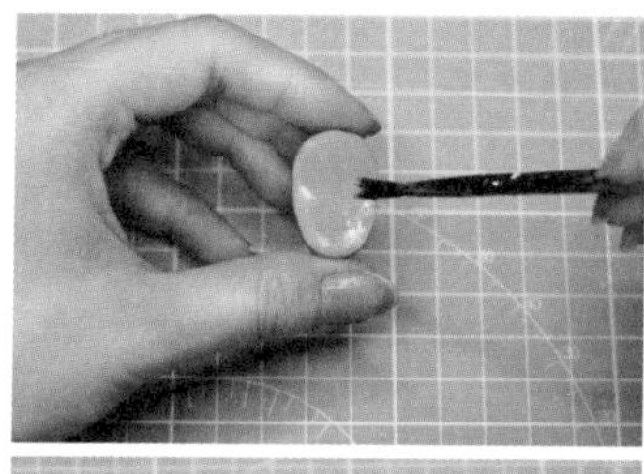

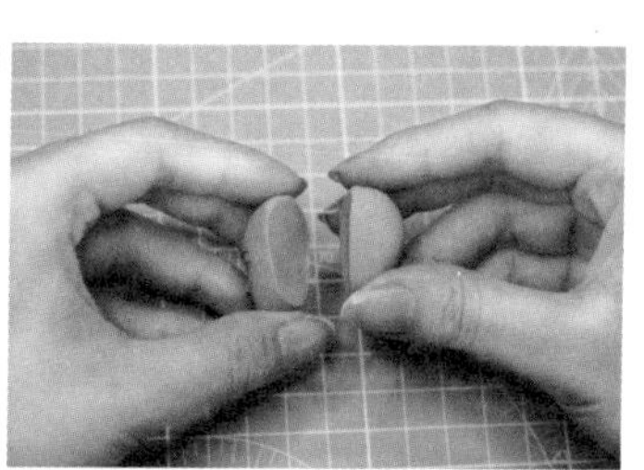

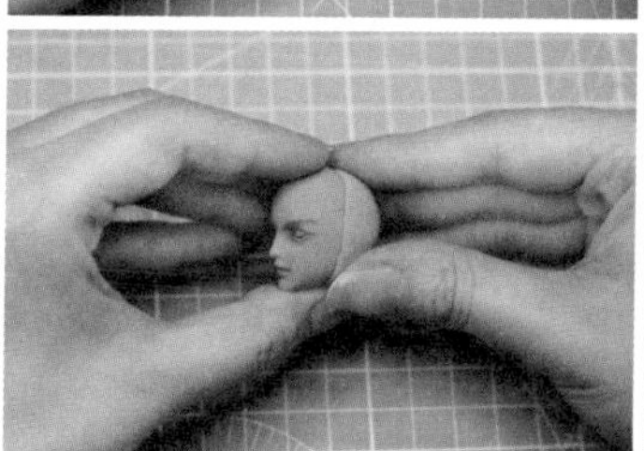

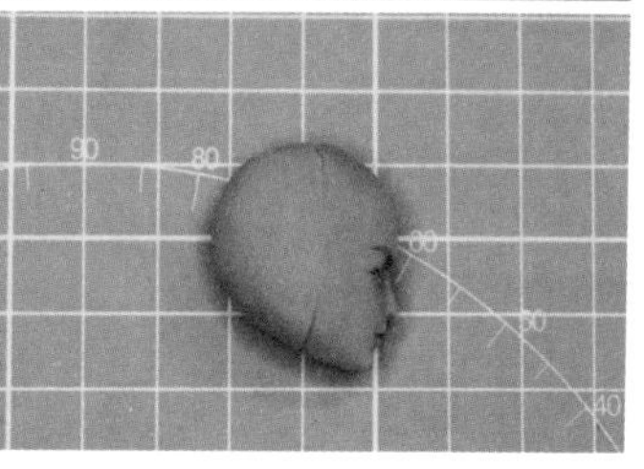

关注绘客公众号，
输入 54321，
下载此处教学视频
（小提琴 02-04）

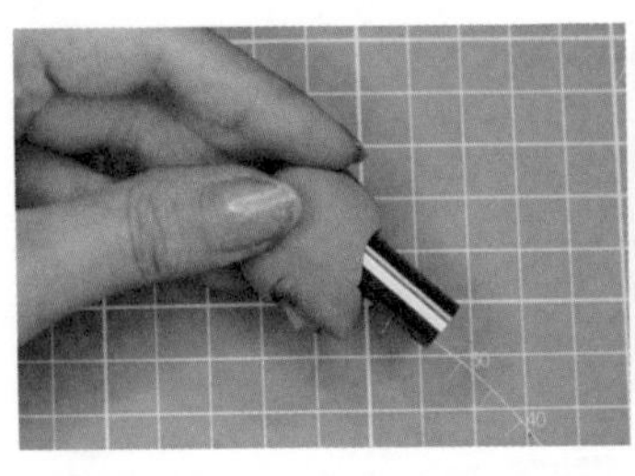

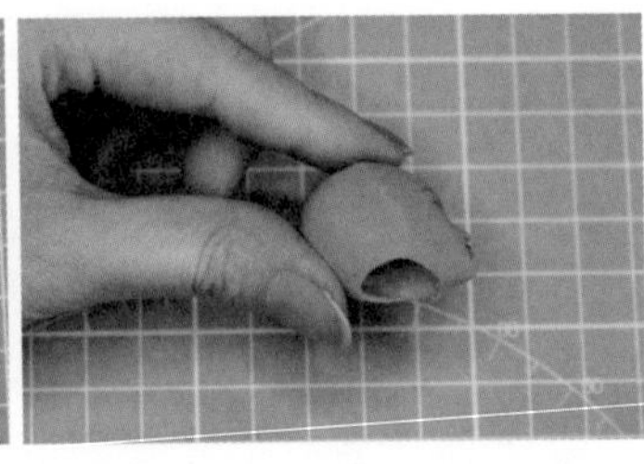

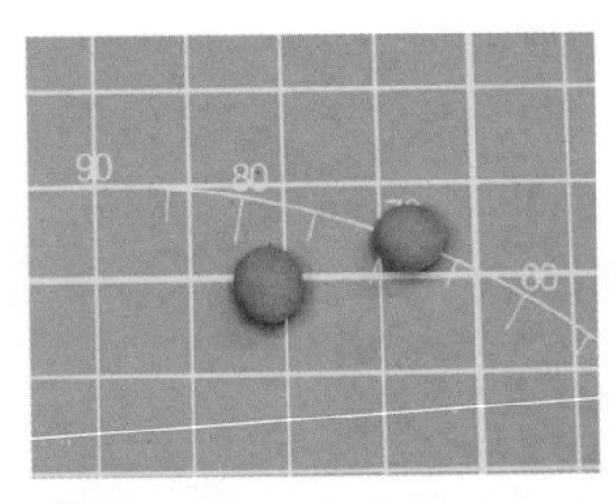

STEP 03 等晾干后，用打孔器在头部下方打一个孔。

STEP 04 取两块一样大的日烧肤色黏土，用来制作耳朵。

STEP 05 把其中一个搓成长水滴形状，然后稍稍压扁。

关注绘客公众号，
输入 54321，
下载此处教学视频
（小提琴 02-10）

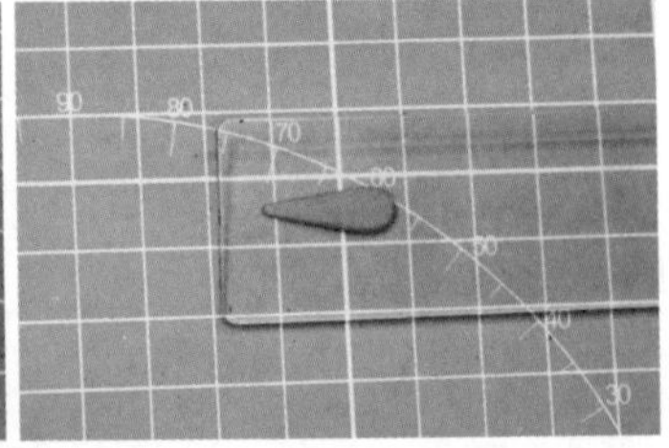

STEP 06 用工具逐步压出右图所示耳朵里面的轮廓。

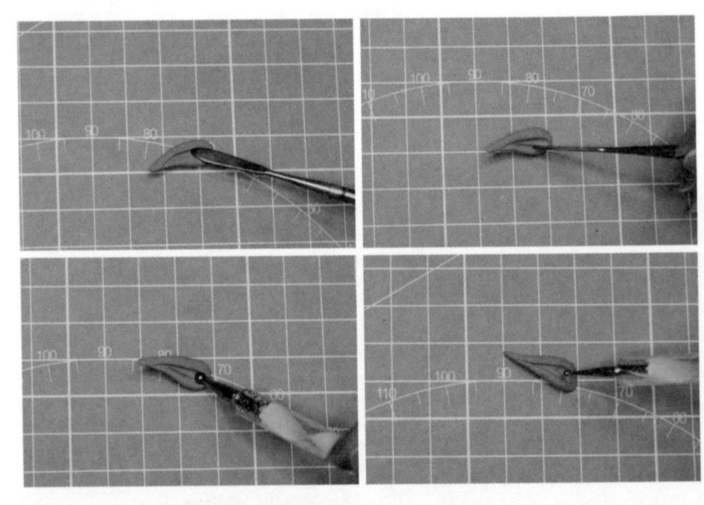

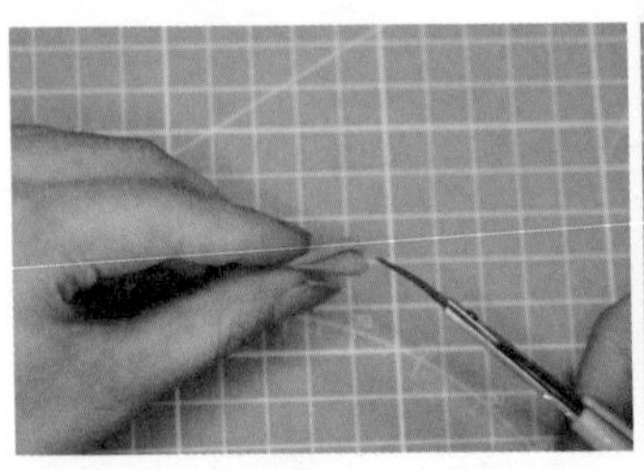

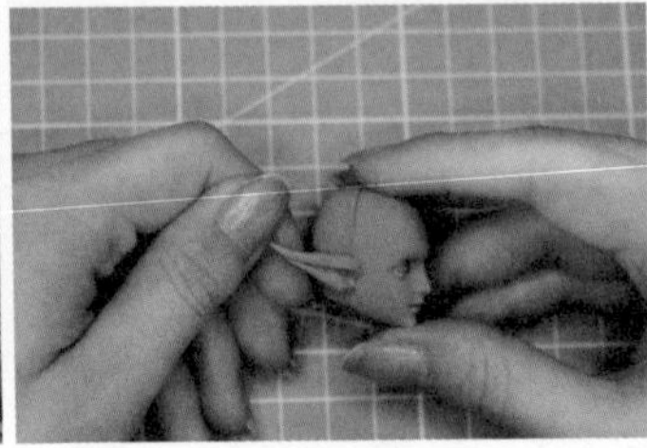

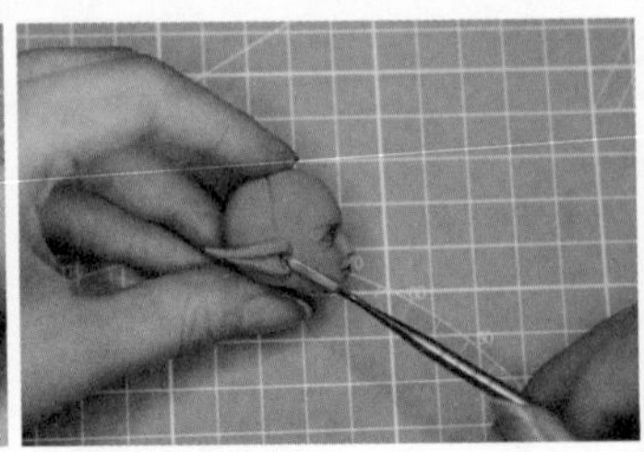

STEP 07 把靠近头部的耳朵边缘稍做修整，贴在头的侧面，用工具把耳朵边缘和头部压得更贴合。

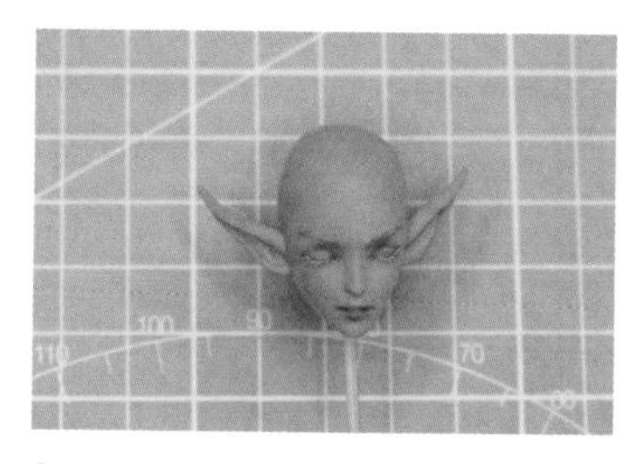

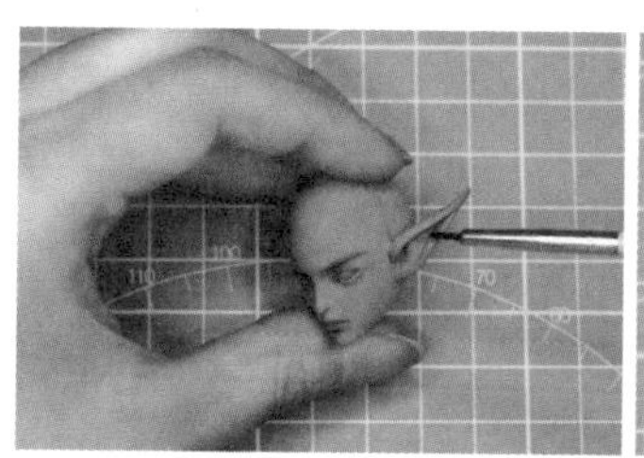

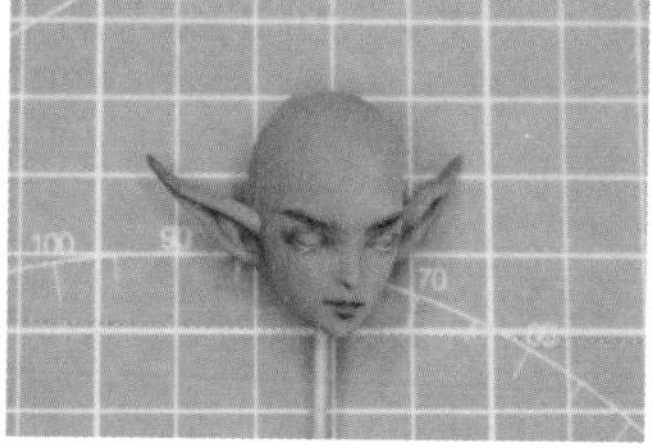

STEP 08 用同样的方法制作另一只耳朵。

STEP 09 用棕色色粉给耳朵里加一些阴影。耳朵制作完成。

4.3 制作头发和皇冠

关注绘客公众号，
输入 54321，
下载此处教学视频
（小提琴 03-07）

STEP 01 用白色、黄色、咖啡色黏土按照图上的比例调出浅亚麻色黏土，取一小块搓成一头尖一头粗的形状，然后用压泥板压扁。

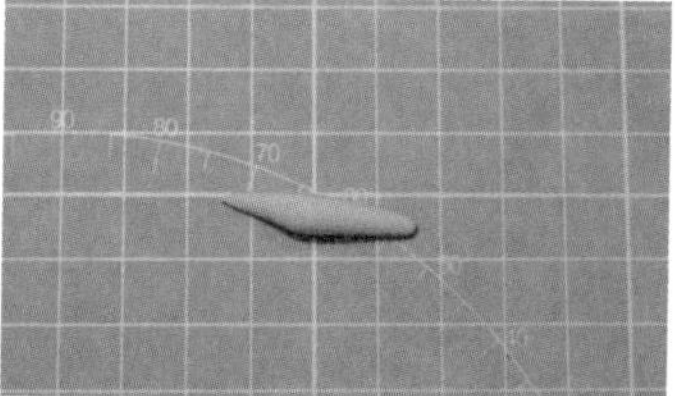

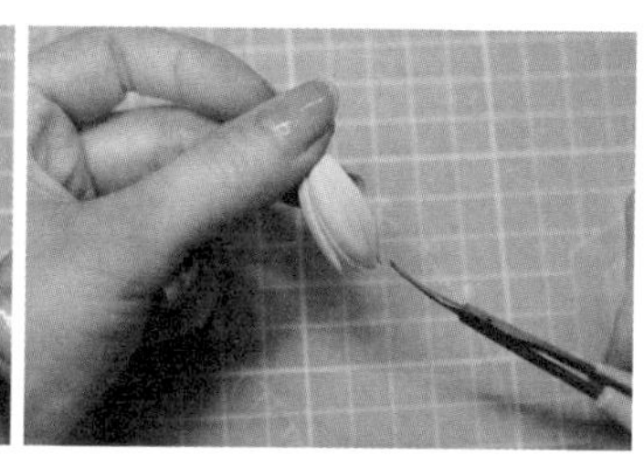

STEP 02 把它按在蛋形辅助器上压扁，用塑料刀在宽的一头压出纹理，取下后用细节剪剪出分叉。完成一条头发的初步造型。

STEP 03 用同样的方法制作3条头发，然后把它们贴在后脑，注意尖端要并拢在一起，侧面的头发要在耳朵的后方。

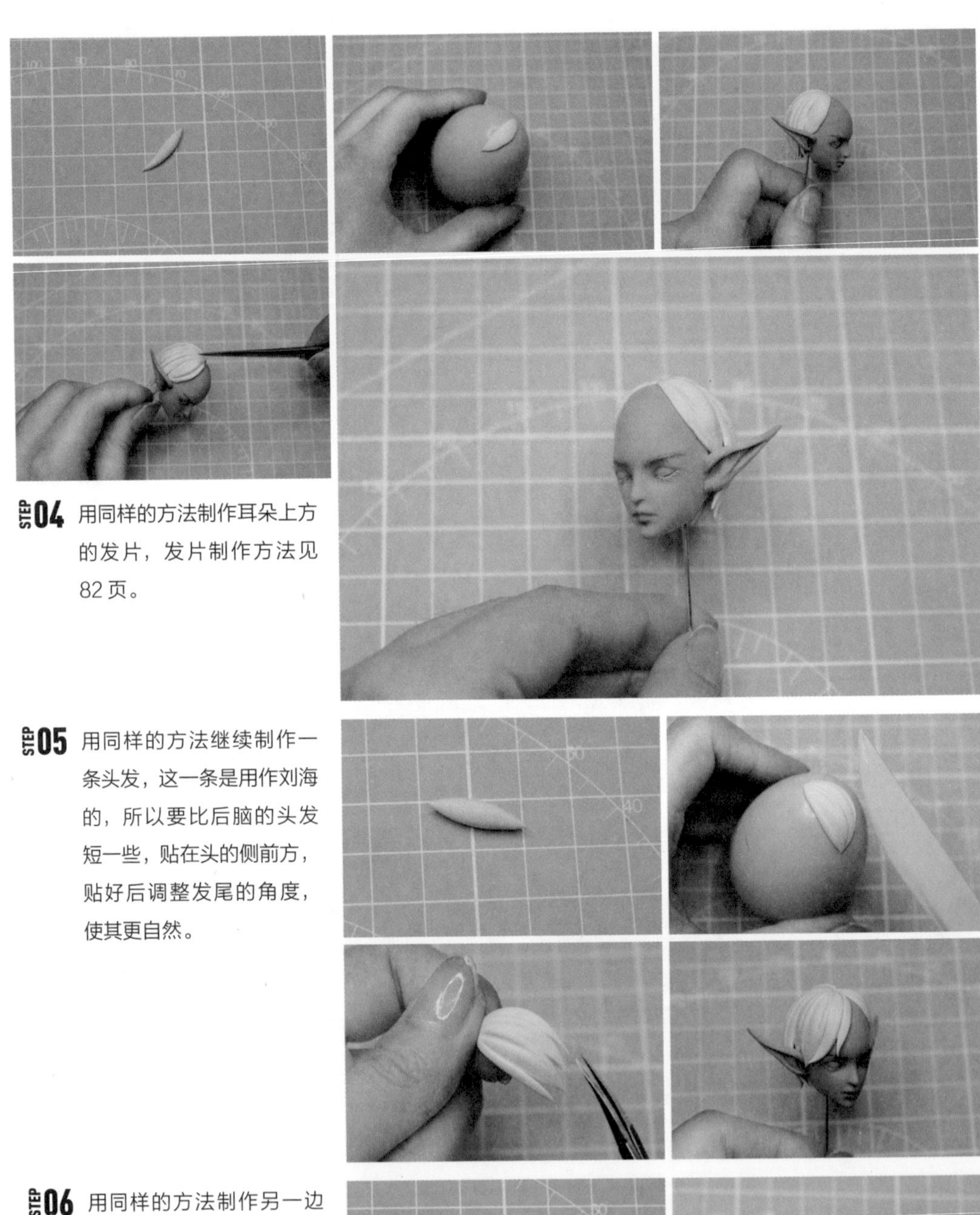

STEP 04 用同样的方法制作耳朵上方的发片，发片制作方法见82页。

STEP 05 用同样的方法继续制作一条头发，这一条是用作刘海的，所以要比后脑的头发短一些，贴在头的侧前方，贴好后调整发尾的角度，使其更自然。

STEP 06 用同样的方法制作另一边的刘海。

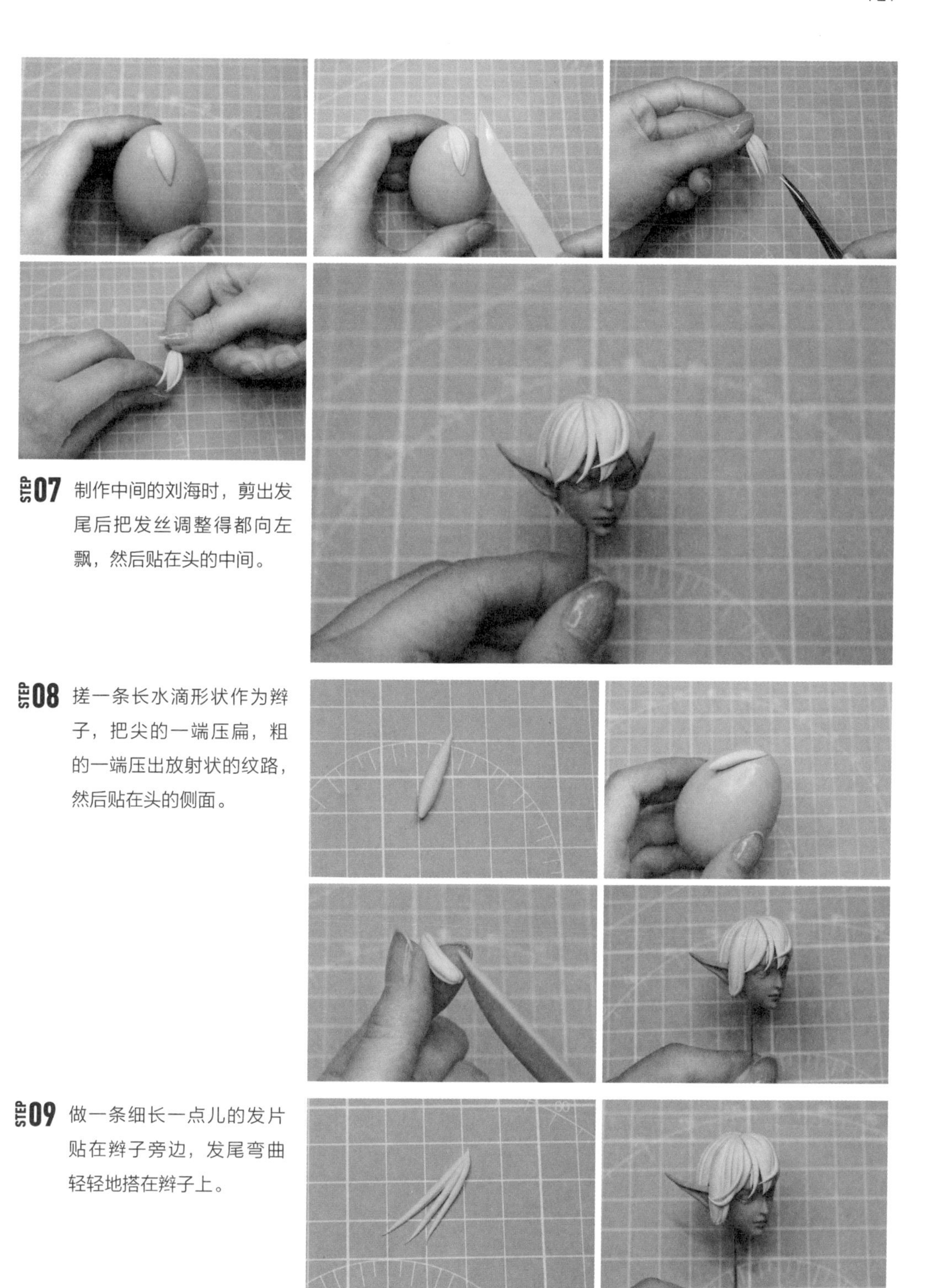

STEP 07 制作中间的刘海时，剪出发尾后把发丝调整得都向左飘，然后贴在头的中间。

STEP 08 搓一条长水滴形状作为辫子，把尖的一端压扁，粗的一端压出放射状的纹路，然后贴在头的侧面。

STEP 09 做一条细长一点儿的发片贴在辫子旁边，发尾弯曲轻轻地搭在辫子上。

STEP 10 用同样的方法制作另一侧的鬓角。制作条薄点的发片（制作方法参见 82 页），将发片下方修成鬓角。

STEP 11 观察整个头部，哪里还缺头发可以适当再补几条发片。

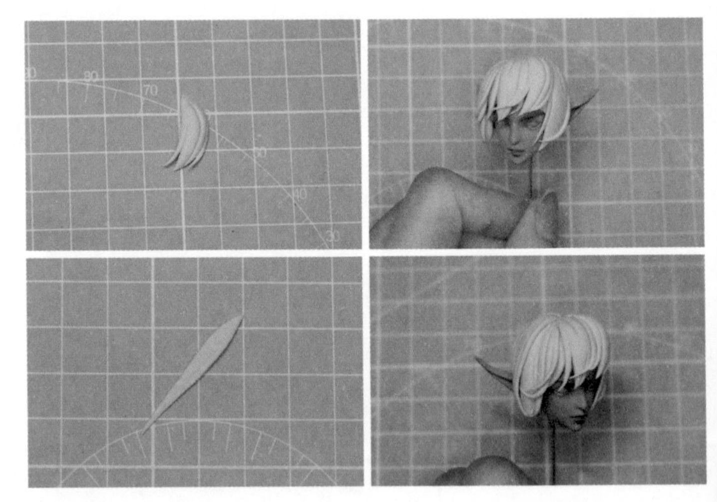

STEP 12 制作 3 条短一点儿的发片，在后脑贴一圈，以增加后脑头发的层次感。

STEP 13 观察整体头发，用工具把发缝整理一遍，比较宽的发缝可以搓几条小细丝遮挡一下。

STEP 14 搓几条粗细不等的 S 形小发丝，把其中一端粘在一起，做成一个小辫梢。

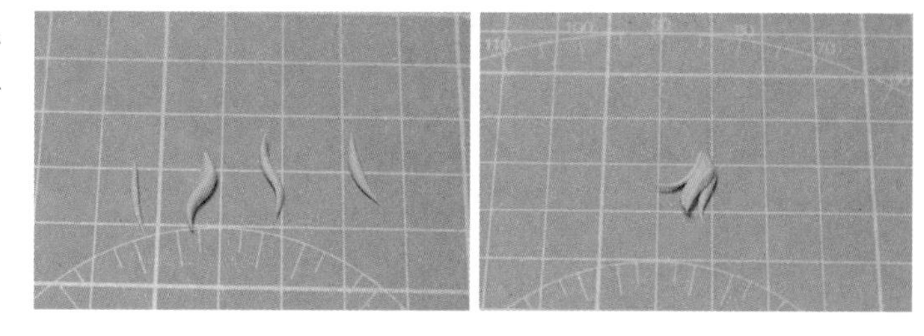

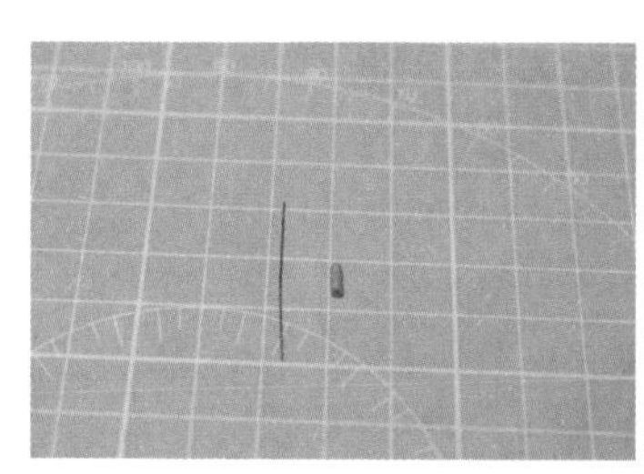

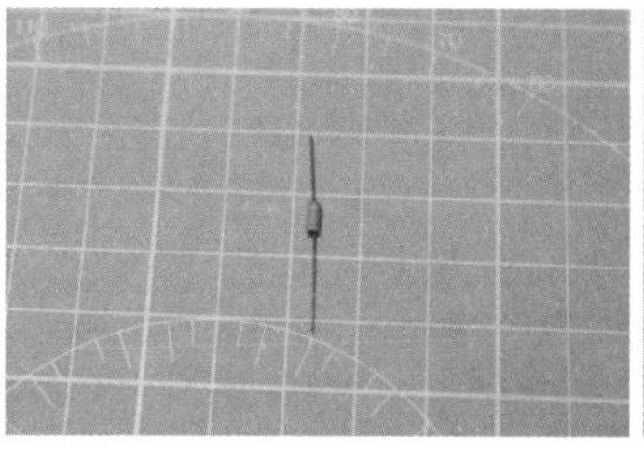

STEP 15 用金色树脂土搓一个小小的柱形，在中间穿一根细铜棒，把小辫梢尖端插在柱形下面，然后把柱形上端的铜棒插入辫子与辫子连起来，再用白乳胶固定。

STEP 16 给头发扫上一些棕色色粉，以增加整体头发的立体感，只扫在阴影处即可，不要扫太多。

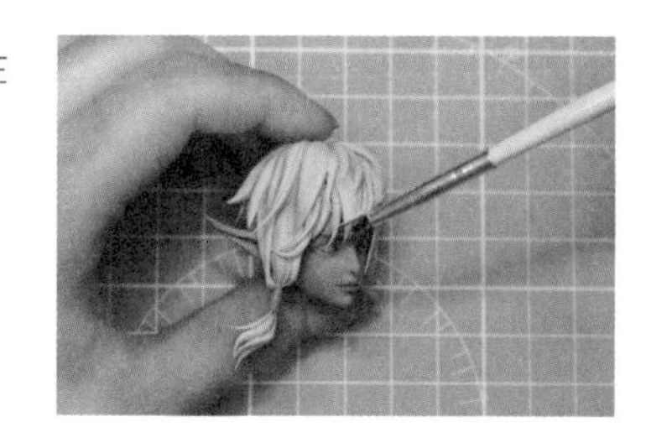

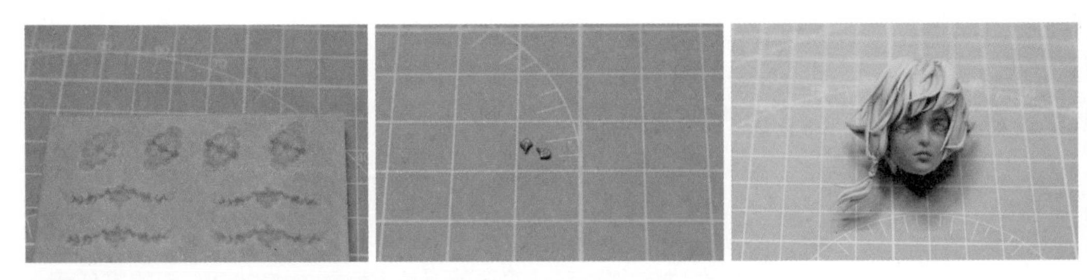

STEP 17 用硅胶迷你巴洛克模具翻两个小小的金色树脂土菱形花纹，然后贴在辫子上。

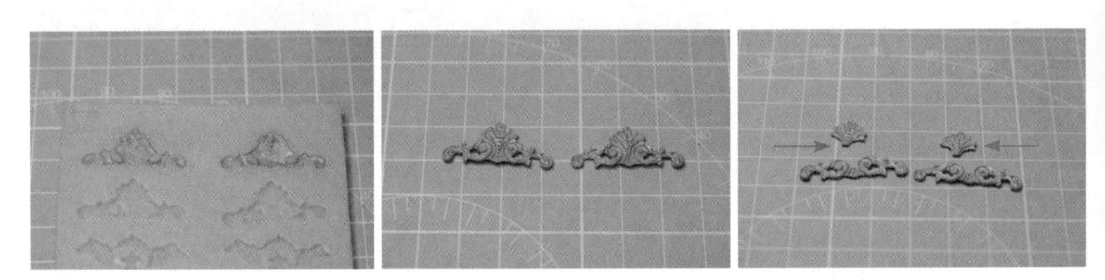

STEP 18 用硅胶迷你巴洛克模具翻两个金色树脂土花纹，然后用剪刀按图中箭头所指剪开。

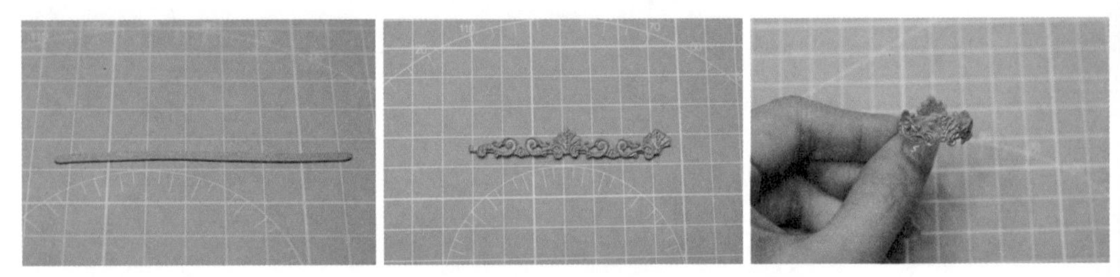

STEP 19 搓一根金色树脂土长条，把花纹贴在上面，然后把长条围成一圈做成皇冠。

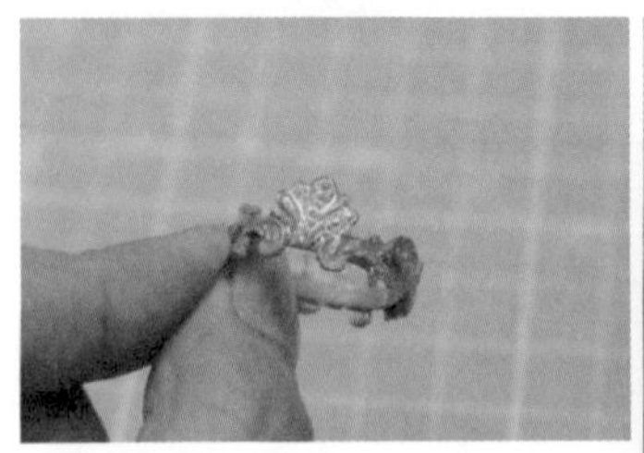

STEP 20 等皇冠晾干定型之后给其涂上一层亮油，然后等亮油晾干之后，用白乳胶将其略微倾斜地固定在人物头上。头部完成。

4.4 制作靴子

关注绘客公众号，
输入 54321，
下载此处教学视频
（小提琴 04-03）

关注绘客公众号，
输入 54321，
下载此处教学视频
（小提琴 04-06）

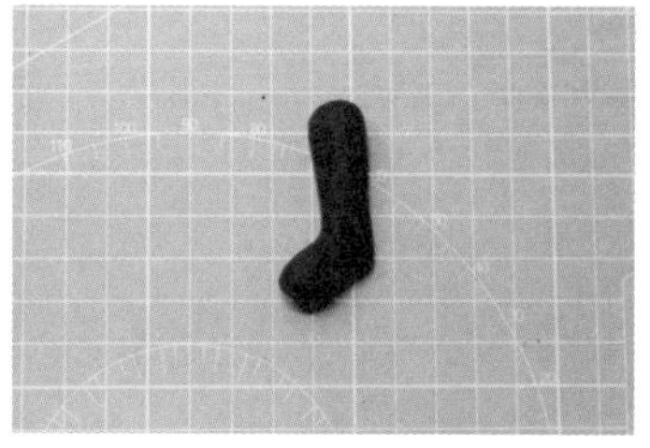

STEP 01 取一块黑色黏土搓成柱状，然后把一头捏出靴子的初步形状。

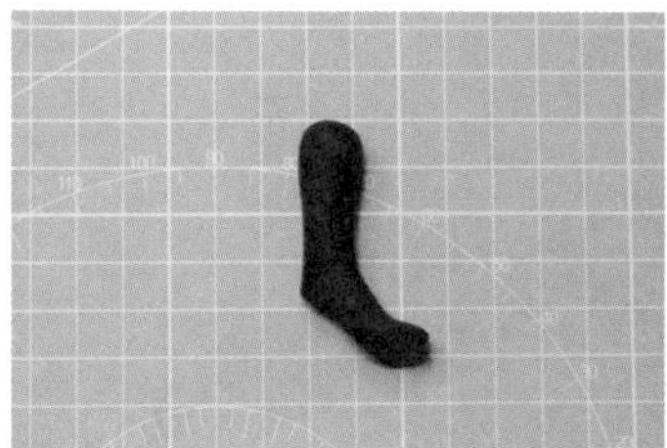
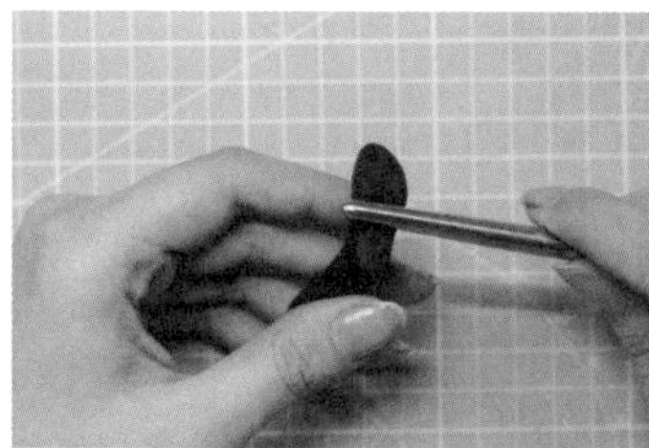
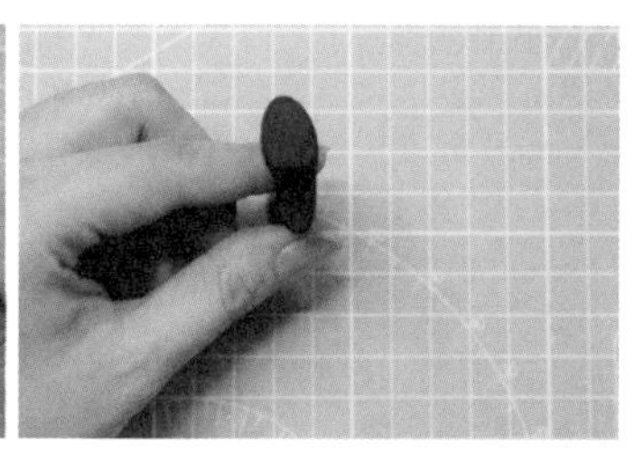

STEP 02 把鞋底捏平，再把鞋头向下捏调整出鞋底的坡度，注意鞋底的形状，脚掌处要比后跟处宽一些。

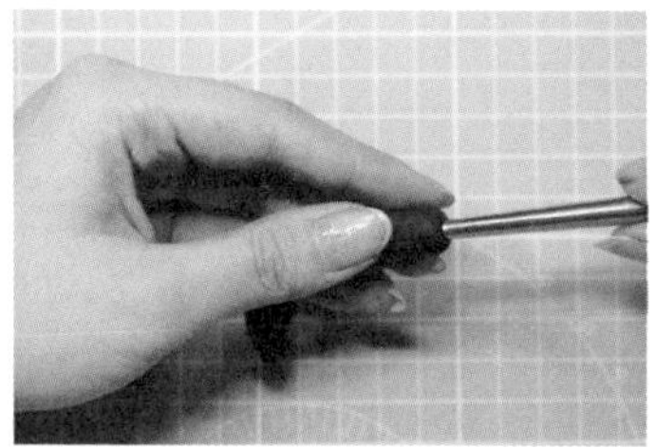
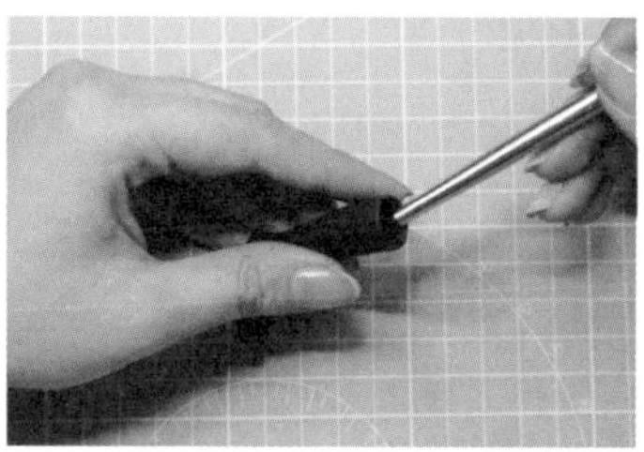
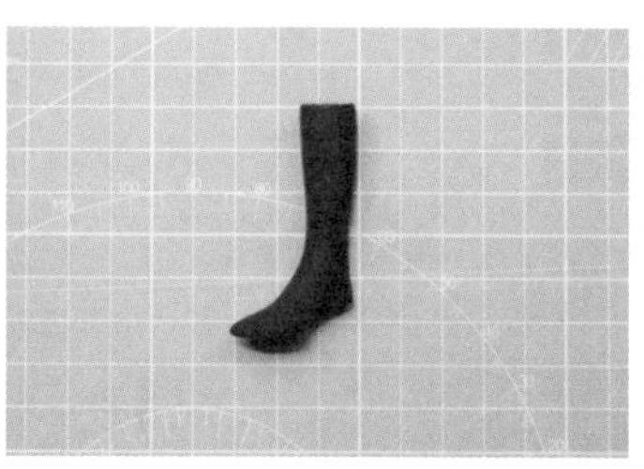

STEP 03 用细节针在鞋口做出一个凹坑。

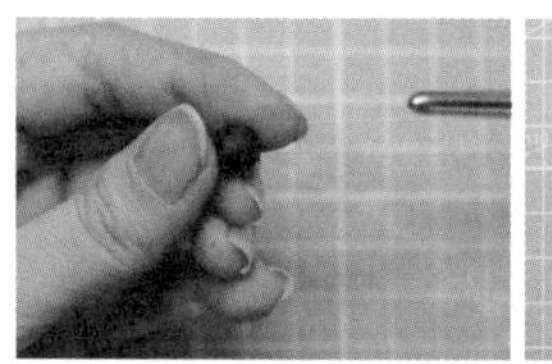
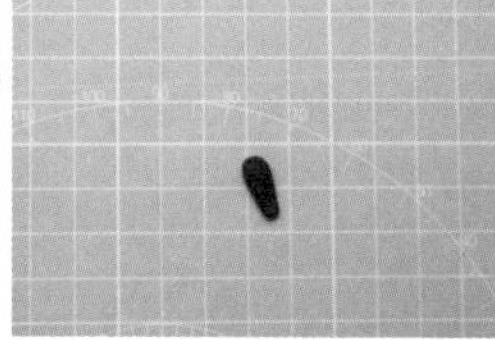

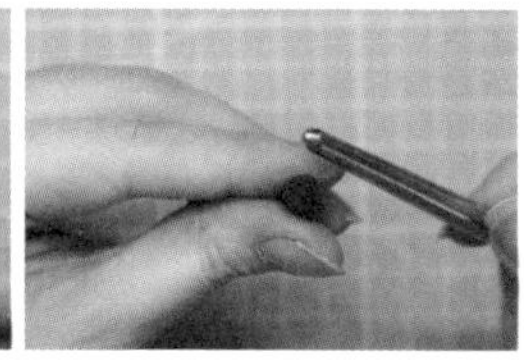

STEP 04 取一小块黑色黏土搓成一头粗一头细的形状，用细节针把侧面擀平，把粗的一头擀成一个小斜面。鞋跟就完成了。

STEP 05 把鞋跟贴在靴子后跟处，然后用细节针擀平接缝。

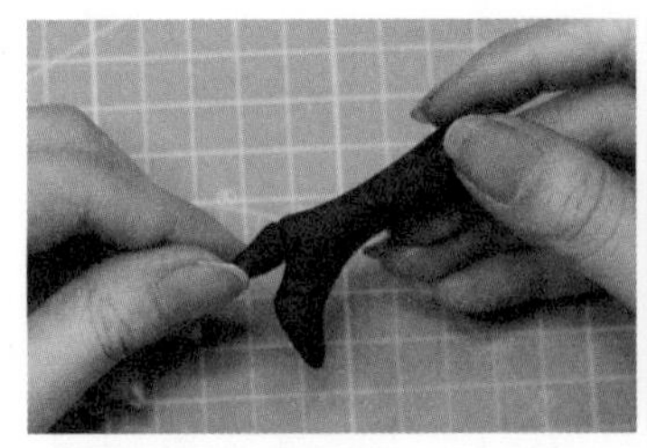

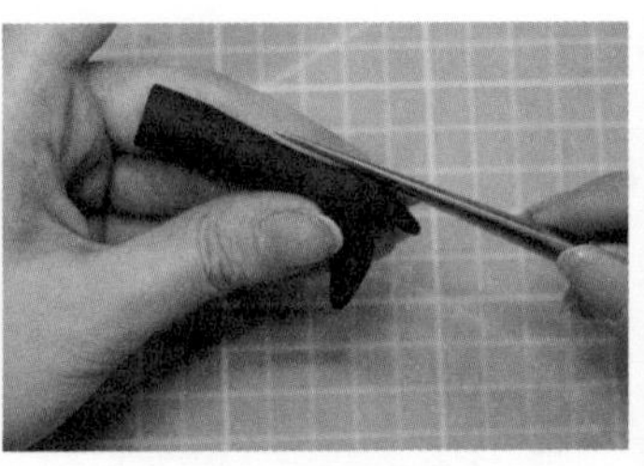

STEP 06 等鞋跟晾干后剪掉多余部分，与脚掌齐平，靴子就做好了。用同样的方法做另一只靴子。

4.5 制作裤子

STEP 01 取一大块黑色黏土，搓成一头粗一头细的形状。

STEP 02 把粗的一端捏成如后图所示的形状。

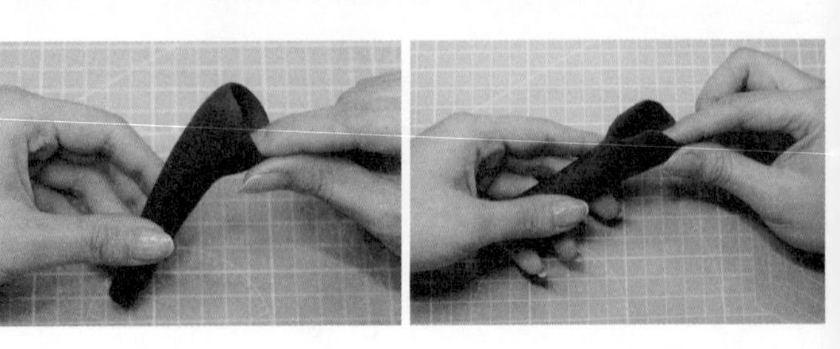

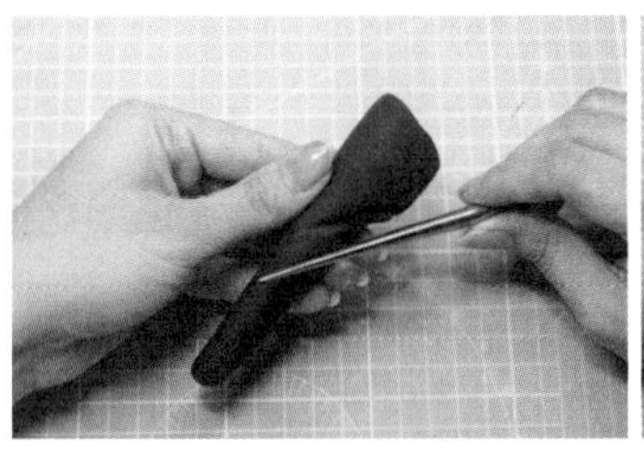
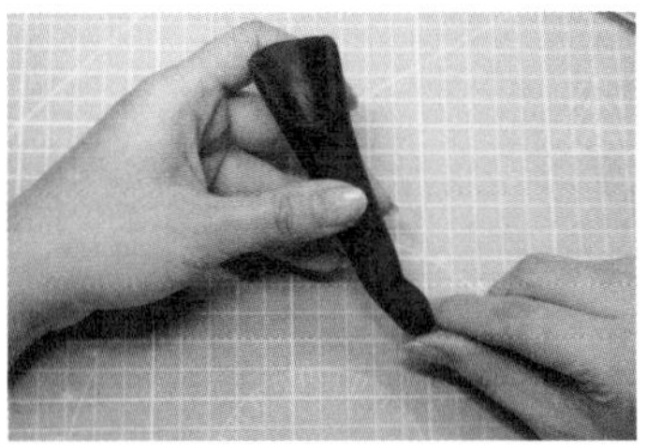
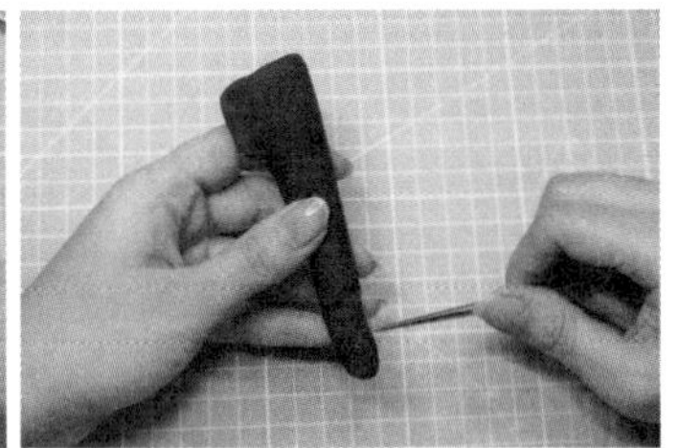

STEP 03 用细节针压出一些褶皱，然后把膝盖的位置稍微折弯，在腿弯处也压出纹理。一个裤腿就完成了。

STEP 04 用同样的方法做另一个裤腿。

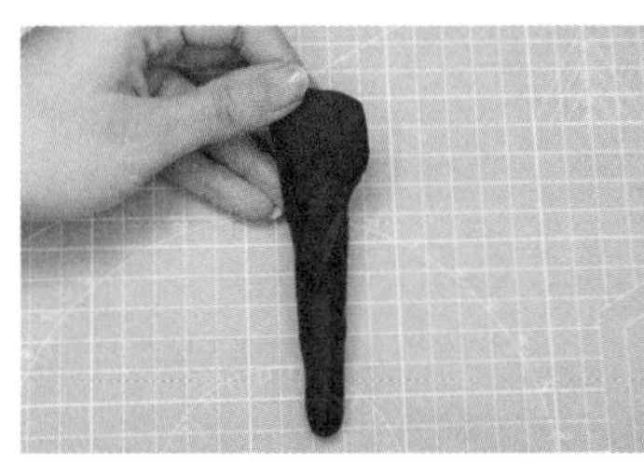
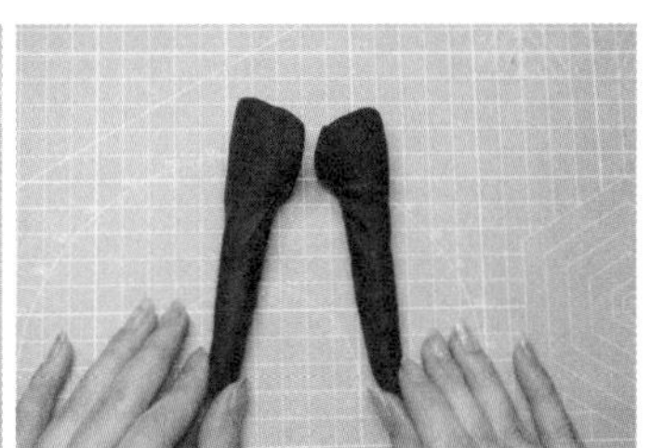

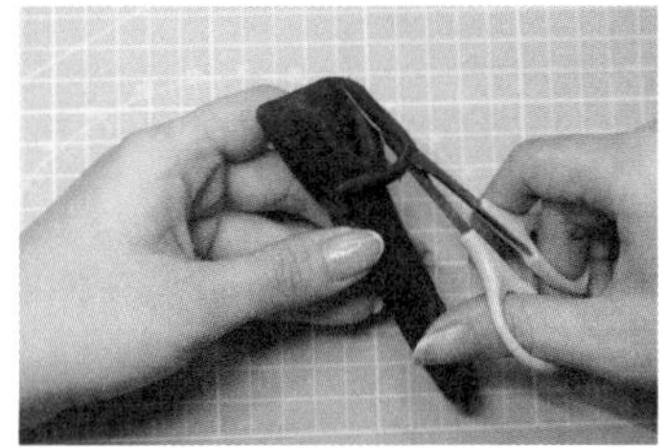
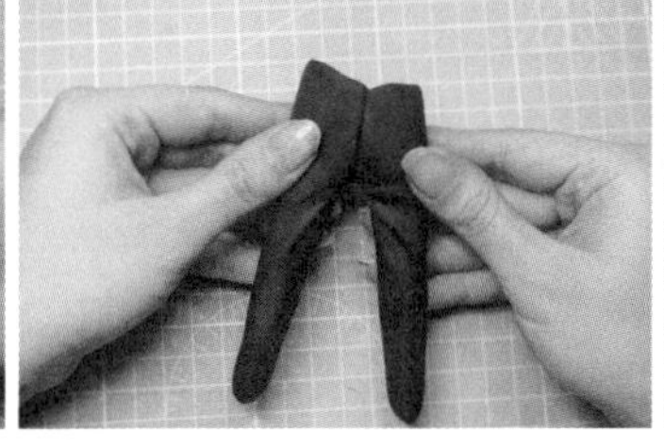
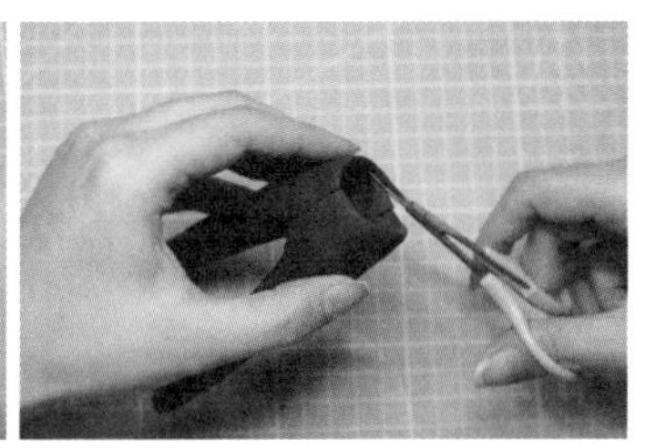

STEP 05 用剪刀剪平裤腿接口，把两个裤腿拼在一起，然后把腰部剪齐。

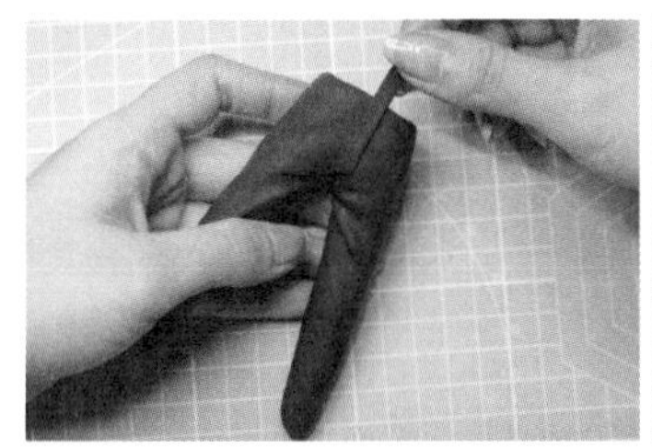

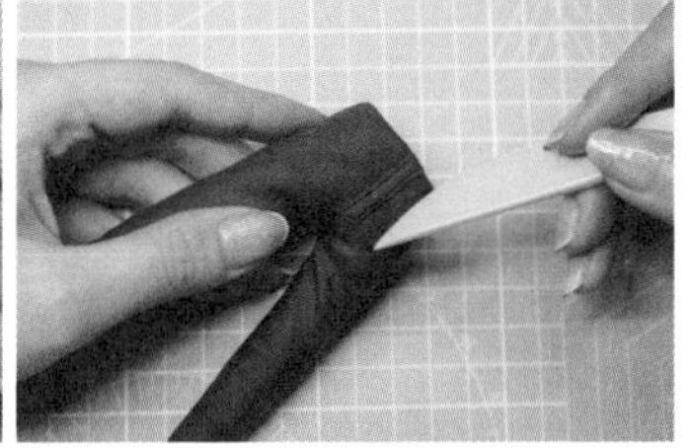

STEP 06 在接缝处贴一根长条，剪掉多余的部分，再用塑料刀压出缝线的印子。

STEP 07 等靴子和裤子都晾到半干的时候，用铜棒把它们连接起来。

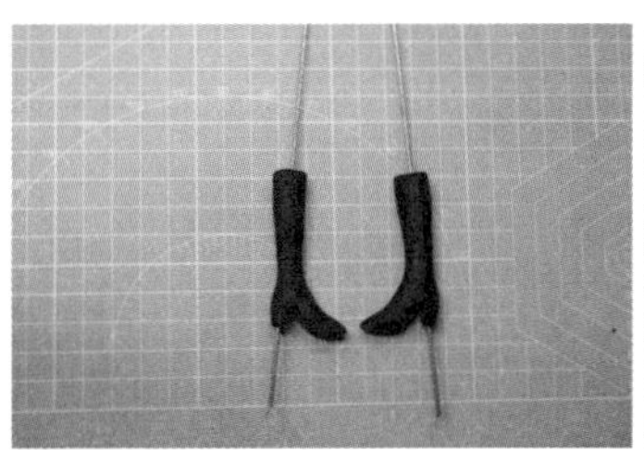
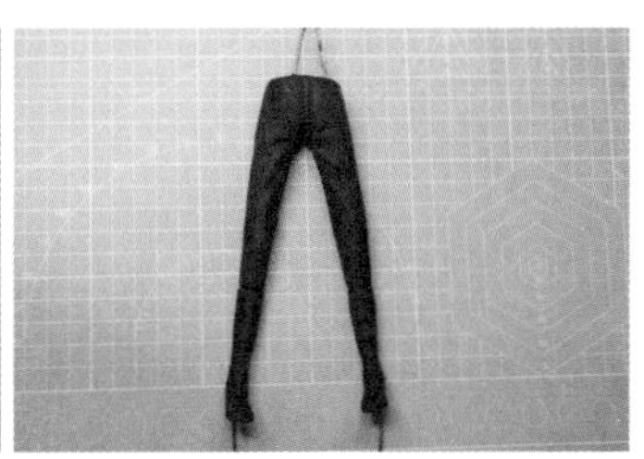

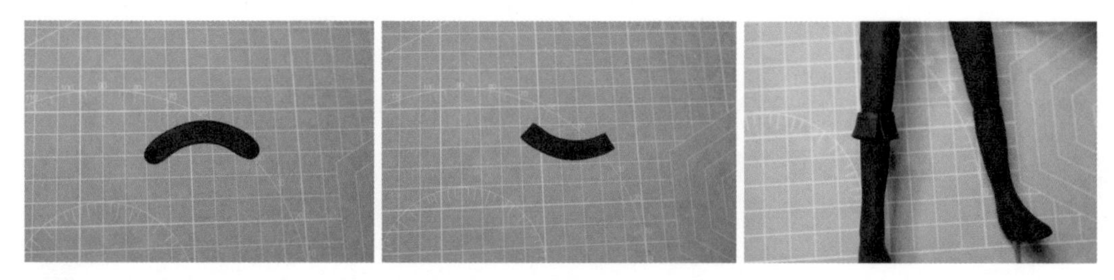

STEP 08 搓一根弯弯的黑色黏土长条，把两端切齐，围在靴子和裤子的接缝处。用同样的方法处理另一边的接缝处。

STEP 09 把多余的铜棒剪断，然后用黑色黏土补平。

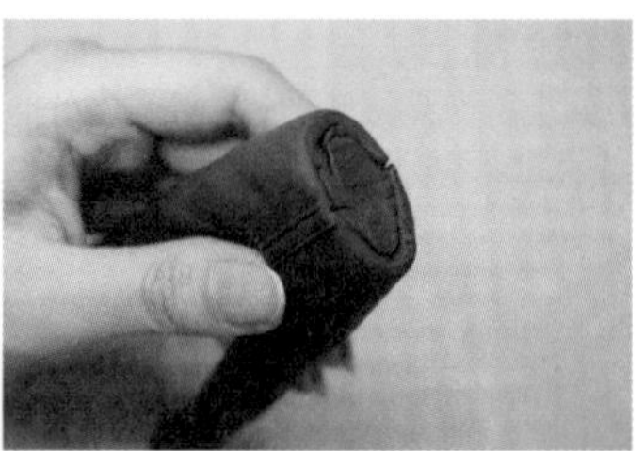

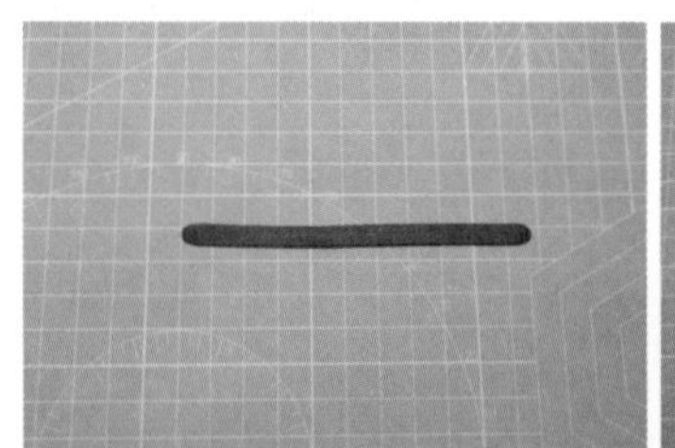

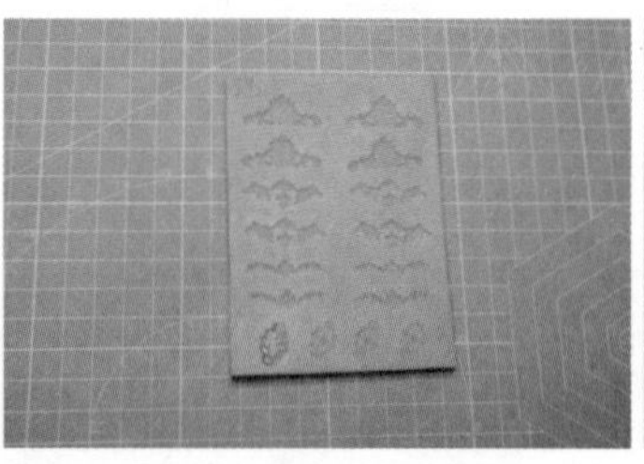

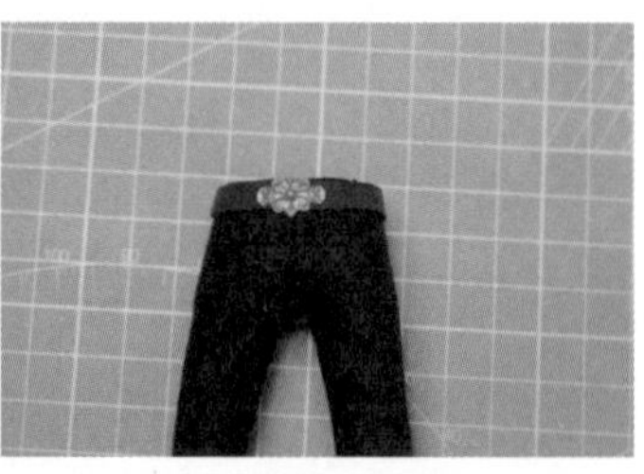

STEP 10 用深棕色黏土（咖啡色 + 黑色）搓一根长条并压扁作为腰带，再用迷你巴洛克模具翻一个图示位置的金色小花纹，把腰带围在人物的腰部，并在正中间贴上小花纹。

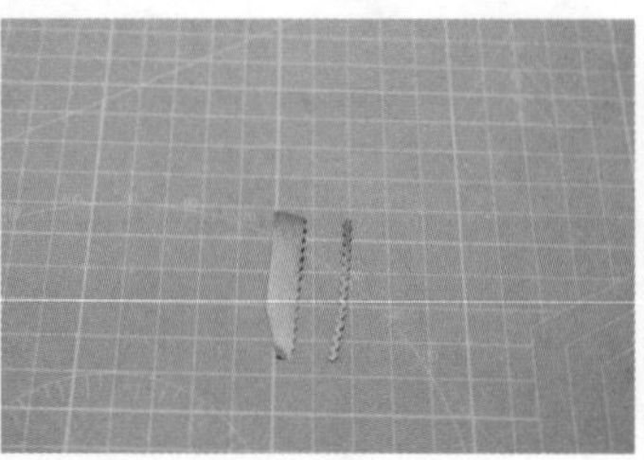

STEP 11 取金色树脂土擀成薄片，晾干后用花边剪剪出一根波浪长条，贴在腰带上，如果一根长的不容易剪均匀，可以剪两根短的拼接起来。

STEP 12 切 6 根黑色黏土小细条，围着腰带贴一圈。

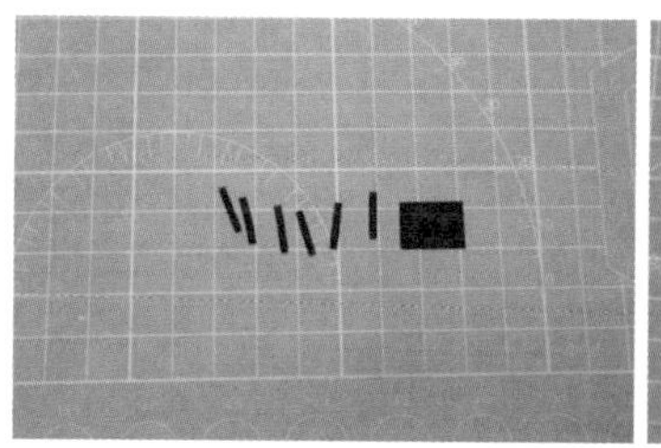

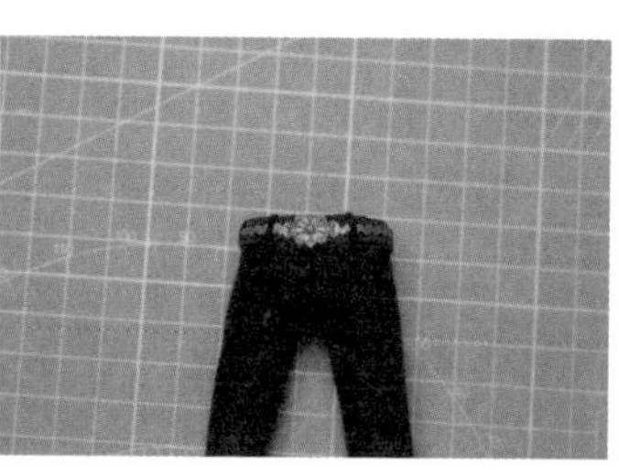

4.6 制作身体

关注绘客公众号，
输入 54321，
下载此处教学视频
（小提琴 06-03）

STEP 01 取一大块日烧肤色黏土，搓成柱形。

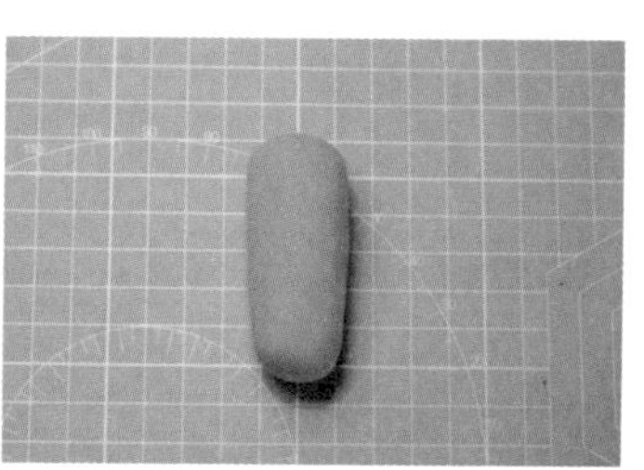

STEP 02 把柱形稍微压扁一些，然后搓出脖子和肩部的基本形状。

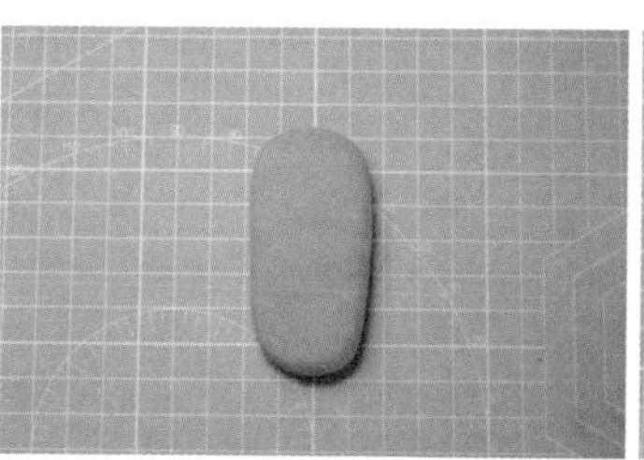

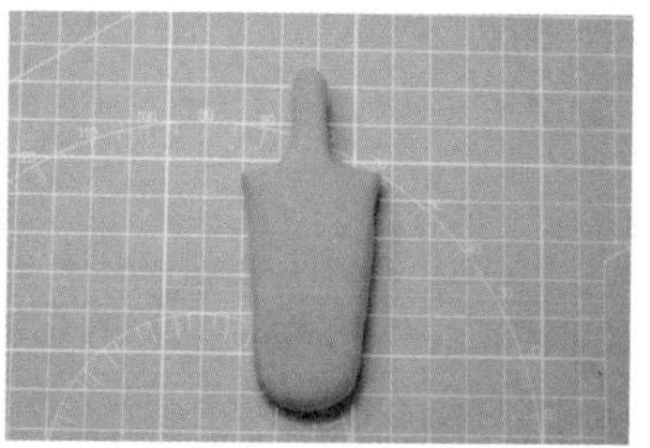

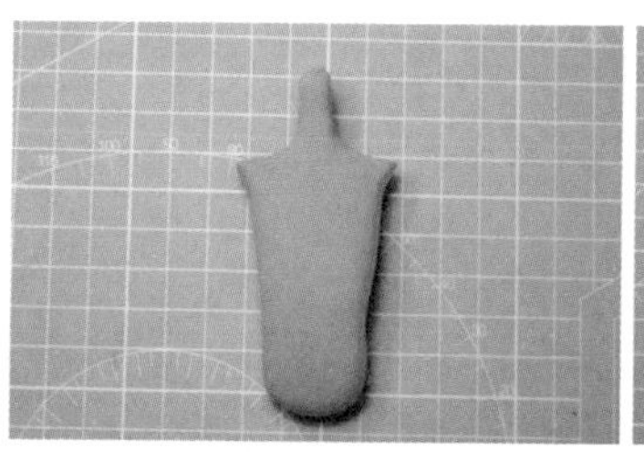

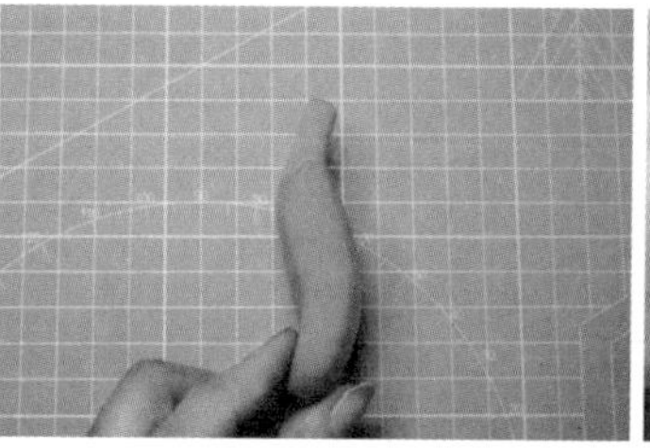

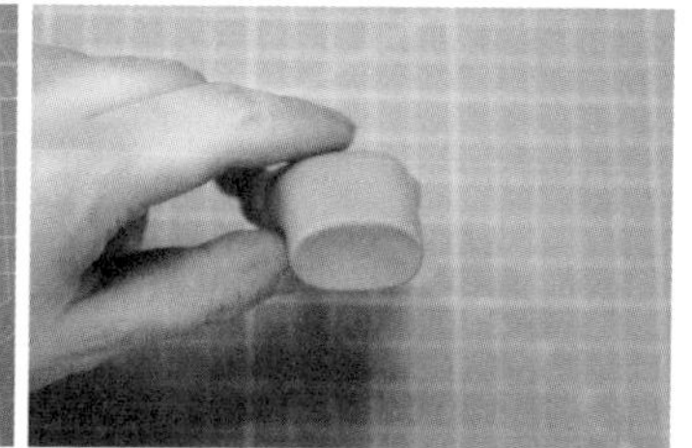

STEP 03 把肩部调整宽一些、腰部调整窄一些，把侧面调整出曲线、底部捏平。

STEP 04 取一小块日烧肤色黏土先压扁，然后调整一下形状贴在胸部，用细节针擀一下边缘，让边缘更贴合。一侧胸肌就完成了。

关注绘客公众号，
输入 54321，
下载此处教学视频
（小提琴 06-05）

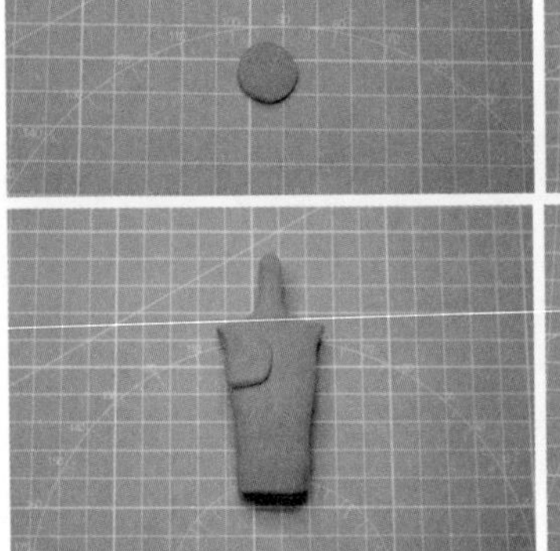

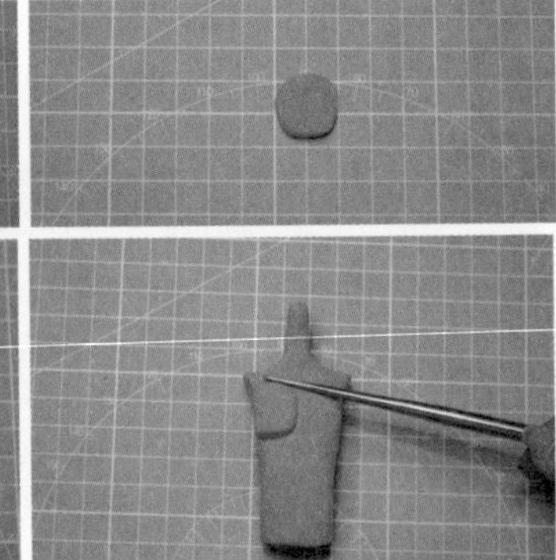

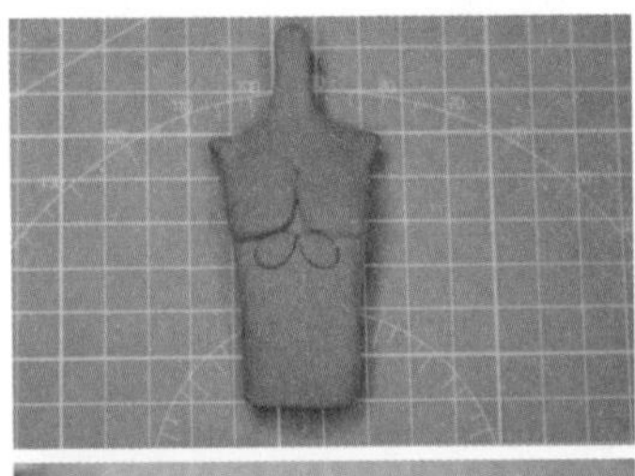

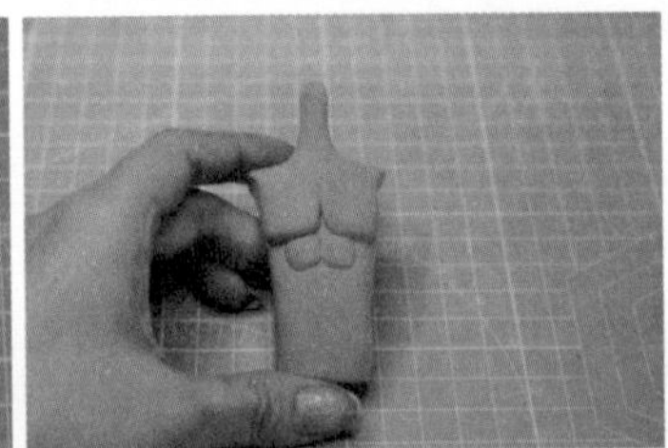

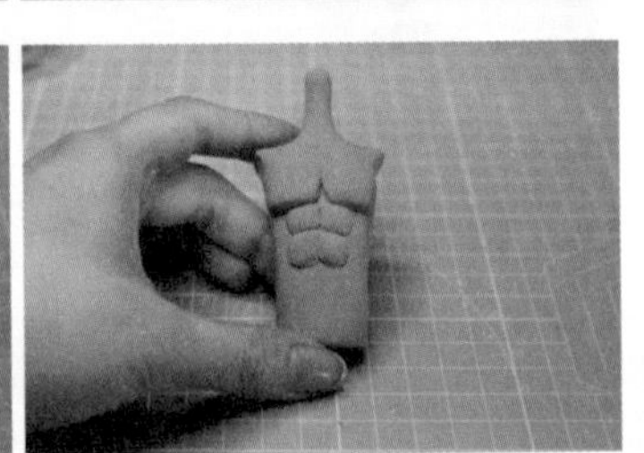

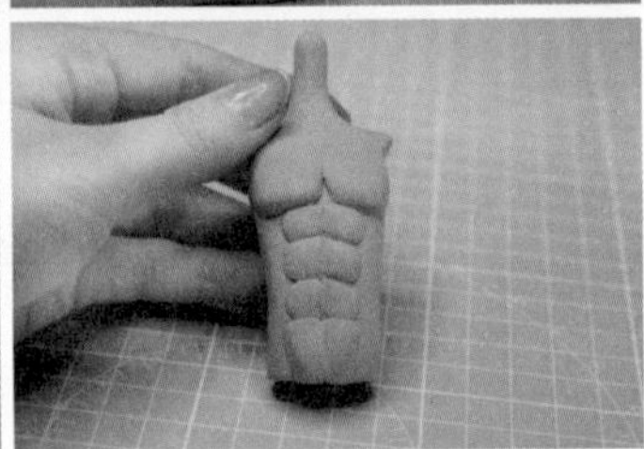

STEP 05 逐步贴上胸肌和腹肌，注意都是薄薄的，不要太厚、太鼓了。

STEP 06 贴上两条日烧肤色黏土作为胸锁乳突肌，位置是从耳后到脖子再到锁骨中间，贴上后用毛笔蘸水刷接缝处，使其更贴合颈部。

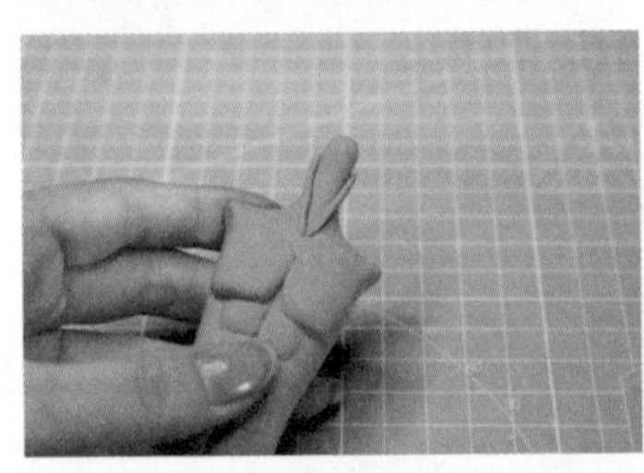

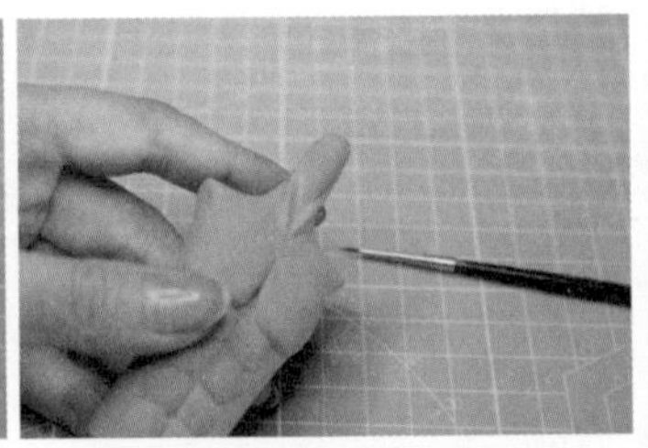

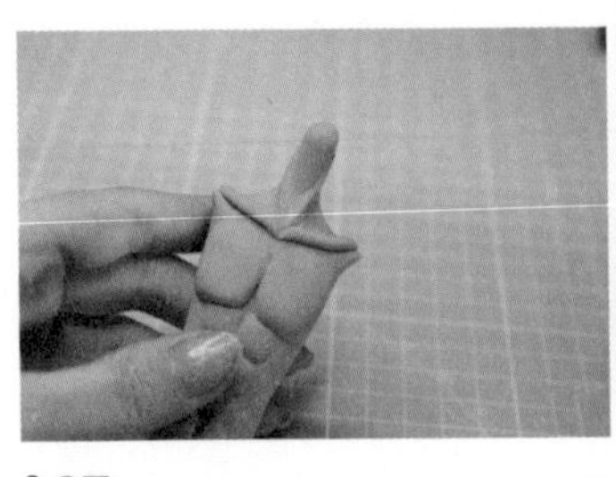

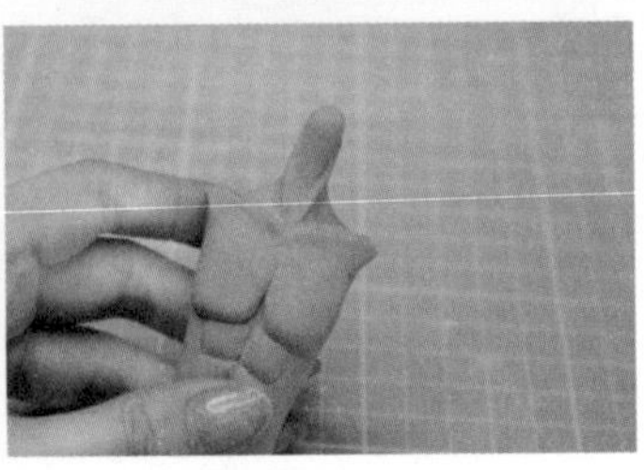

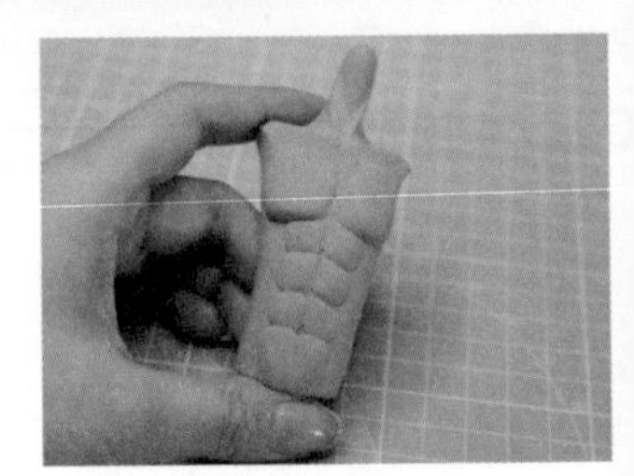

STEP 07 贴上锁骨，用毛笔蘸水刷接缝处，让它贴合身体。

STEP 08 用毛笔继续蘸水刷一下肌肉接缝，让它过渡更自然。

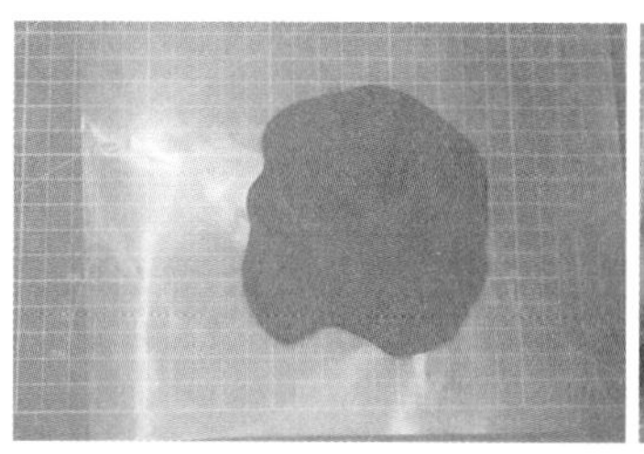

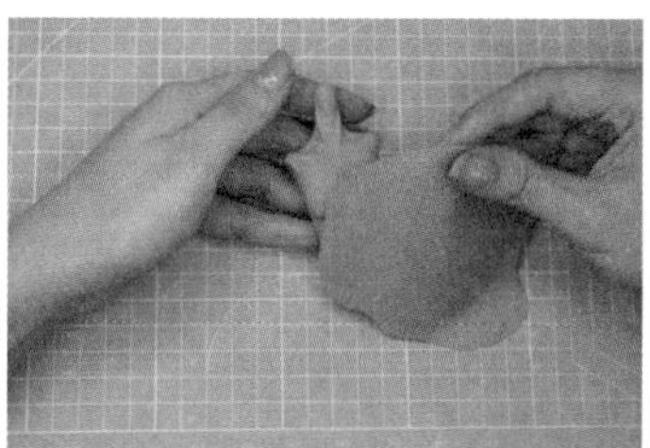

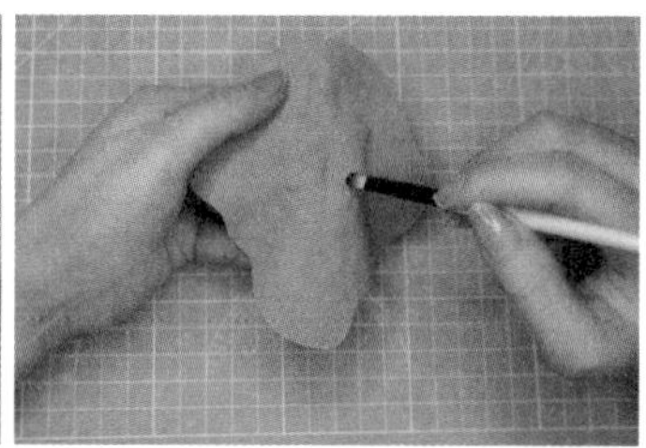

STEP 09 擀一个大薄片，贴在身体上，用干燥的化妆刷轻轻刷一下使薄片更贴合身体。

STEP 10 背后多余的部分用刀片切掉或者用剪刀剪掉，然后用细节针擀平。

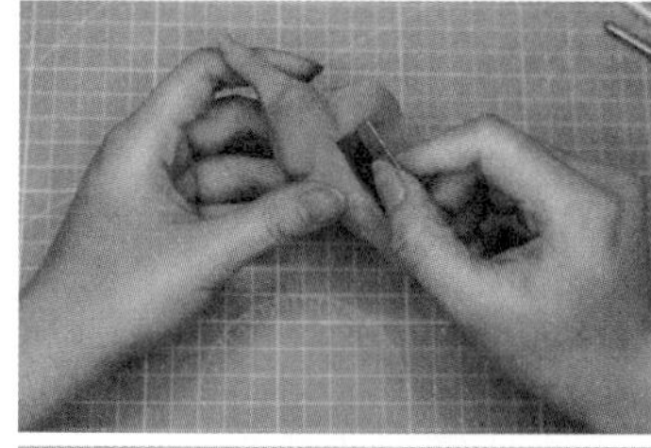

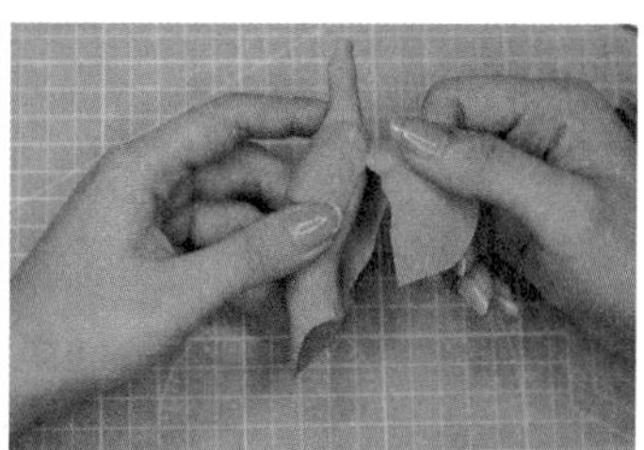

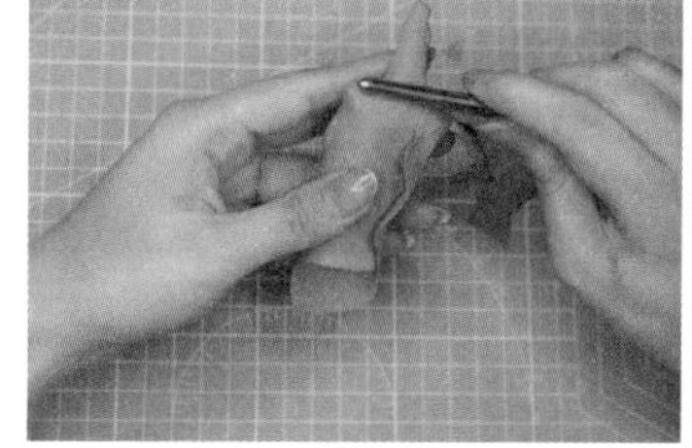

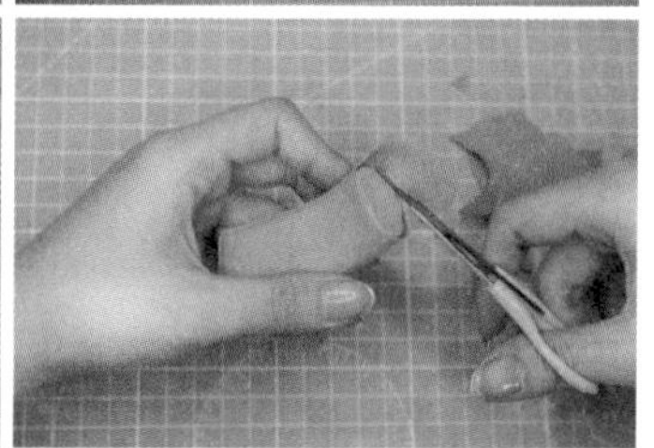

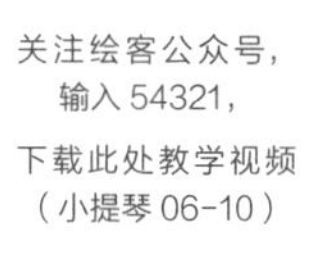

关注绘客公众号，
输入 54321，
下载此处教学视频
（小提琴 06-10）

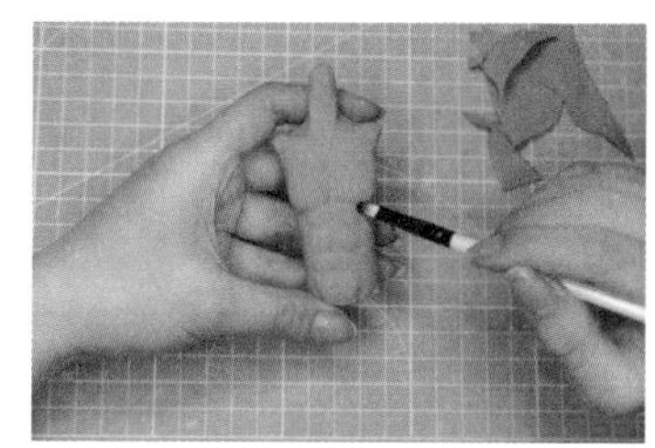

STEP 11 再用刷子把肌肉缝隙轻轻刷一遍，检查有没有气泡或者没贴紧的地方。身体就完成了。

关注绘客公众号，
输入 54321，
下载此处教学视频
（小提琴 06-11）

4.7 制作手和手臂

关注绘客公众号，
输入 54321，
下载此处教学视频
（小提琴 07-05）

STEP 01 取日烧肤色黏土搓成一头粗一头细的形状，细的一头用压泥板稍稍压扁。

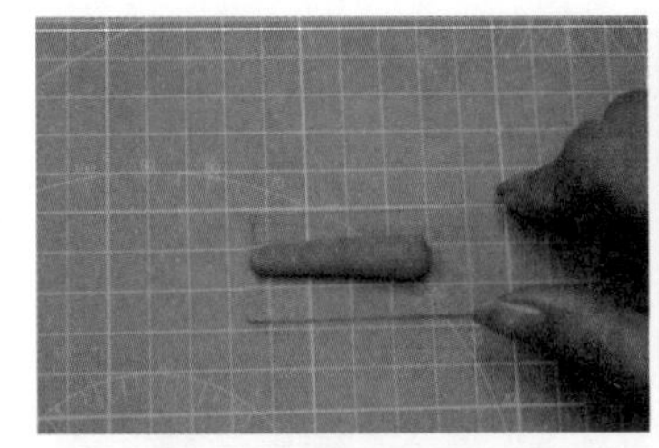

STEP 02 用塑料刀压出手指缝，然后用剪刀沿手指缝剪开，做出 4 根手指的基本形状。

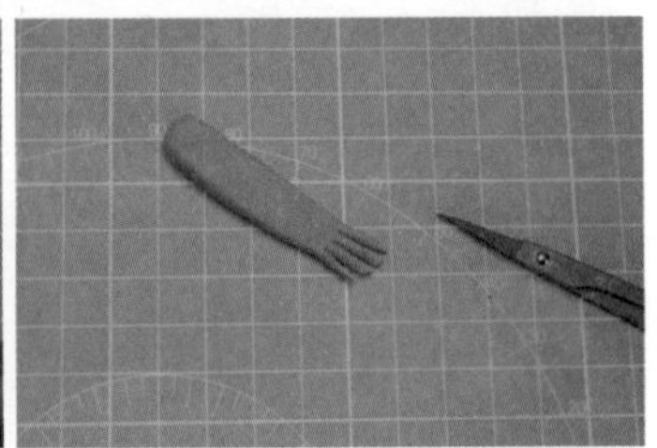

STEP 03 在手指和手掌的分界处压一条印子，把手指分开一些。

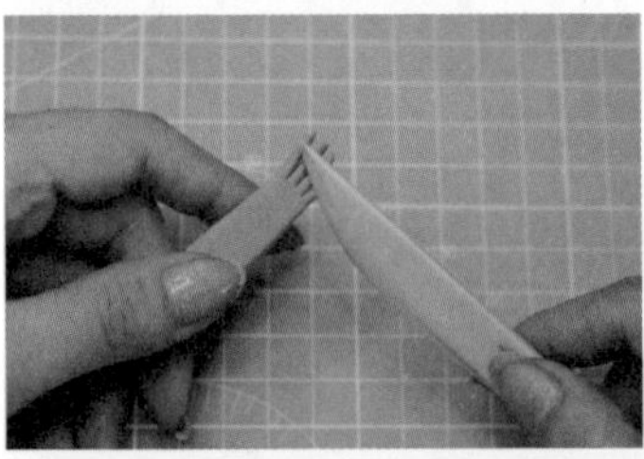

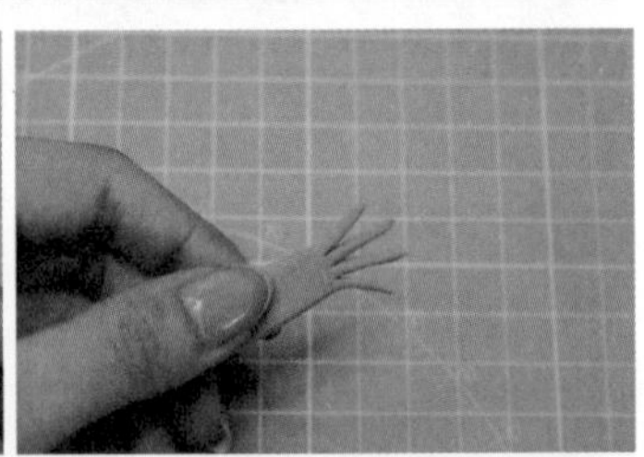

STEP 04 取日烧肤色黏土搓一个保龄球瓶形状，贴在手上作为大拇指。

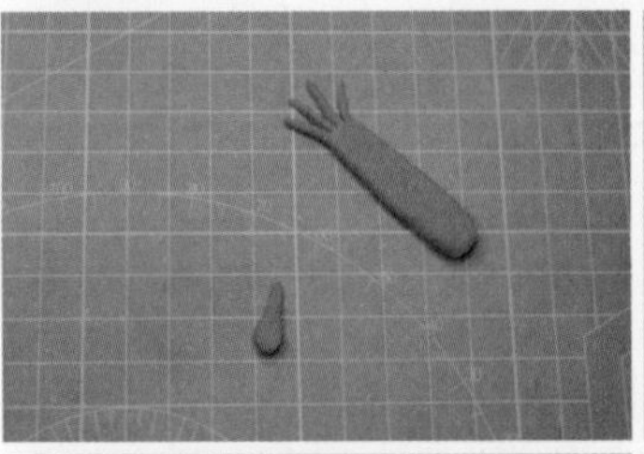

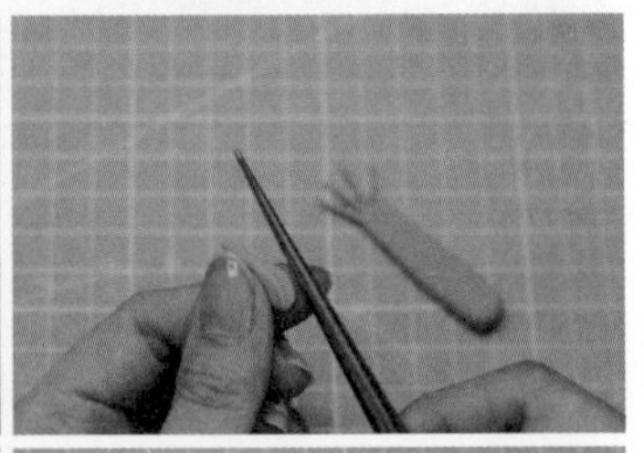

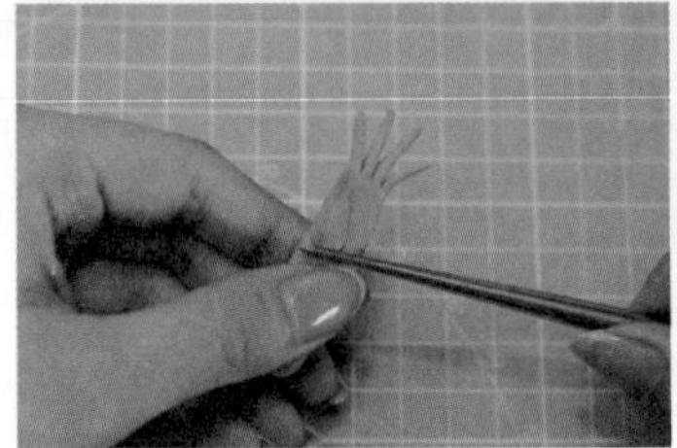

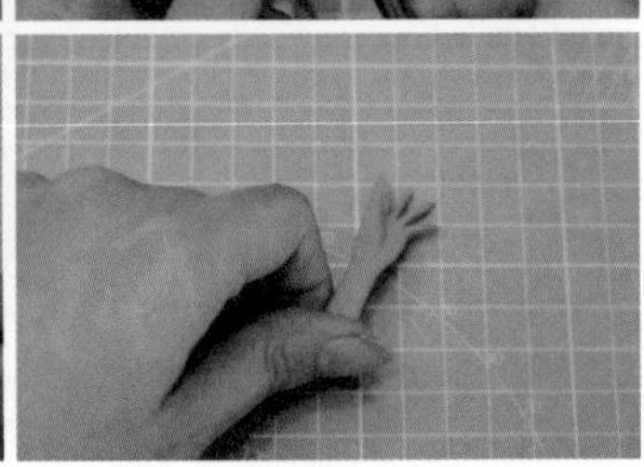

关注绘客公众号，
输入 54321，
下载此处教学视频
（小提琴 07-07）

STEP 05 把手腕处搓细，调整一下手掌和手指的形状，用细节针加强一下手背的“骨感”。

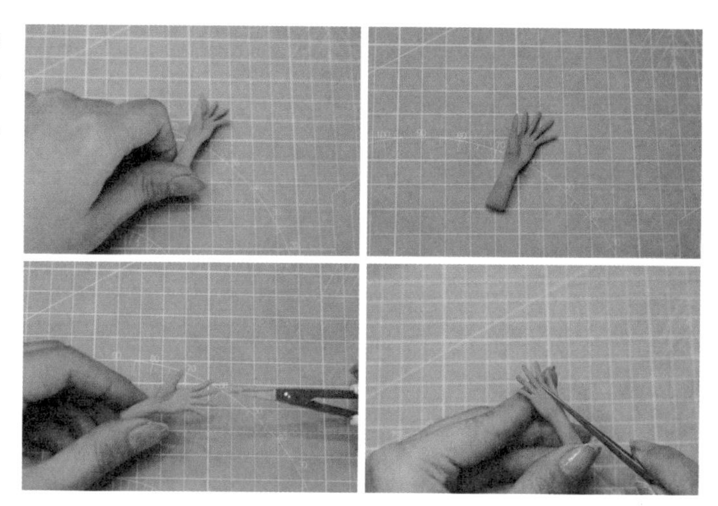

STEP 06 将手指调整成需要的动作。

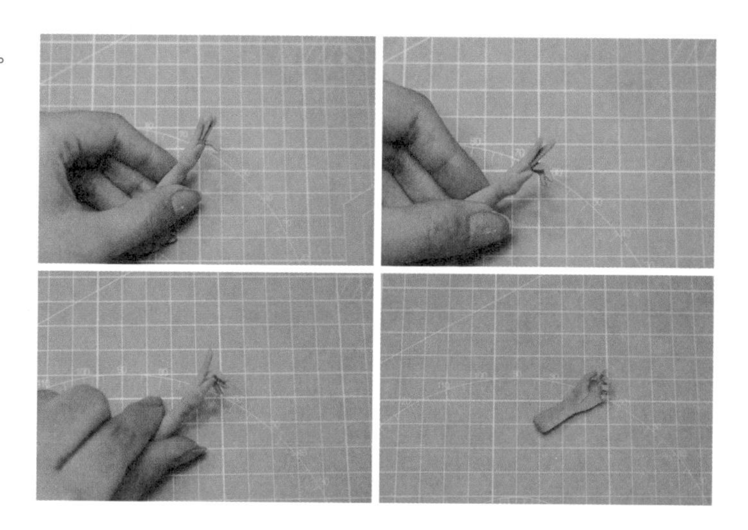

STEP 07 用细节针调整一下手腕的角度，再微调一下手指，不好操作的部位可以用陶瓷镊子来辅助完成。

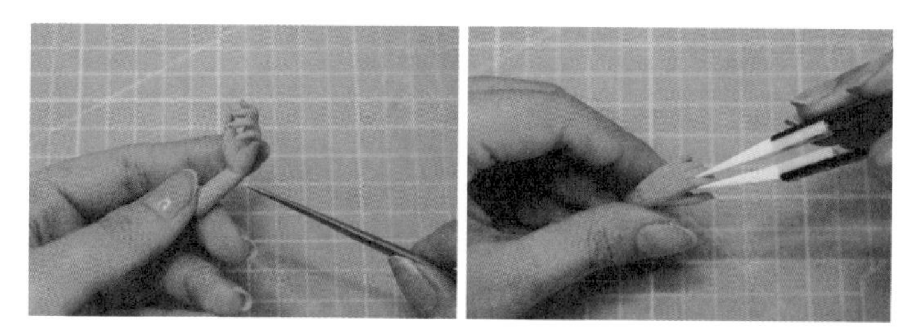

STEP 08 用同样的方法制作另一只手。待晾干后用酒精棉片打磨一下接缝和指尖，使其更为光滑。

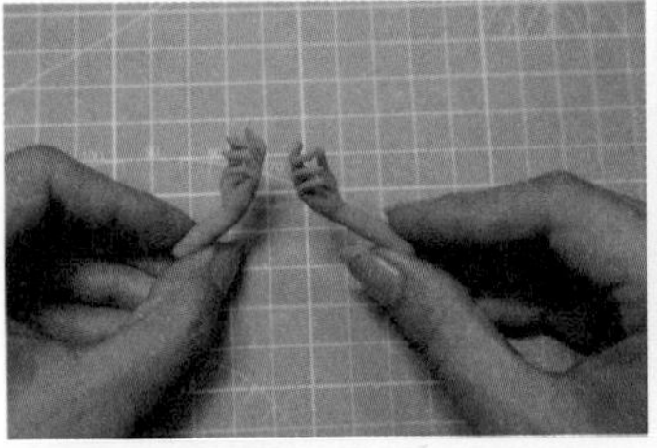

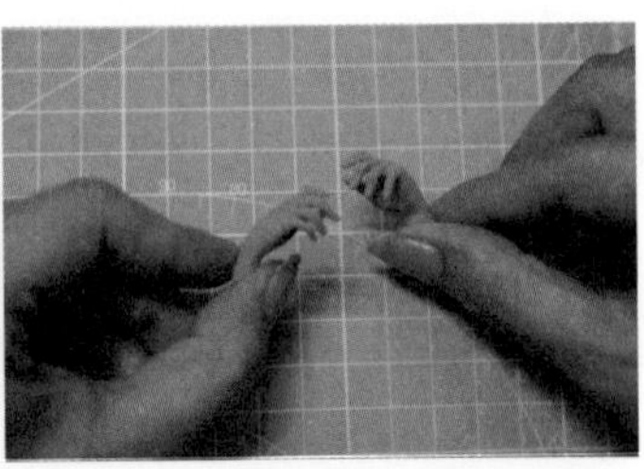

STEP 09 取两块日烧肤色黏土用来制作手臂，先搓成柱状，一头稍微粗一点儿。

关注绘客公众号，
输入 54321，
下载此处教学视频
（小提琴 07-11）

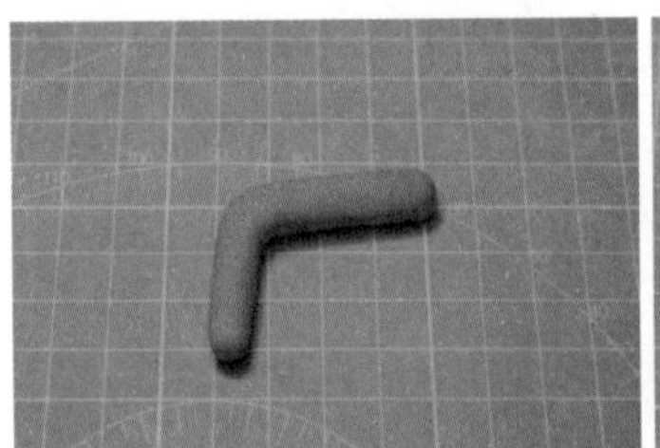

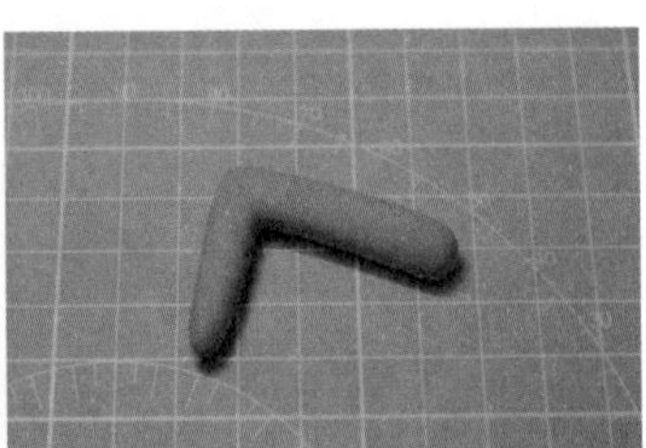

STEP 10 把手臂折弯，然后捏出肘尖的形状。

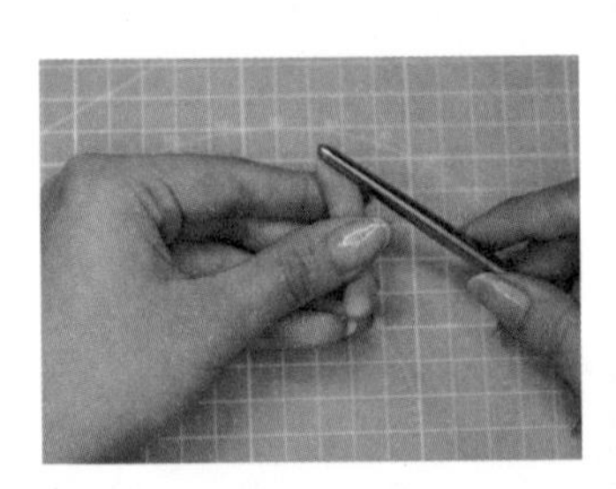

STEP 11 把手臂上端擀成一个斜面，方便和身体衔接。

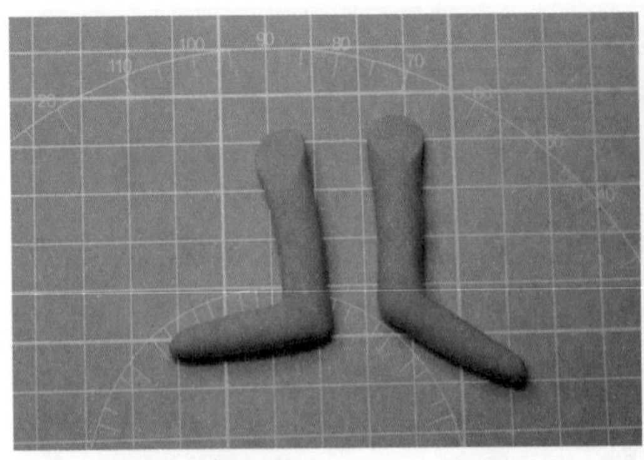

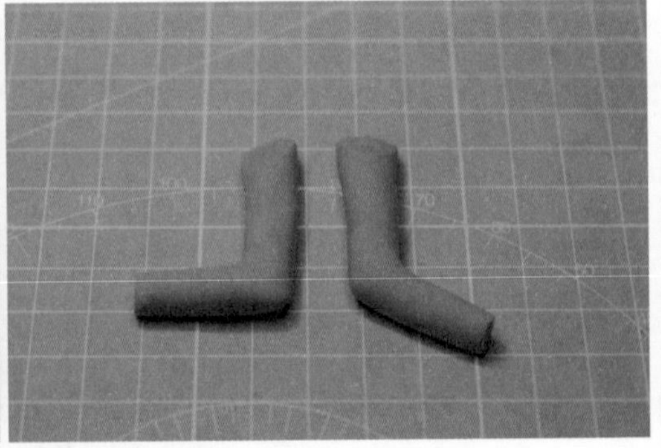

STEP 12 用同样的方法制作另一只手臂，注意手肘弯曲的角度略有不同。把靠近手腕的那一端剪平。

4.8
制作上衣

关注绘客公众号，
输入 54321，
下载此处教学视频
（小提琴 08-04）

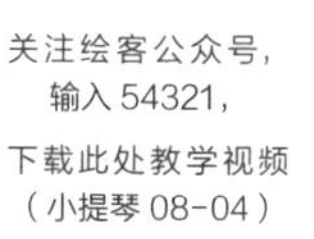

STEP 01 擀一个白色黏土薄片，切成图中箭头所指的形状。

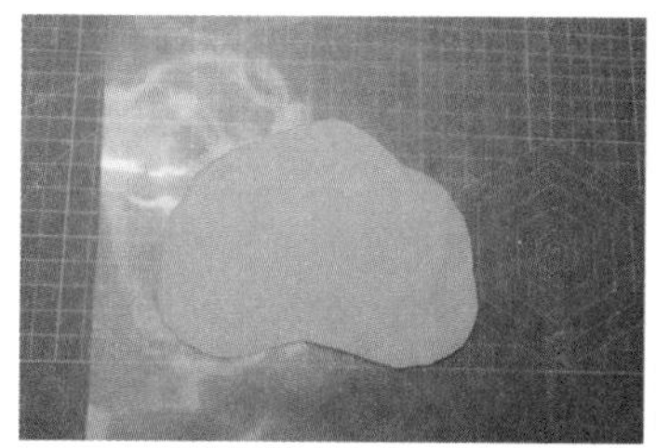
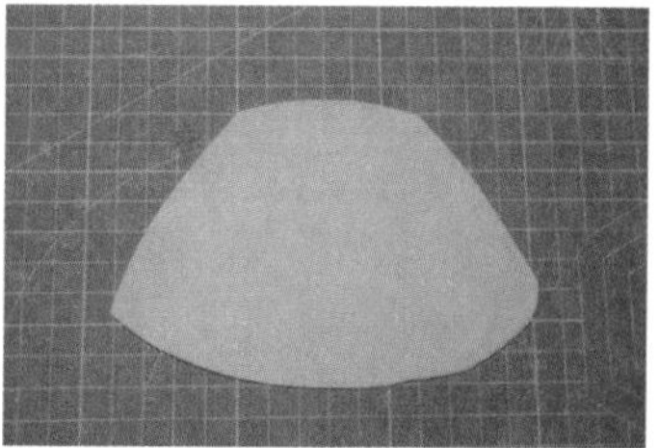

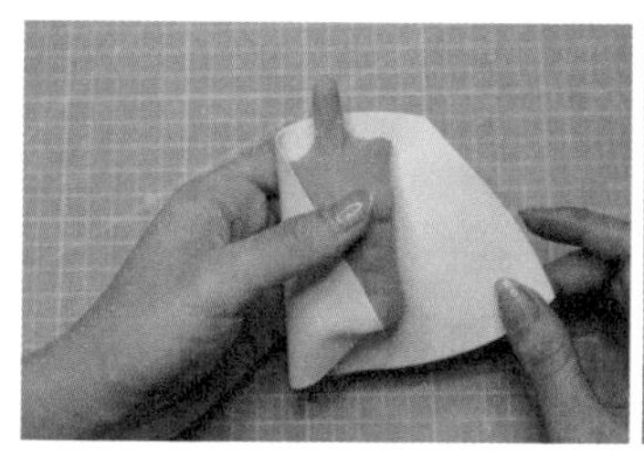
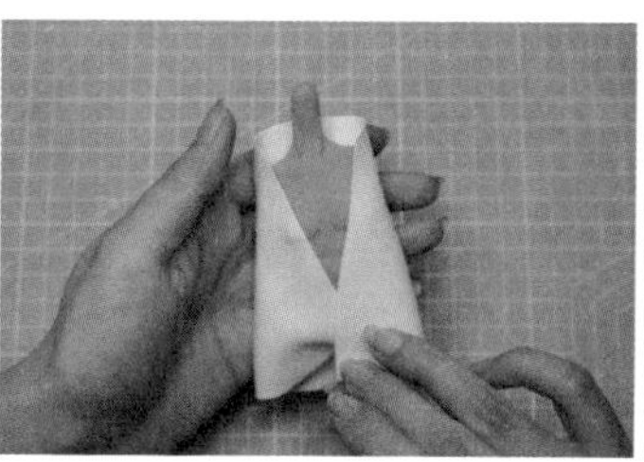
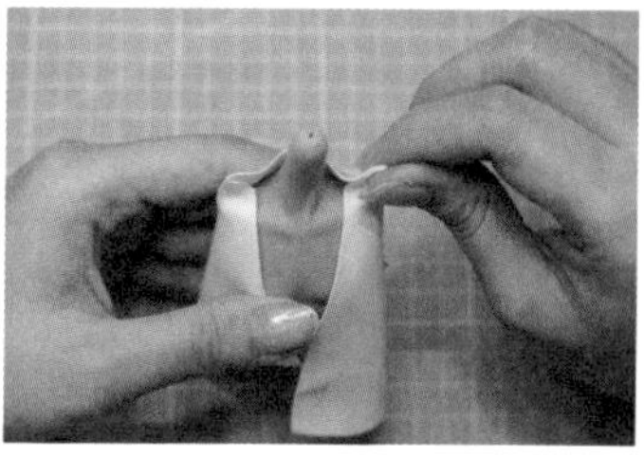

STEP 02 把薄片围在身体上，把肩部上方的薄片捏紧固定。

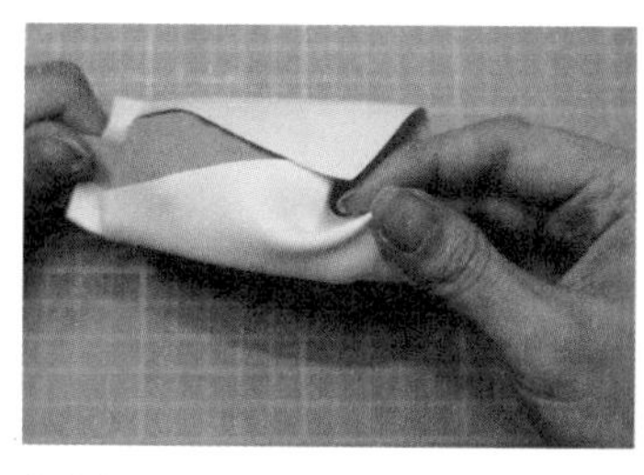
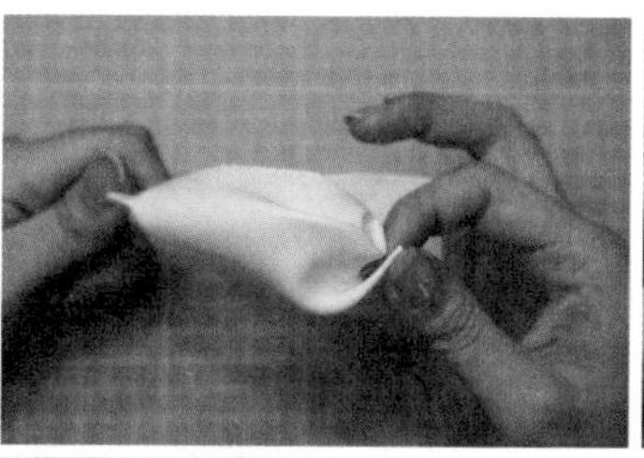
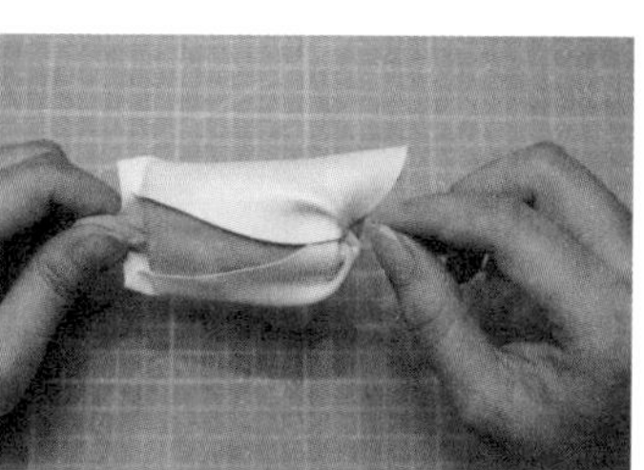

STEP 03 把薄片下摆像包包子一样捏出一个个褶子固定在腰部，捏一圈。

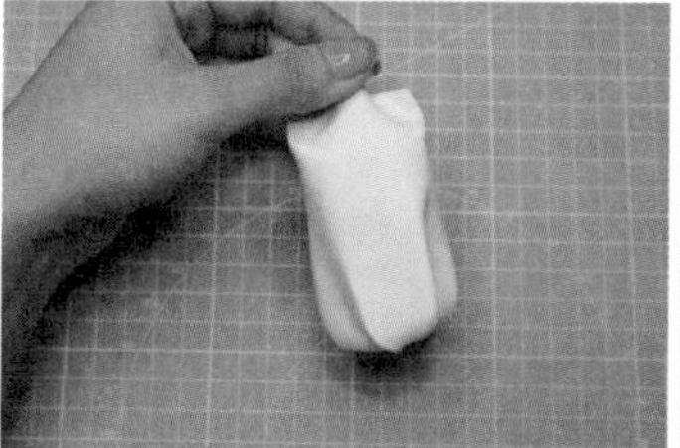

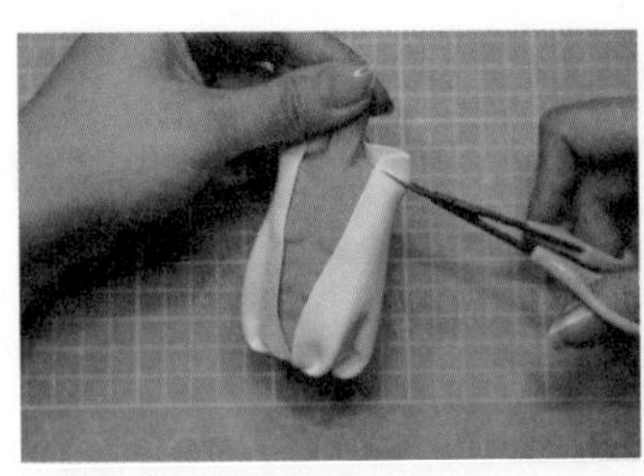
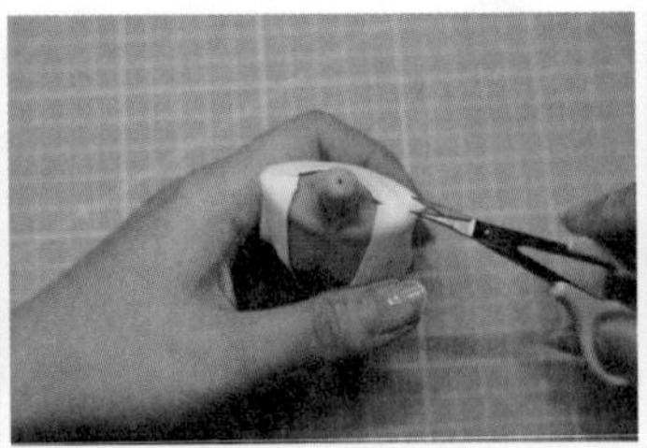
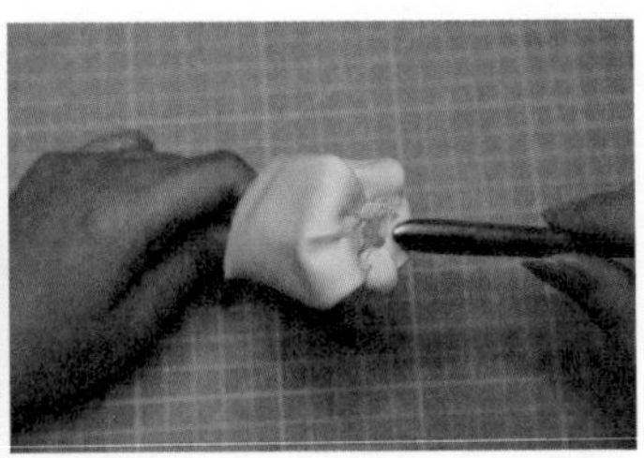

STEP 04 把肩部多余的薄片剪掉，用细节针把腰部压得平整一些。

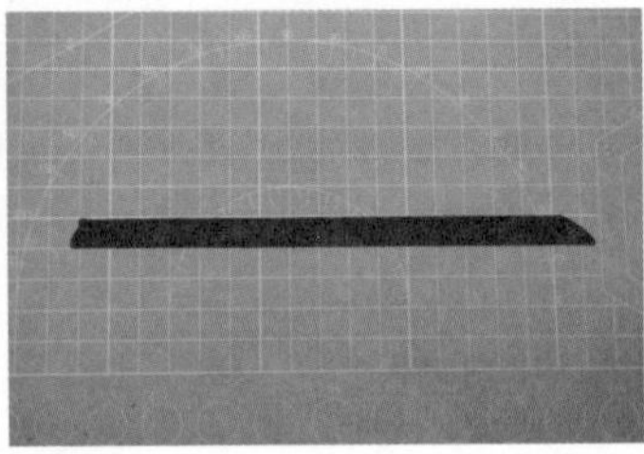

STEP 05 用咖啡色、黄色、黑色黏土按照图上的比例调色，然后擀成一根长条贴在薄片边缘作为领子。

STEP 06 用金色树脂土搓一根长条，贴在领子内侧。

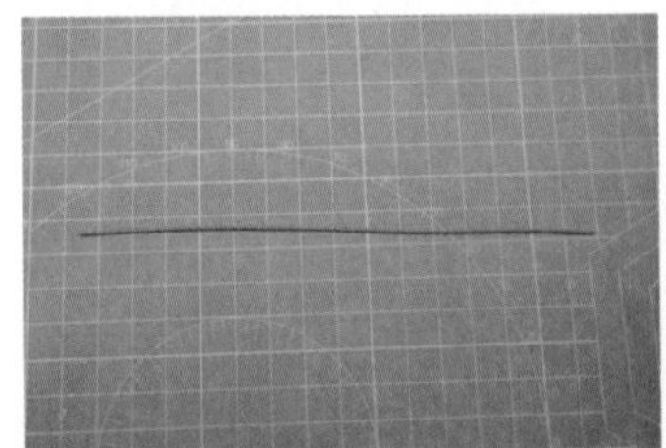

STEP 07 用硅胶迷你巴洛克模具翻出一些花纹，贴在领子上。

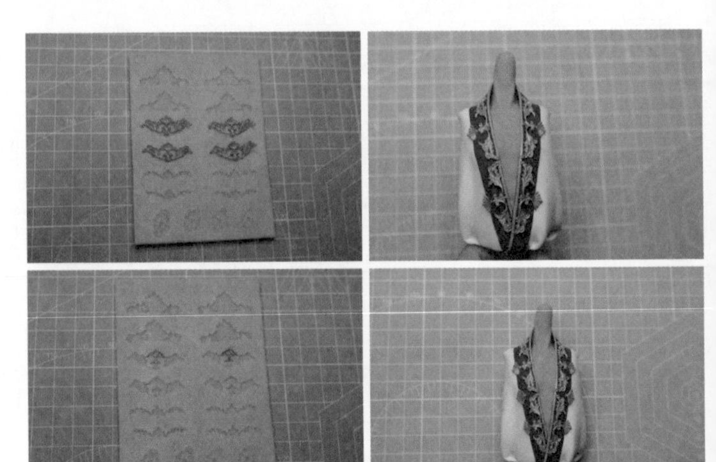

STEP 08 搓两个金色树脂土小球，用压痕笔分别压一个凹坑，贴在图中箭头所指处。

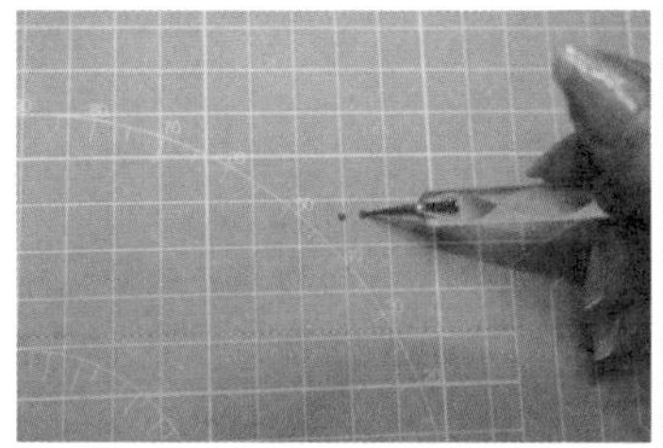
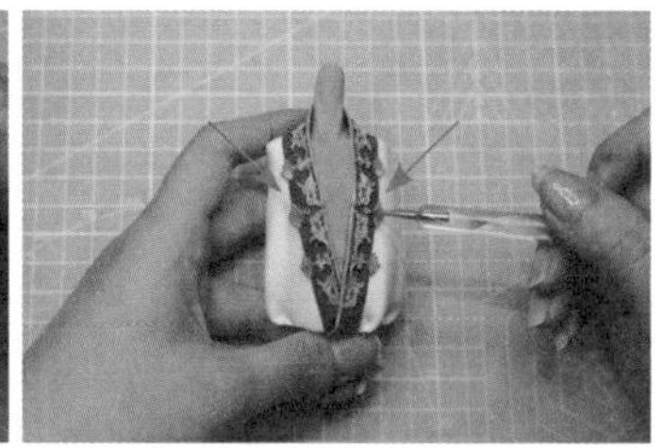

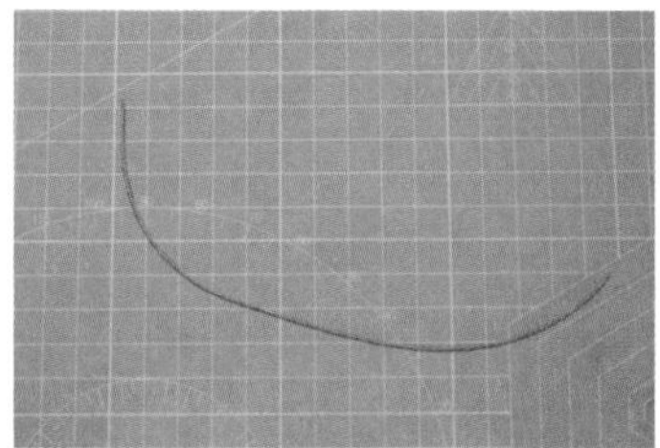
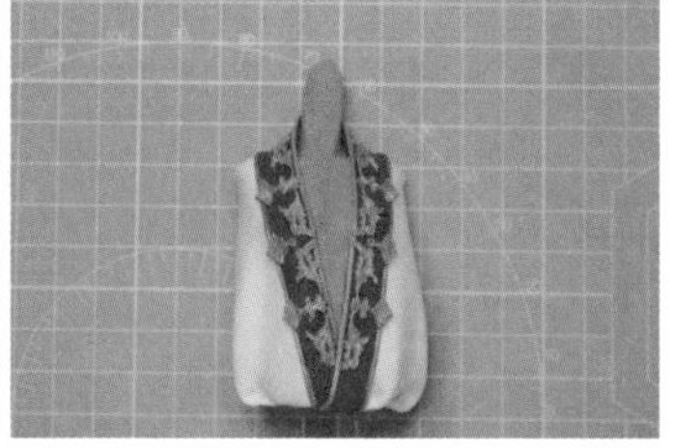
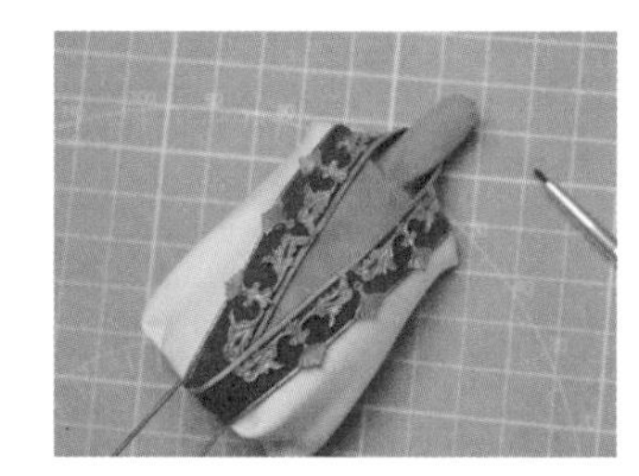

STEP 09 搓一根金色树脂土长条贴在领子外侧。

STEP 10 用棕色色粉给身体的肌肉扫一些阴影。

STEP 11 用硅胶迷你巴洛克模具翻 6 个小小的菱形花纹，再给衣服增加一些装饰，用细节剪剪一根金色树脂土花边长条，给人物加一条项链，将剩下的菱形花纹点缀在项链上作为吊坠。

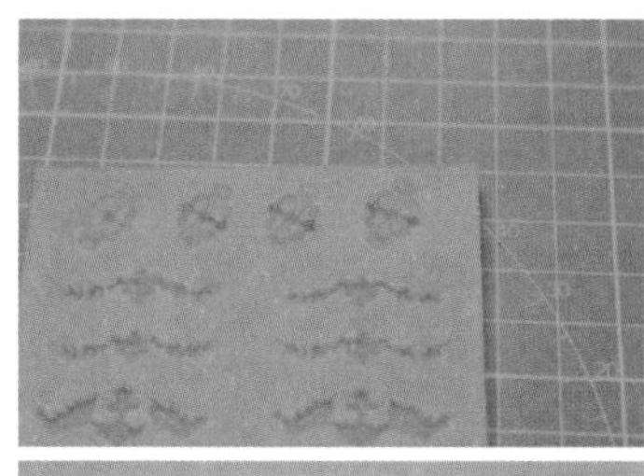

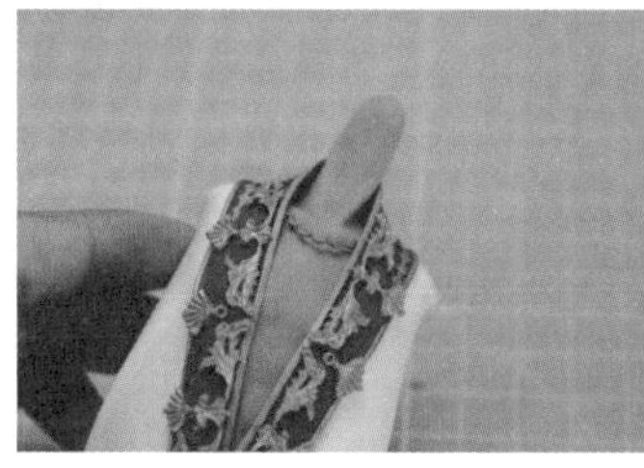
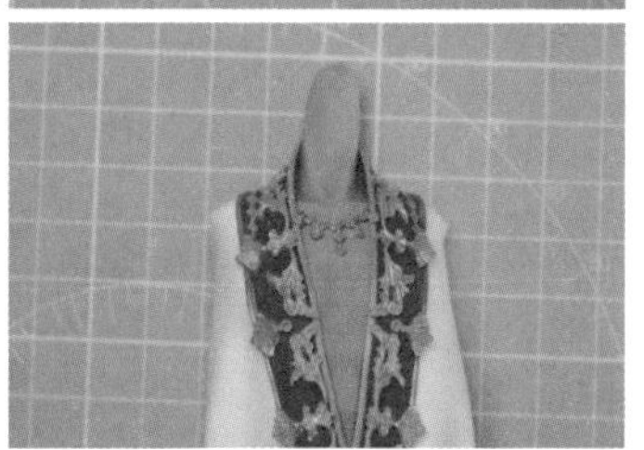

STEP 12 把上半身和下半身用铜棒连接起来，然后在腰上斜着围两圈金色树脂土长条作为装饰线。

4.9 制作袖子

关注绘客公众号，
输入 54321，
下载此处教学视频
（小提琴 09-03）

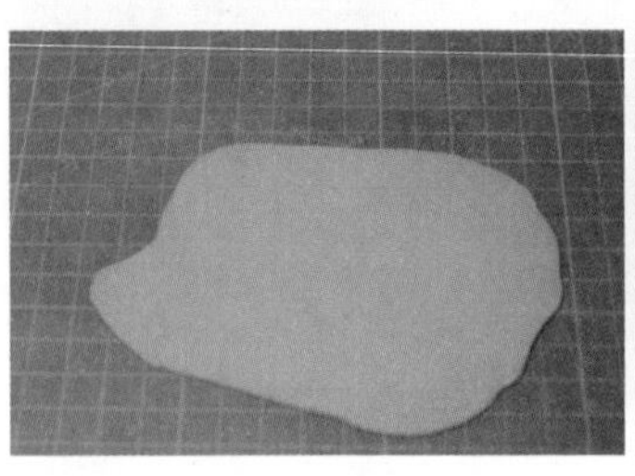

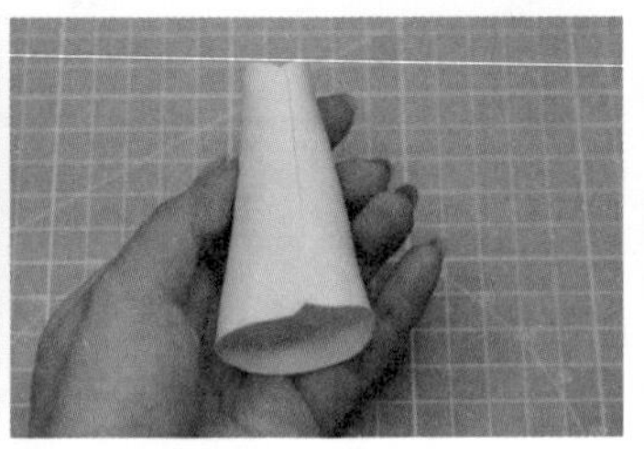

STEP 01 取白色黏土擀成薄片，切成图中箭头所指的形状，然后围成一个上窄下宽的筒。

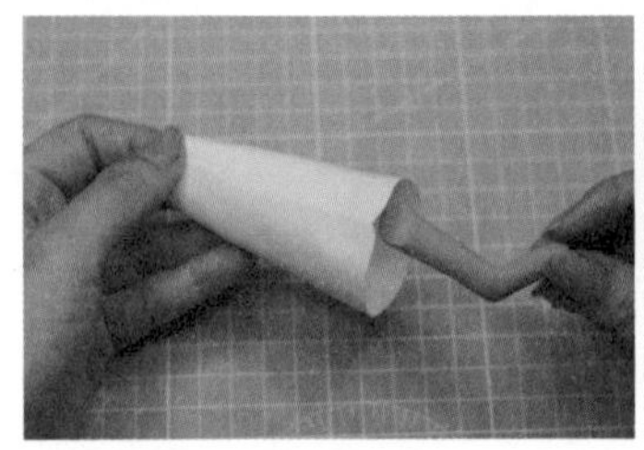
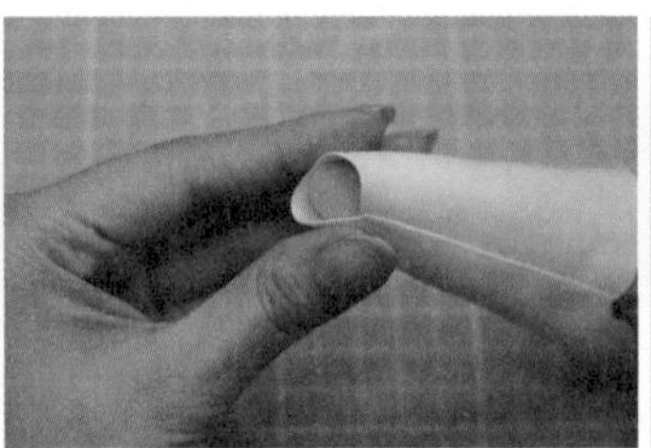
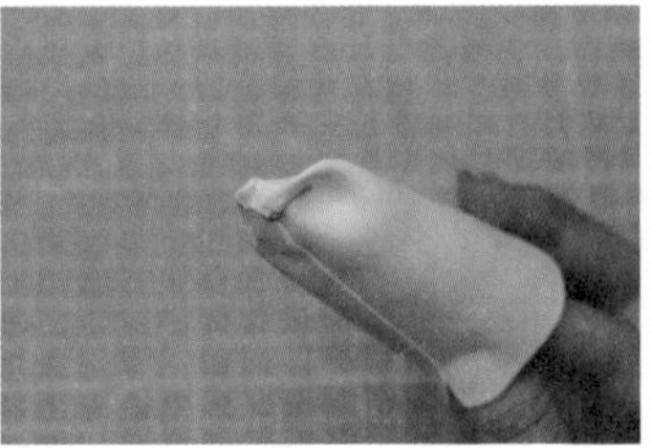

STEP 02 把做好的手臂放进去，薄片窄的一端捏紧包裹手臂上端。

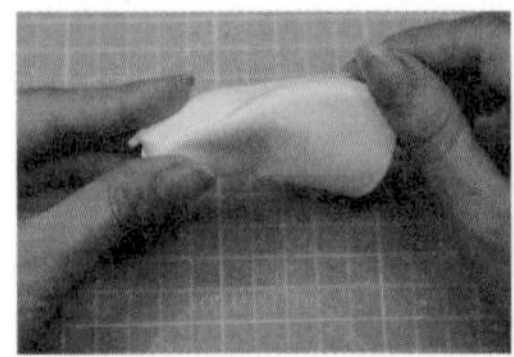
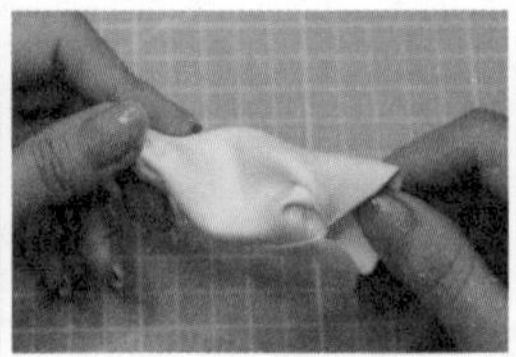
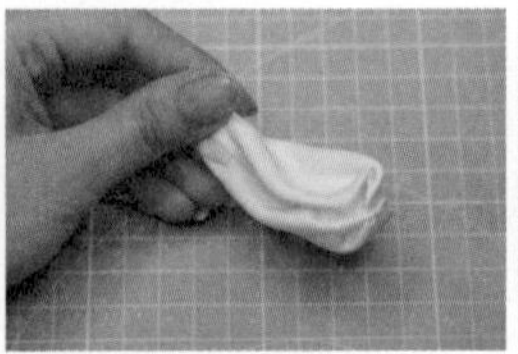
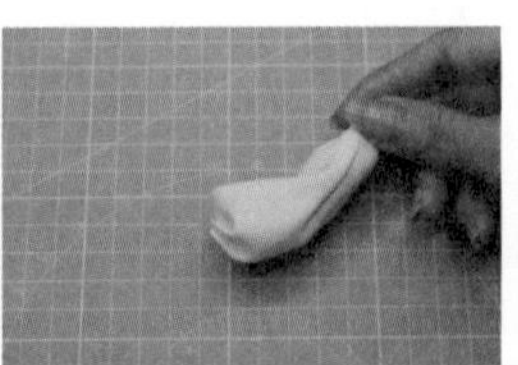

STEP 03 把另一端像包包子一样一点一点贴在手腕处。一只袖子就完成了。

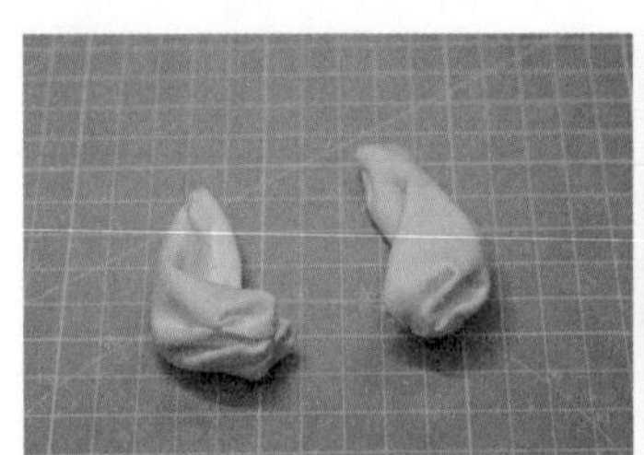

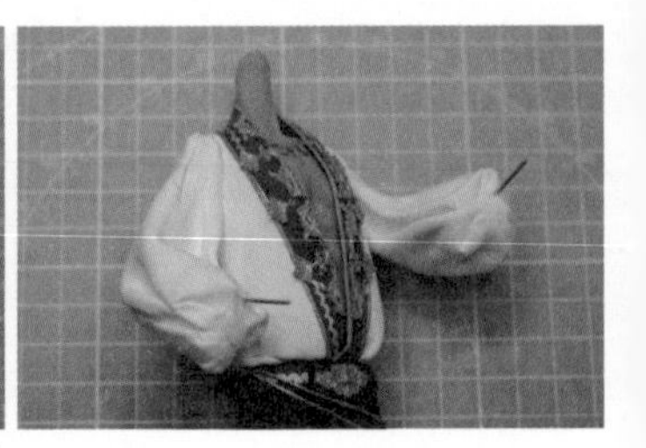

STEP 04 用同样的方法做好另一只袖子。把两只袖子分别贴在身体侧面，然后在手腕上分别插一根铜棒。

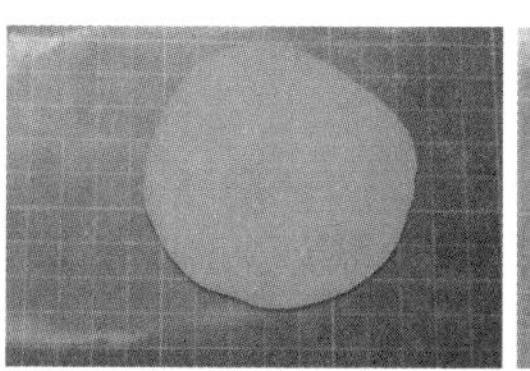

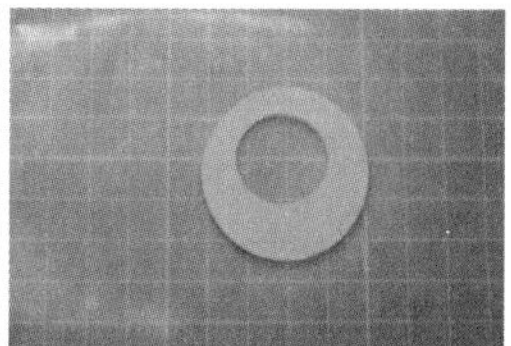

STEP 05 取白色黏土擀成薄片，然后用切圆工具切一个圆环，注意圆环不是同心圆环，要稍微偏一些。

STEP 06 把圆环叠一圈花边，贴在袖口处。

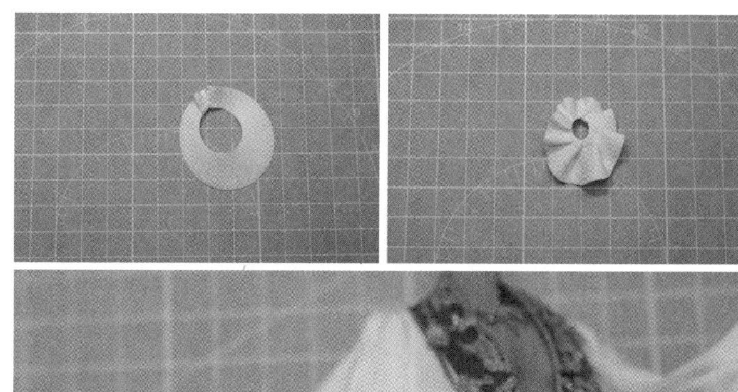

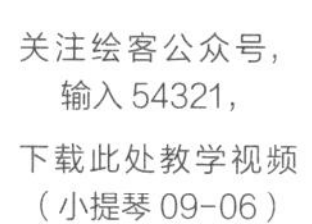

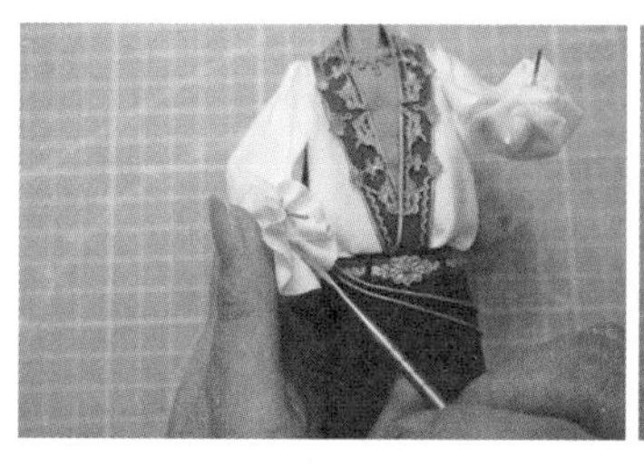

STEP 07 用工具调整好形状之后，把做好的手插在铜棒上。用同样的方法做另一边袖口花边并插好另一只手。

4.10 制作小提琴

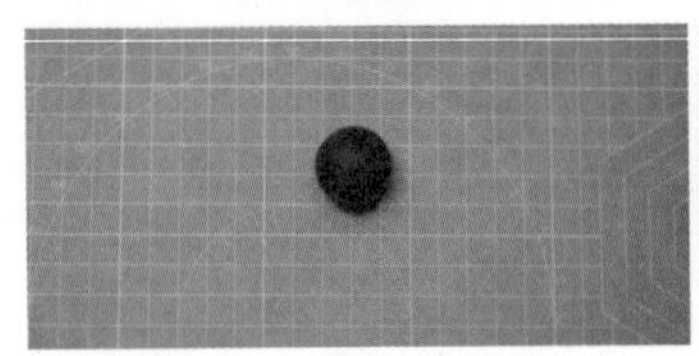
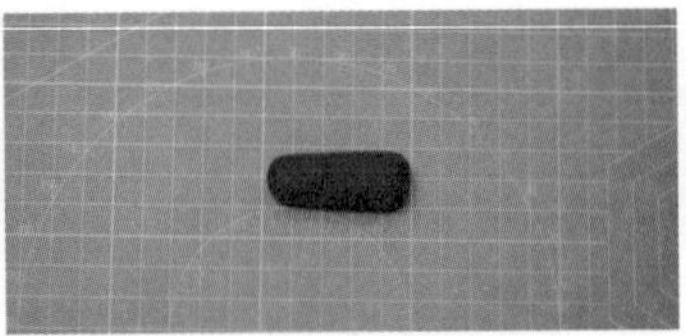

STEP 01 取一块咖啡色黏土搓成一头粗一头细的形状，然后压扁。

STEP 02 用切圆工具在两边各切掉一块，然后用细节针把侧板压得和面板几乎垂直，然后耐心地调整一下整体形状。

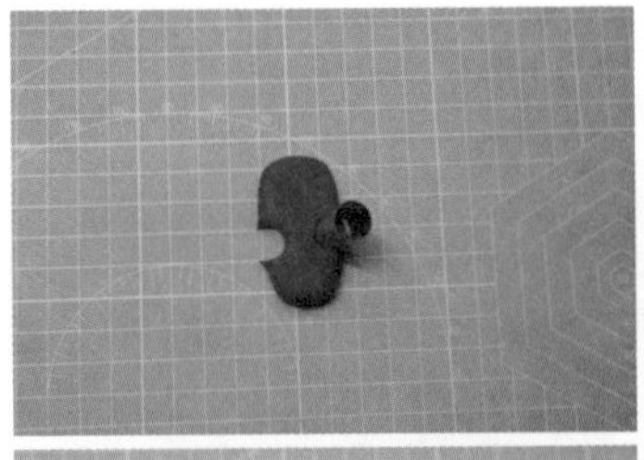
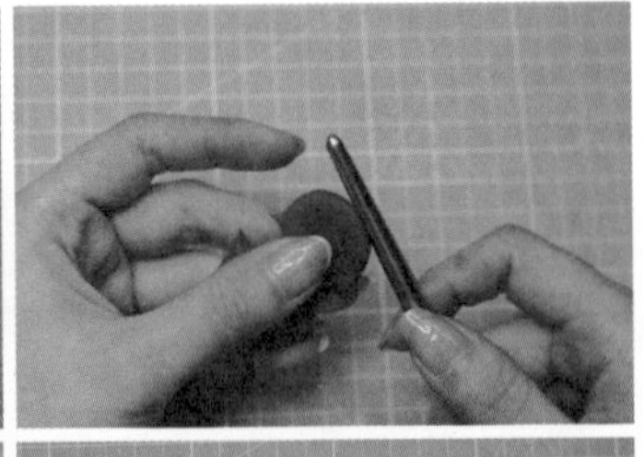
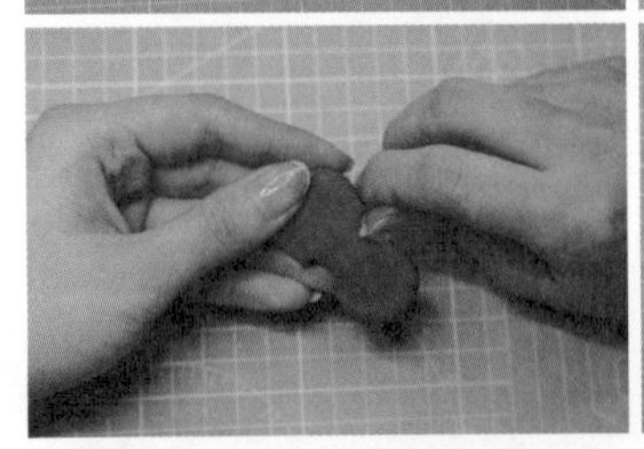

STEP 03 搓一根细长条，围在面板边缘，转折处可以用牙签辅助完成。

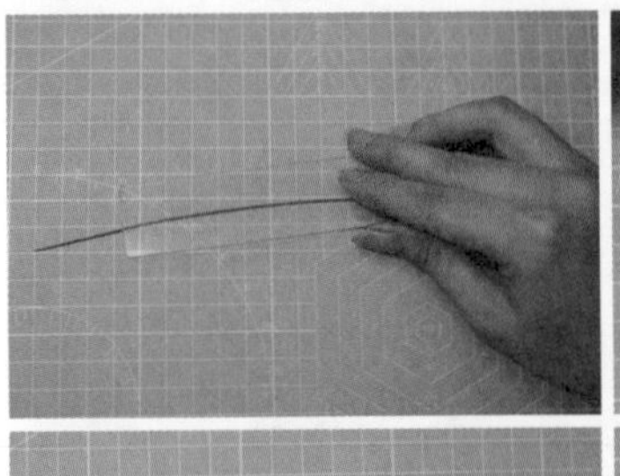
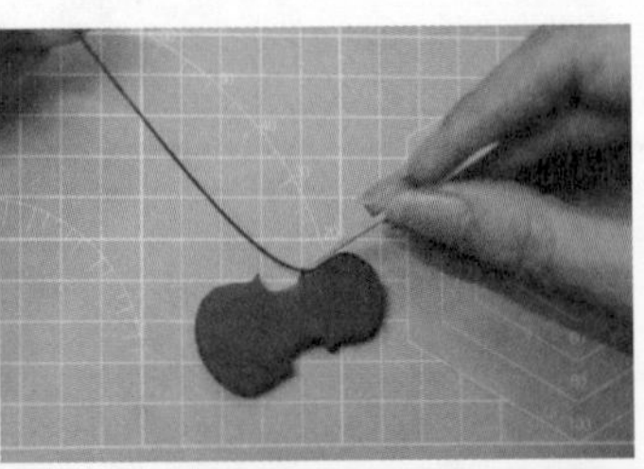

关注绘客公众号，
输入 54321，
下载此处教学视频
（小提琴 10-02）

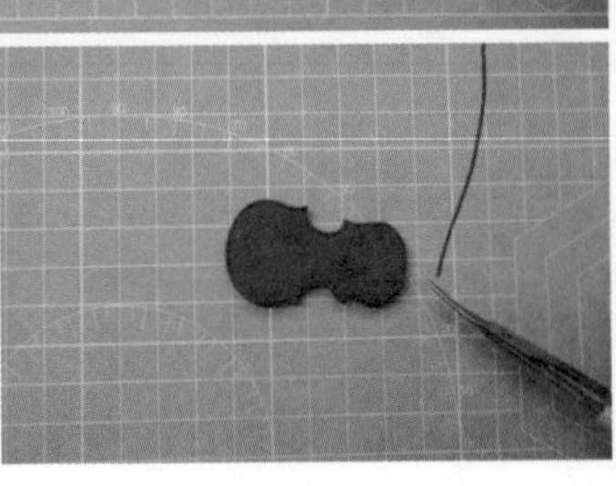

STEP 04 搓一根一头粗一头细的黑色黏土长条，压扁后把两端切齐作为琴颈。

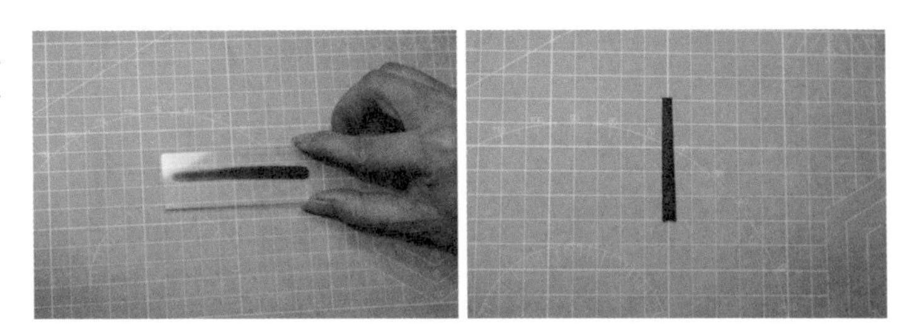

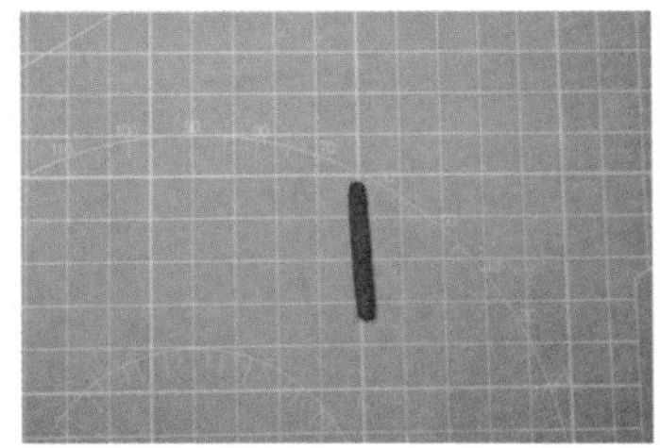

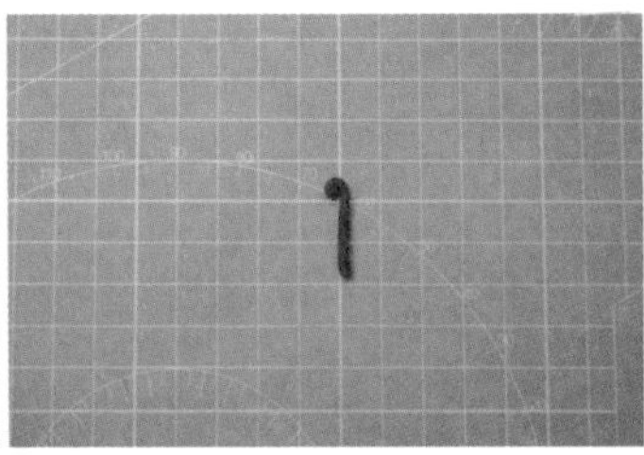

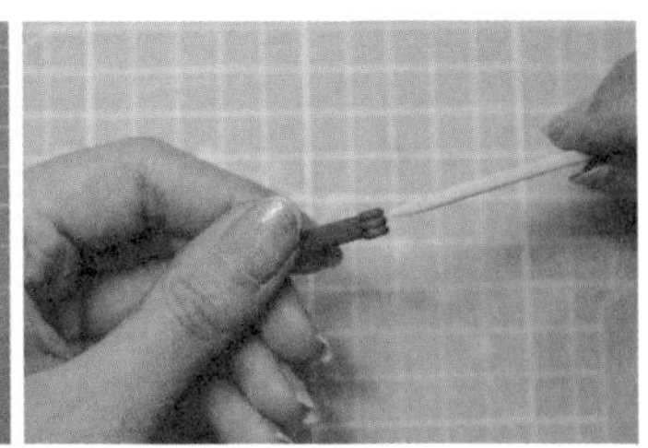

STEP 05 搓一根咖啡色黏土长条，压扁后把一端卷起来，然后用塑料刀压出印子作为琴头。

STEP 06 把琴头和琴颈粘起来，琴头的两侧再贴两个咖啡色黏土小点。

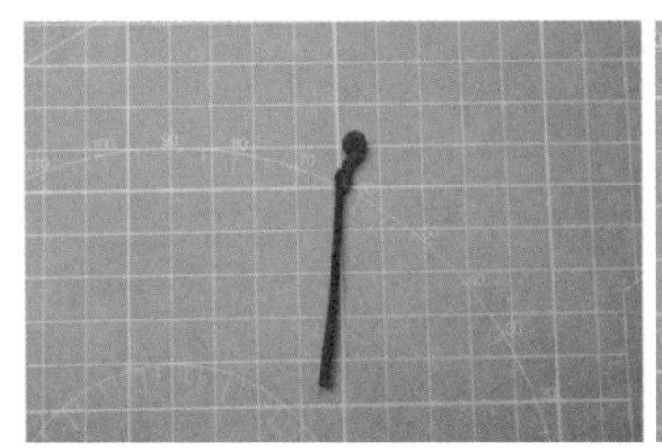

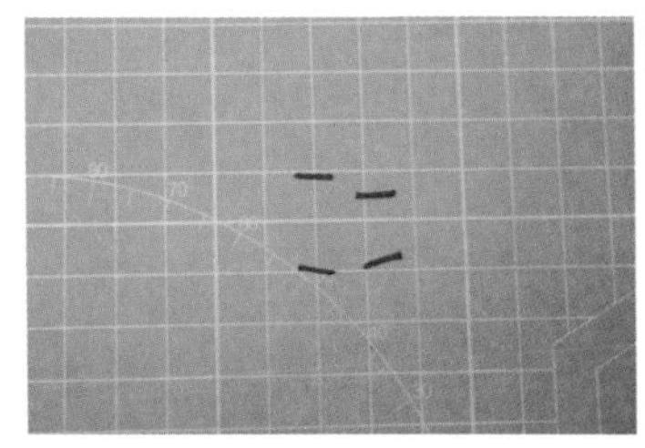

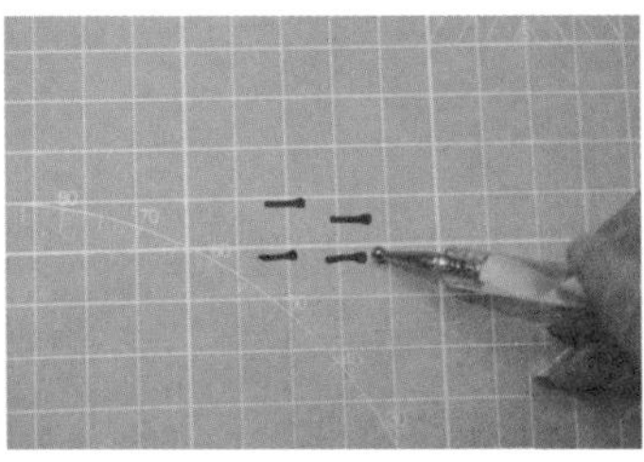

STEP 07 搓 4 根黑色黏土小条，用压痕笔把一端压扁作为弦轴，然后交错贴在琴头两侧。

STEP 08 用黑色黏土搓成水滴形状，然后压扁，剪成图中箭头所指的形状作为系弦板。

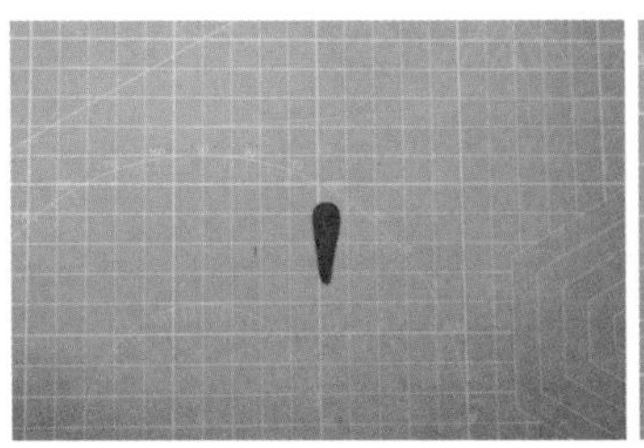

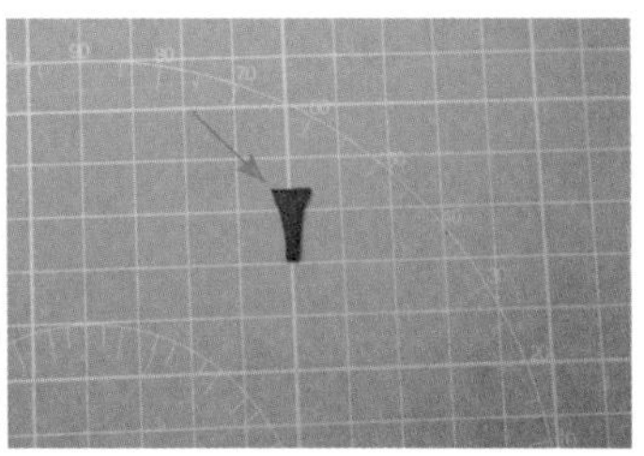

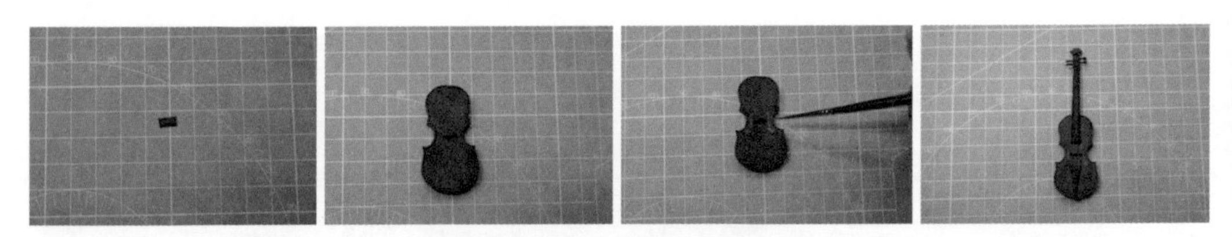

STEP 09 做一个咖啡色黏土小长方形作为琴马，贴在面板中间，然后画上音孔，再贴上琴颈和系弦板。

STEP 10 取黑色黏土搓圆，用丸棒压成凹状，贴在系弦板旁边作为腮托，用剪刀剪掉边缘。

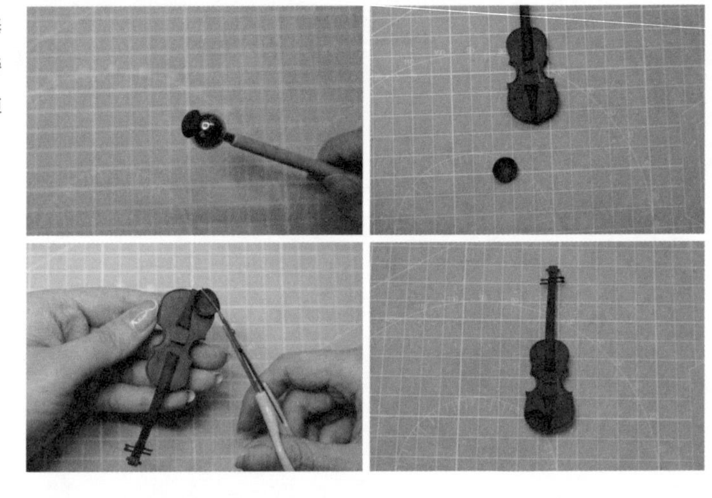

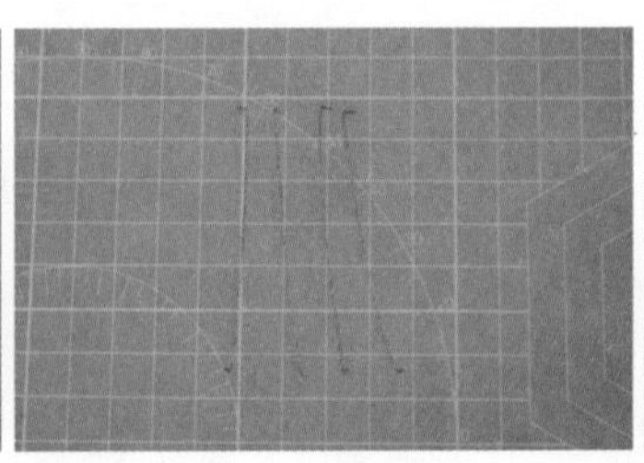

STEP 11 剪 4 根细铜线，把两端弯折，然后固定在琴上作为琴弦，两端可以用 UV 胶固定。

STEP 12 给整个琴身涂一层薄薄的亮油。

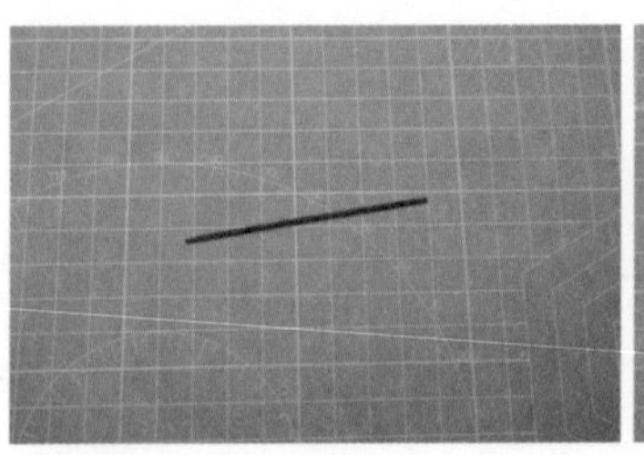

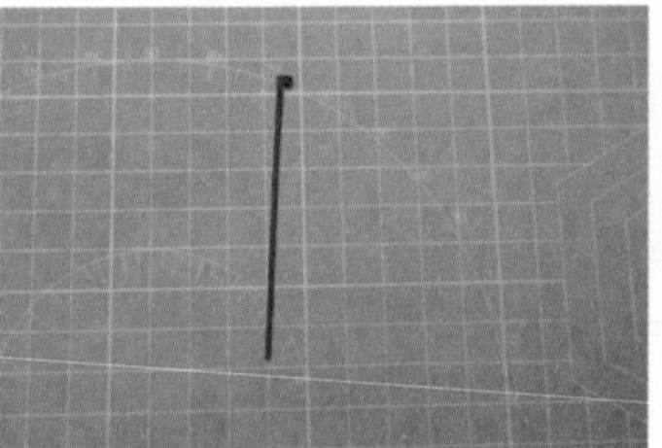

STEP 13 搓一根咖啡色黏土长条，其中一端粘一个咖啡色黏土小方形。

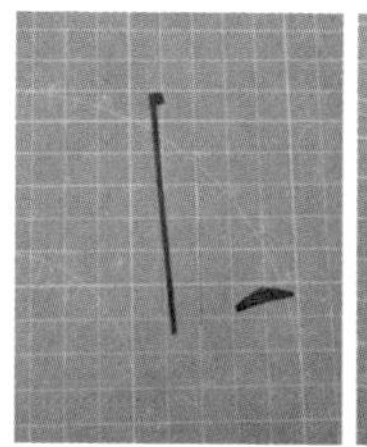

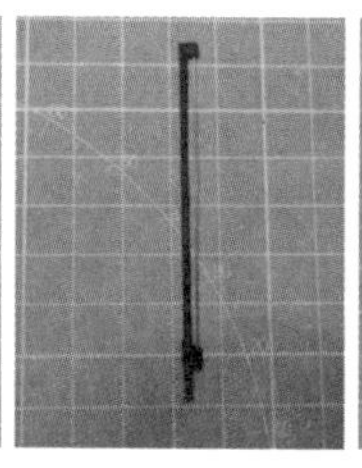
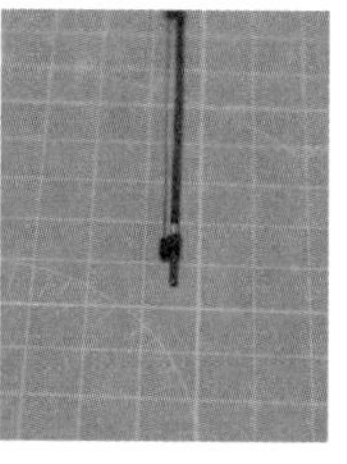

STEP 14 剪一根长度合适的细铜线，一端插在小方形里面，一端用黑色黏土片包裹在长条下端，然后把黑色黏土片多余的部分剪掉，再用银色颜料在黑色黏土片上方的长条上画一小圈，琴弓就做好了。

STEP 15 小提琴完成！

STEP 16 把小提琴和琴弓分别用白乳胶固定。然后用铜棒把头部也插上，注意调整头的角度，让下巴可以放在小提琴的腮托上。人物主体完成！

小贴士

在固定小提琴和琴弓时，注意白乳胶不要涂得太多，溢胶会很不美观。建议先把小提琴和琴弓摆上去看看接触点在哪里，然后涂少量胶在接触点，耐心地用手扶着等胶晾干。

4.11 制作底座

STEP 01 找一块彻底变干的“废”黏土，颜色随意，切出5个大约6cm×5cm×1.5cm的长方块，形状不用太规则，把它们用白乳胶按图中箭头所指固定成台阶的样子。

STEP 02 在台阶边上粘一大块的黏土，然后擀一块大黏土片，颜色随意，把刚才做的零件固定上去。

STEP 03 找一块废黏土填在台阶的侧面，用刚才切下来的边角料、碎黏土块补满各种空洞，再用黏土填满边缘和缝隙部分。

STEP 04 等底板和用于填缝隙的黏土晾干之后，用灰色（黑色＋白色）颜料涂满整个底座。

小贴士

经常玩儿黏土的小伙伴多多少少都有彻底变干的黏土，这些黏土都可以回收来做底座，既轻又稳固，而且切开后还有一些不规则的气泡孔洞在里面，刷上颜料之后质感很像石头。

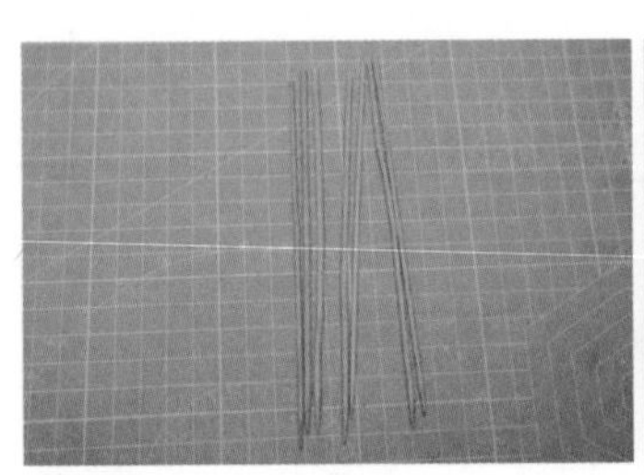
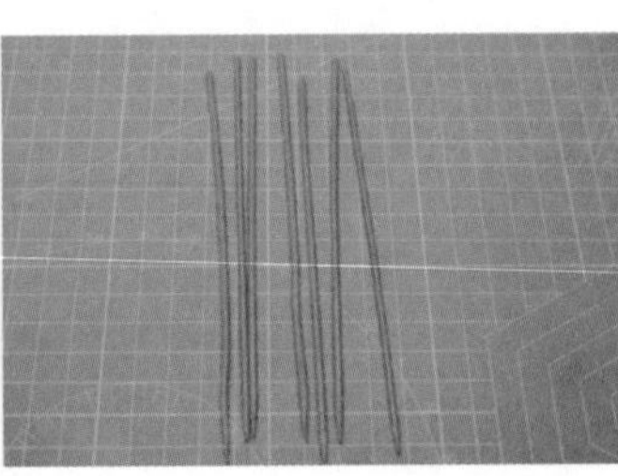

STEP 05 把竹签涂成灰色之后插在底座上作为栏杆。

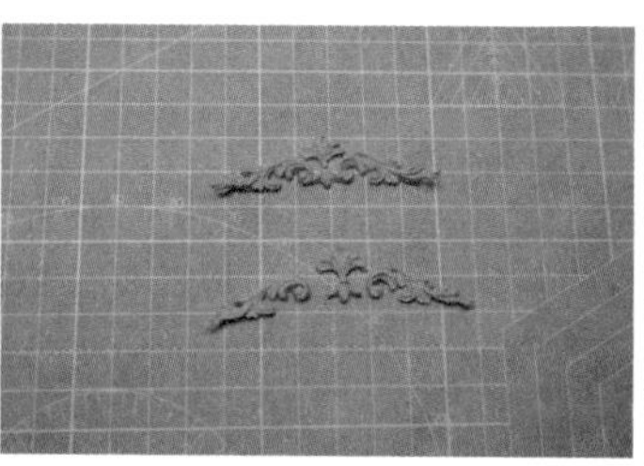
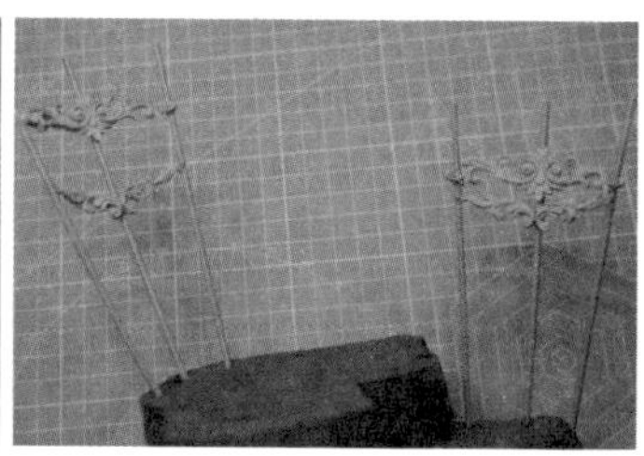

STEP 06 用硅胶巴洛克模具翻两个花纹，把其中一个剪开，晾干后贴在一边栏杆上，另一边用同样的方法贴上花纹。

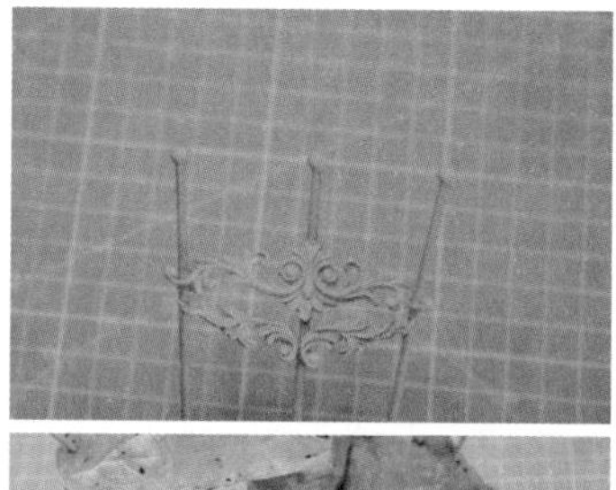
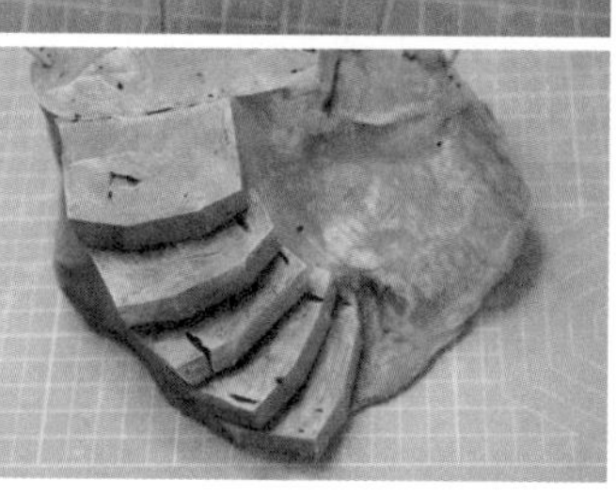
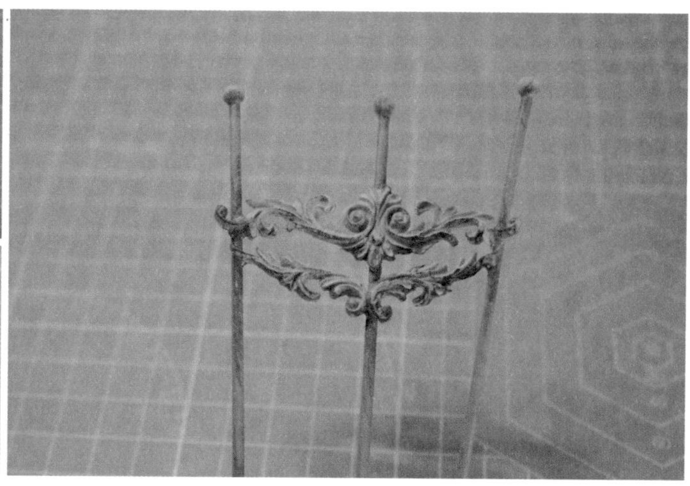

STEP 07 在每一根栏杆顶端贴一个黏土小圆球。等晾干后蘸取少量白色颜料直接刷在底座上，蘸取少量铁锈色（黑色 + 白色 + 少量熟褐色）颜料直接刷在栏杆和花纹上。

4.12
制作罗马柱

STEP 01 取白色、黑色、咖啡色黏土按图示比例调色，调出一大块浅灰色黏土。

STEP 02 取其中一部分擀成片，包裹在亚克力擀面杖上，趁黏土还比较湿的时候抓紧时间在桌上擀一会儿，把接口尽量擀平整。

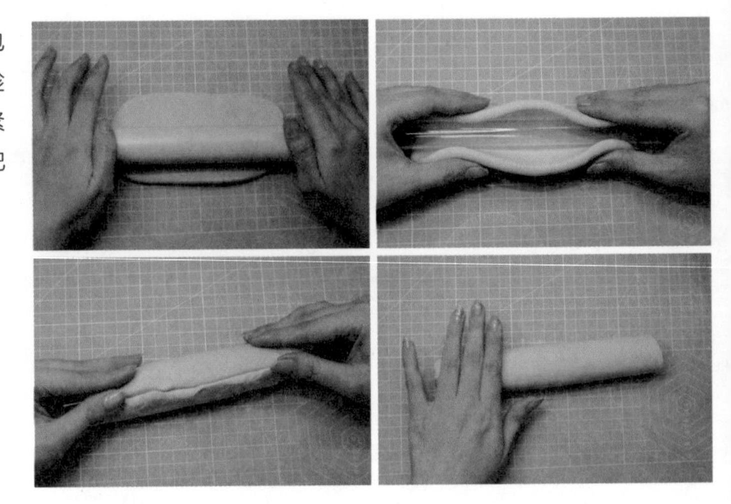

STEP 03 把两端多余的黏土剪掉。

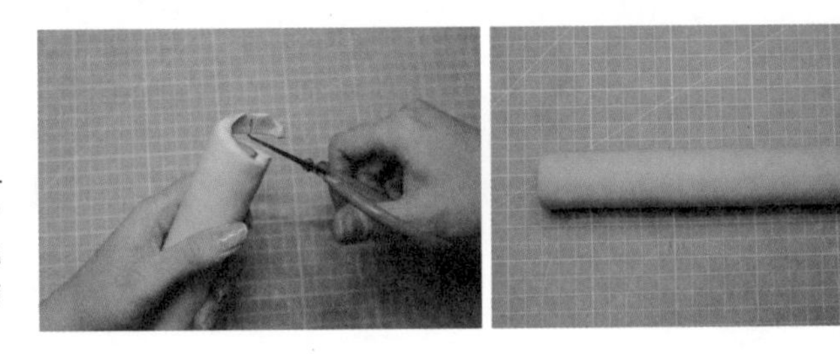

小贴士

用纯白色黏土会过于突兀，所以调了一个自然一点儿的浅灰色。柱身擀完如果还有特别明显的接缝可以用水稍微抹一下，一些小的缝隙可不用处理，这样看起来就像石头本身的裂纹。

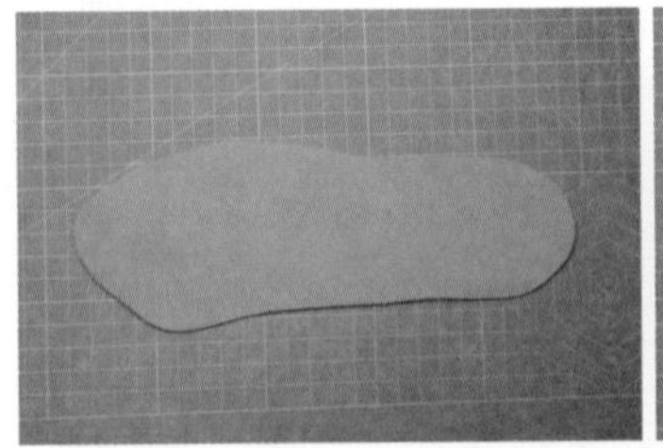

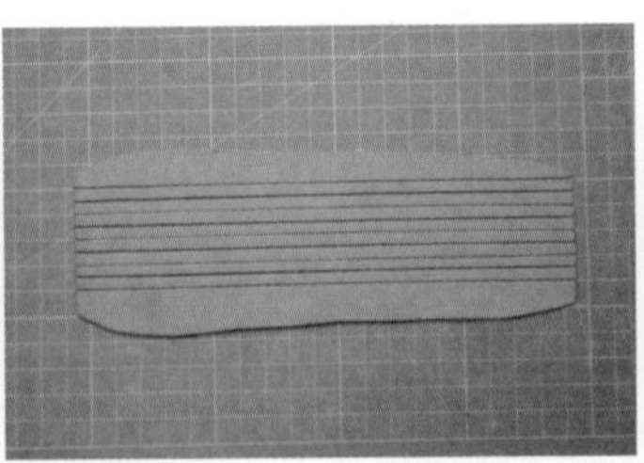

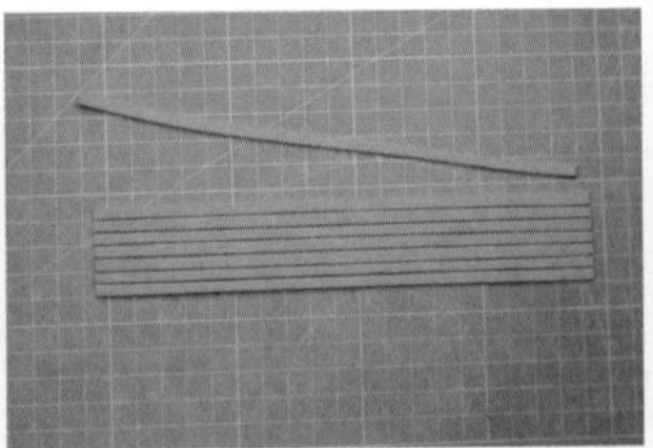

STEP 04 擀一片厚约 3mm 的薄片，切出 8 条和柱身一样长、宽约 5mm 的长条。

STEP 05 把这些长条围着柱身贴一圈，将多余的部分剪掉。柱子的基本形状完成了。

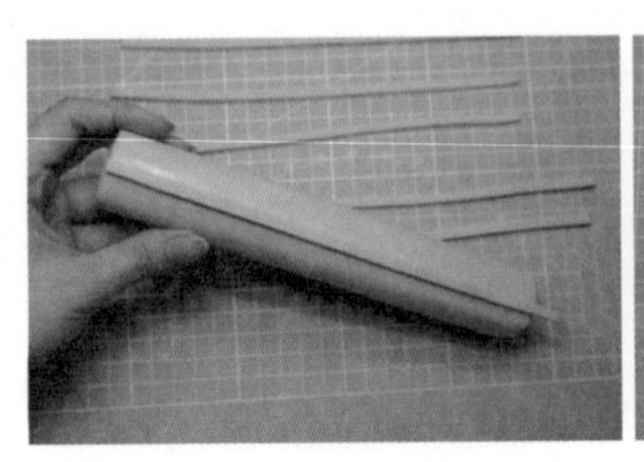

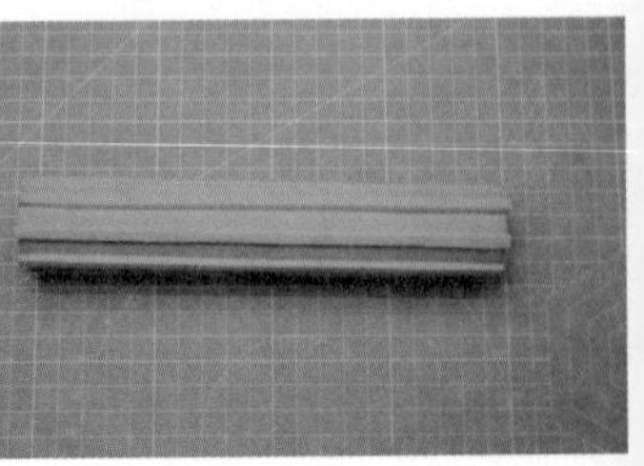

 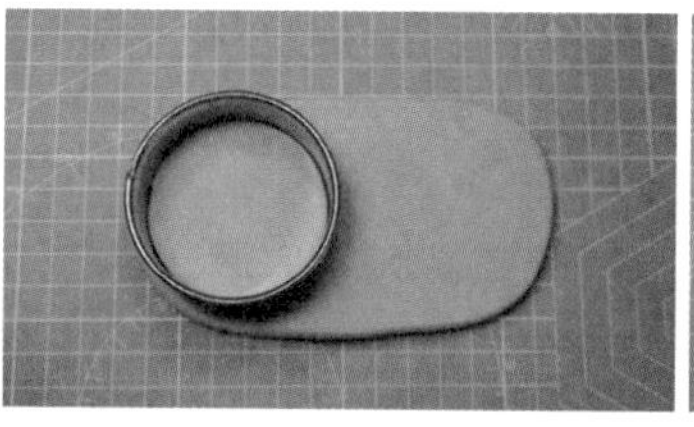 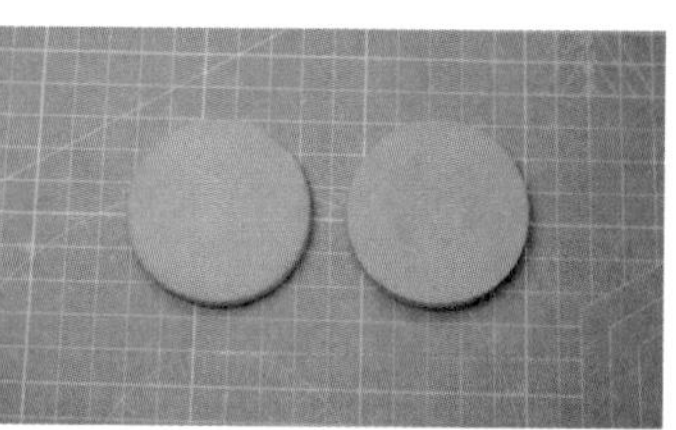

STEP 06 擀一片厚约 0.8mm 的黏土片，用切圆工具切两个圆。

  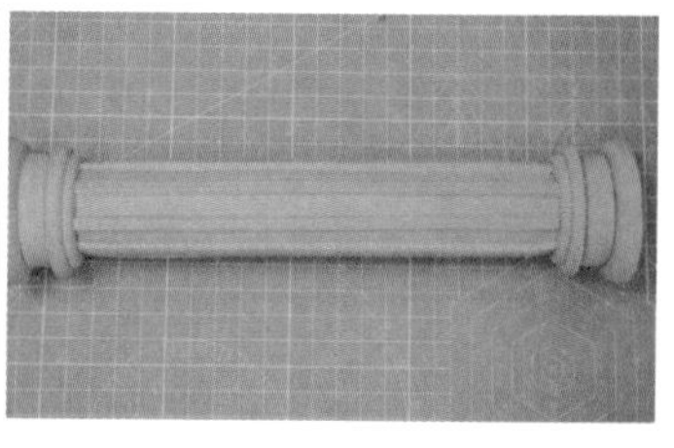

STEP 07 用同样的方法切 8 个圆。直径从左到右分别大约是 55mm、42mm、50mm、42mm，厚度从左到右分别大约是 0.8mm、1.3mm、 0.5mm、 0.4mm，把它们分两组摞在一起固定，然后粘在柱子的两端。

 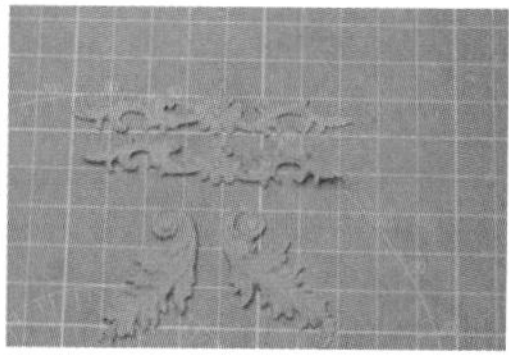 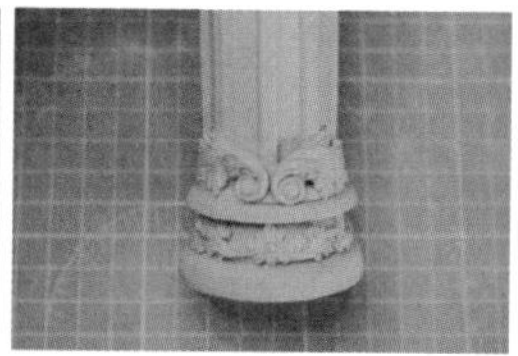 

STEP 08 用硅胶巴洛克模具翻 4 个浅灰色黏土花纹，如图所示贴在罗马柱上。

STEP 09 再用硅胶巴洛克模具翻半个花纹，补在后面花纹的缺口处。

STEP 10 在缝隙处扫一些棕色色粉，让它有一点儿做旧的效果。

4.13 制作草地和藤蔓

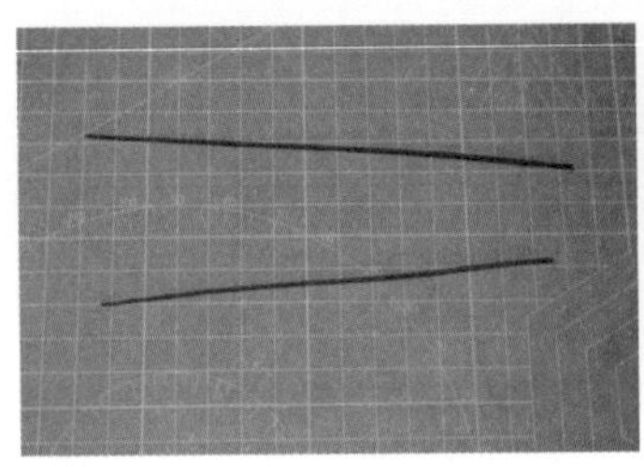
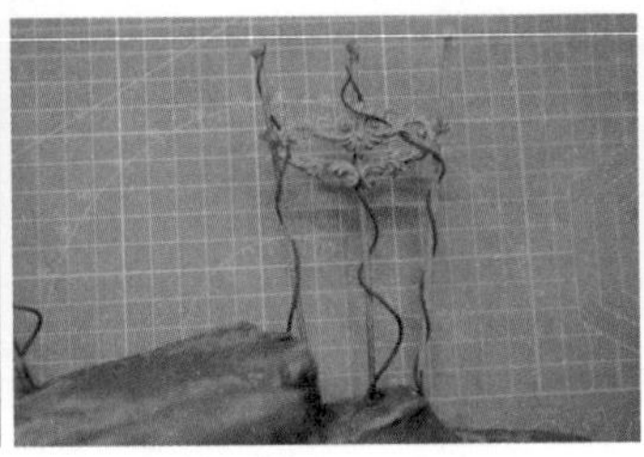
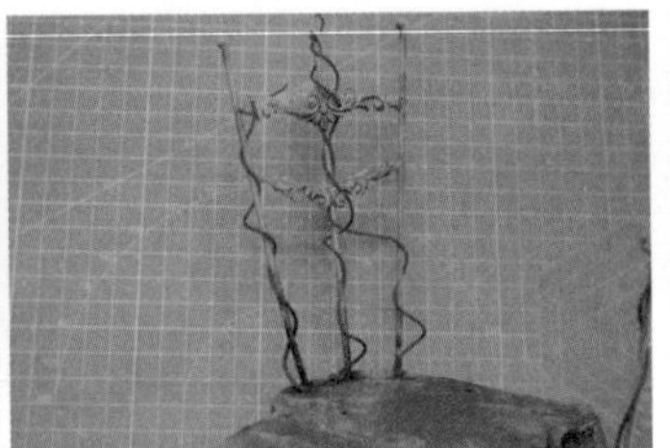

STEP 01 用泥土色黏土搓一些长条作为藤蔓，然后绕在底座的栏杆上。

STEP 02 把罗马柱固定在底座上，围一些藤蔓在上面。

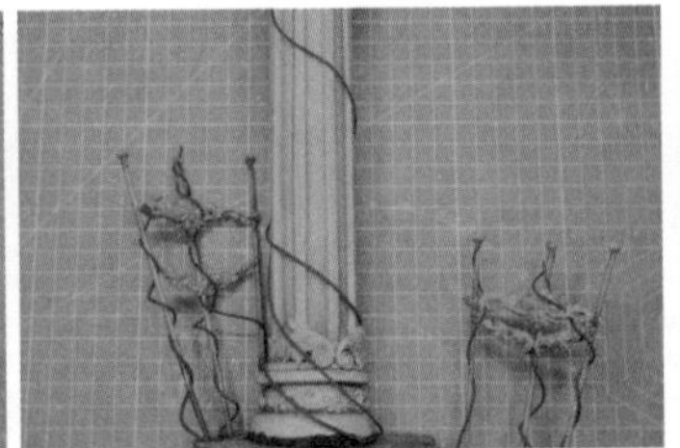

STEP 03 用黄绿色草粉、深绿色草粉、枯草粉混合出一些颜色比较自然的草粉。

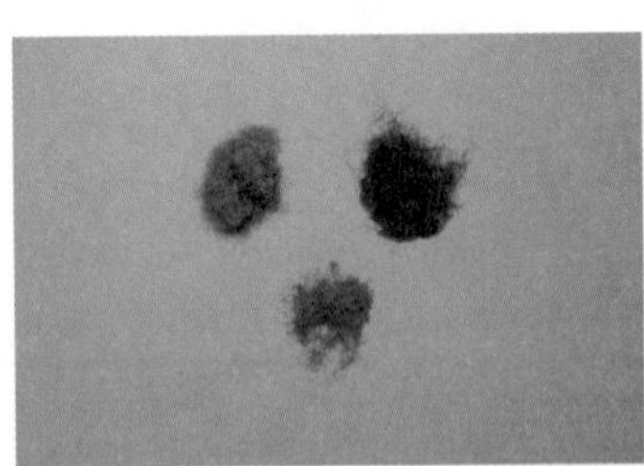
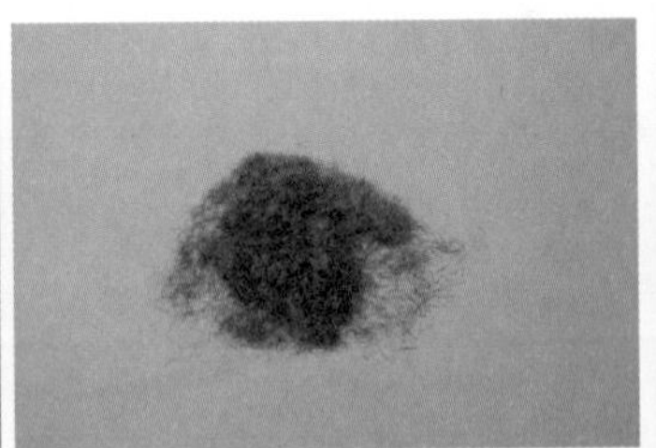

STEP 04 在底座上涂一些白乳胶，把混合好的草粉撒在上面，等胶干后把底座抬起轻轻磕一磕，把浮粉磕掉。

STEP 05 按图中从上到下的比例调3种颜色的黏土，分别命名为新叶色黏土、普叶色黏土、枯叶色黏土。

STEP 06 用普叶色黏土和叶子模具翻一些图示叶子，翻出来之后把它们稍微捏弯一些，然后从下往上贴在藤蔓上。

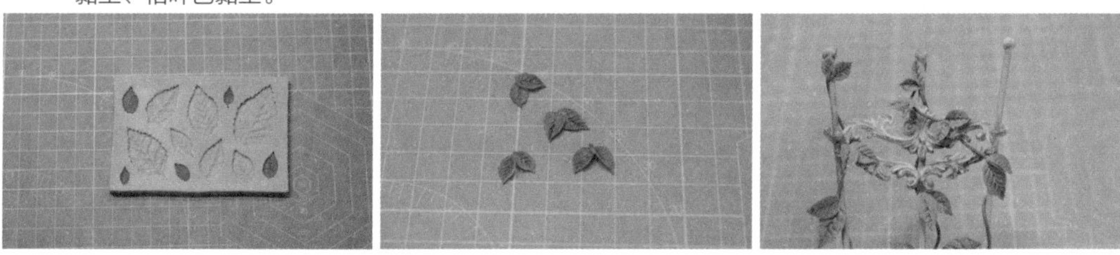

STEP 07 用新叶色黏土和叶子模具翻一些图示小叶子，翻出来之后两两组合，贴在藤蔓靠上的位置。

STEP 08 用枯叶色黏土和叶子模具翻一些图示的叶子，随机地贴在藤蔓上，下方稍多一些，上面零星地贴几片就可以了。

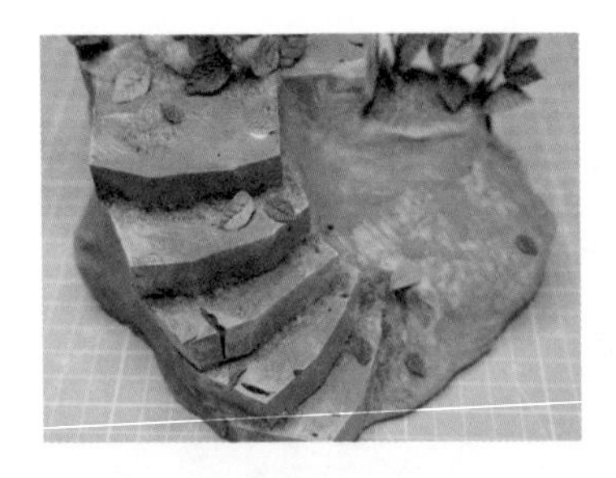

STEP 09 在底座上随意地粘一些各种颜色的叶子作为落叶。

STEP 10 用淡绿色（绿色 + 少量白色）颜料直接刷一下叶子的表面，不要刷太多。再用棕色色粉扫一下叶子和藤蔓连接处，让整体颜色看起来更自然。

4.14 制作月亮

关注绘客公众号，输入 54321，下载此处教学视频（3-3-34）

STEP 01 用白色和黄色黏土按照图示比例调出一块非常淡的黄色黏土，然后擀成一块厚约 4mm 的薄片。

STEP 02 用切圆工具切出月亮形状，外圈直径约 12cm，内圈直径约 10cm。

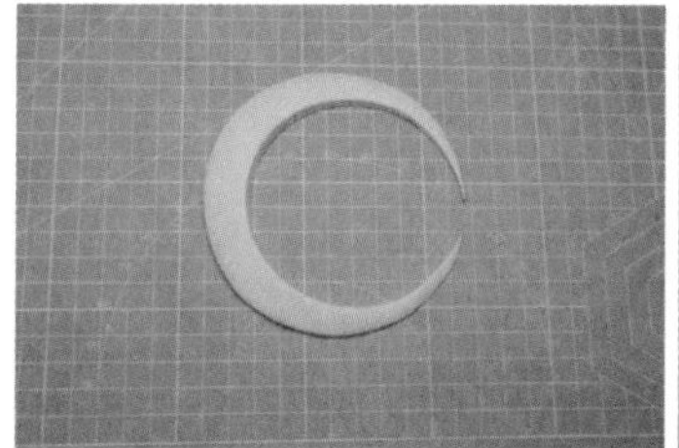

STEP 03 等晾干后，把边缘打磨平整，贴在罗马柱的侧后方。

STEP 04 将人物插在底座上，作品完成。

ALICE

ALICE